夏のよい空

YAMADA TAKASHI の 天文コンパクトブックス ③

星座につよくなる本

秋の星座博物館

山田　卓

地人書館

秋の星座

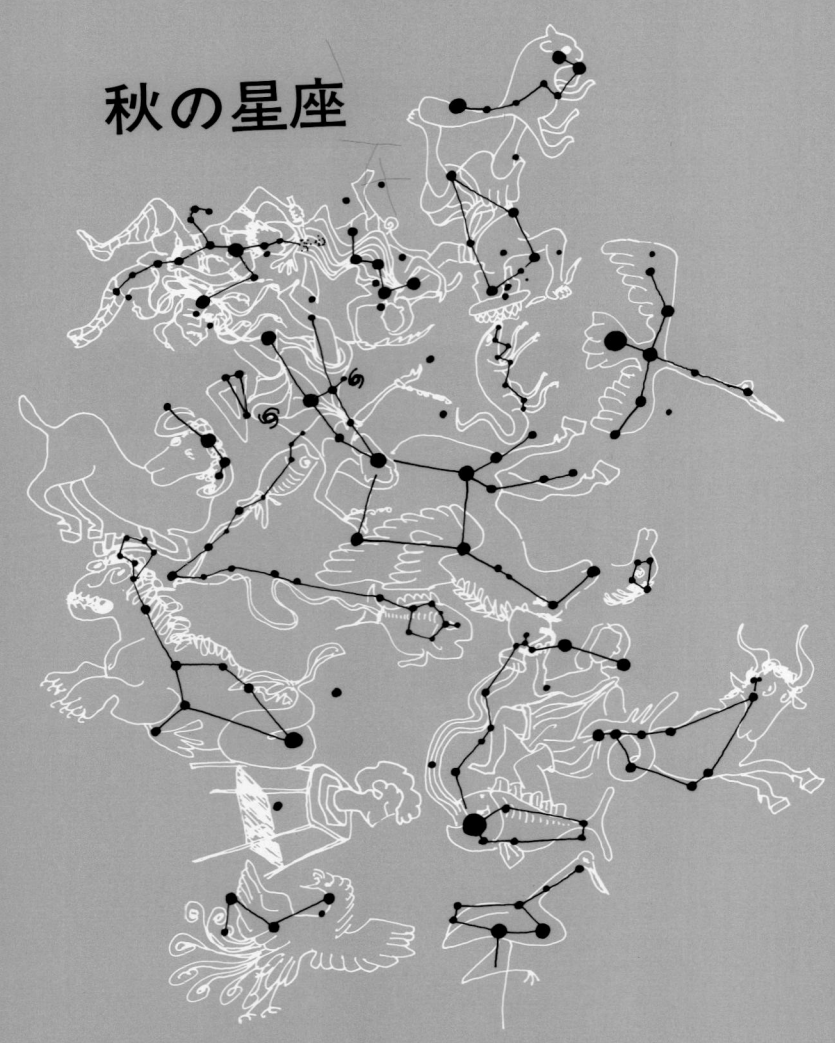

── まえがき ──

● 星ぶろの楽しみ

　旅先で思いがけなくみごとな星空に出合うことがある．ちかごろの名古屋の空は東京とかわりなく，4等星ですら姿をみせたがらない．日ごろ惨めな空の下で暮らす私にとって，それはめったにないチャンスであり，大いなる旅の楽しみのひとつである．

　まるで星ぶろにでもつかったように，身も心も投げだして，あふれるほどの星の湯船の感触を味わうのだが，星をたたえる歯のうくような美辞麗句のすべてが，ためらいもなく使え，そして同時にすべての言葉が無意味でむなしくなるときである．

　しばらくは，星の名前も星や宇宙に関するいくつかの知識もまったく無用だ．ただ，ワァーっとひろがった数えきれない星々と，その空間と時間のなかに自分がいることを実感するのだ．

　"天文学を勉強した人は，とてつもなくでかい宇宙を知っているから，地上の小さなくだらないもめごとなど，まるで気にならないだろう"と考える人がある．もしそうなら，天文学者のすべてが，心豊かなゆうゆう自適の人生が送れるはずなのだが，実はそれは当っていない．

　星や宇宙は，知ることと共に実感することが大切だからだろう．

　星ぶろにつかるのは，その意味で悪くない趣向だと思う．できるだけのんびり，頭に手ぬぐいをのせて鼻歌が歌えるほど，自然に浸りきった自分を楽しむことが理想である．

　しかし，人間はぜいたくな動物だ．みごとな星ぶろも，しばらく浸っているとなんとなく落ちつかなく，焦燥感とでもいうのかじっとしていられなくなる．このめったにないチャンスを，ただ漫然と眺めるにはいかにも惜しい．もっとなんらかの方法で自分のものにしたい．このすばらしさを自分の手に残してだれかに伝えたい…などが，混然一体となってせきたてるからだろう．

　現代人の悲しき習性というべきか，物質文明がつくった現代病といわれれば，まさにそれなのかもしれない．

　ともあれ，症状が現われたら簡単な星図をつかって知っているいくつかの星と星座をさがしてみるといい．あるいは，双眼鏡かカメラを星に向けるといい．霊験あらかた，たちどころに病症は霧散してしまう．だから私は旅の荷物に小さな双眼鏡と星図を，あるいはカメラと三脚を加えるよう心がけている．

　ところで，例年世の中の星空への関心は，七夕の季節に急上昇して，8月の半ばを過ぎると早々にしぼんでしまう．

　海水浴じゃあるまいし，"星は夏"と誰がきめつけたのだろう．四季を通じて，夏にみる星空だけがすばらしいわけではない．四季折々それぞれ趣があっていいし，水蒸気を多く含んで少し寝ぼけた夏の空より，秋から冬にかけての透明な星空のほうが"星浴"するにはふさわしい．

　台風一過，雲ひとつなく晴れあがった夜の星ぶろはまた格別である．あわよくば星ぶろを…という旅は，できるだけ新月に近い日を選ぶといい．

●目次

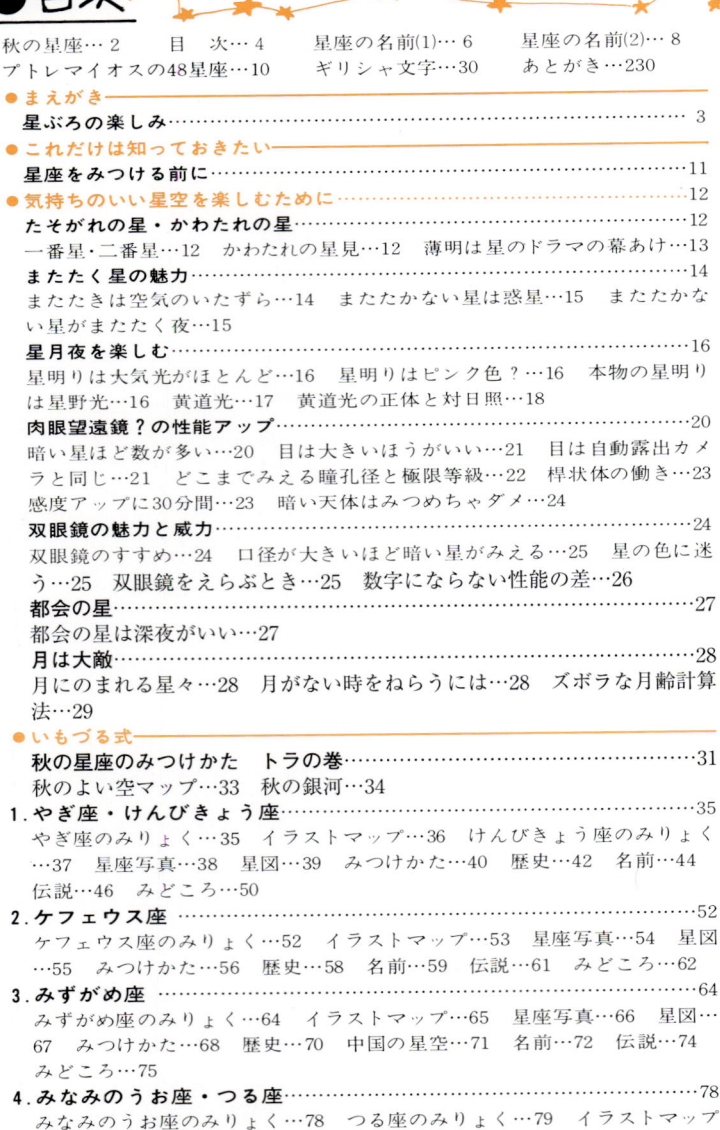

秋の星座…2　　目　次…4　　星座の名前(1)…6　　星座の名前(2)…8
プトレマイオスの48星座…10　　ギリシャ文字…30　　あとがき…230

●まえがき
星ぶろの楽しみ……………………………………………………………………3

●これだけは知っておきたい
星座をみつける前に………………………………………………………………11

●気持ちのいい星空を楽しむために……………………………………………12
たそがれの星・かわたれの星……………………………………………………12
　一番星・二番星…12　　かわたれの星見…12　　薄明は星のドラマの幕あけ…13

またたく星の魅力…………………………………………………………………14
　またたきは空気のいたずら…14　　またたかない星は惑星…15　　またたかない星がまたたく夜…15

星月夜を楽しむ……………………………………………………………………16
　星明りは大気光がほとんど…16　　星明りはピンク色？…16　　本物の星明りは星野光…16　　黄道光…17　　黄道光の正体と対日照…18

肉眼望遠鏡？の性能アップ………………………………………………………20
　暗い星ほど数が多い…20　　目は大きいほうがいい…21　　目は自動露出カメラと同じ…21　　どこまでみえる瞳孔径と極限等級…22　　桿状体の働き…23　　感度アップに30分間…23　　暗い天体はみつめちゃダメ…24

双眼鏡の魅力と威力………………………………………………………………24
　双眼鏡のすすめ…24　　口径が大きいほど暗い星がみえる…25　　星の色に迷う…25　　双眼鏡をえらぶとき…25　　数字にならない性能の差…26

都会の星……………………………………………………………………………27
　都会の星は深夜がいい…27

月は大敵……………………………………………………………………………28
　月にのまれる星々…28　　月がない時をねらうには…28　　ズボラな月齢計算法…29

●いもづる式
秋の星座のみつけかた　トラの巻………………………………………………31
　秋のよい空マップ…33　　秋の銀河…34

1．やぎ座・けんびきょう座………………………………………………………35
　やぎ座のみりょく…35　　イラストマップ…36　　けんびきょう座のみりょく…37　　星座写真…38　　星図…39　　みつけかた…40　　歴史…42　　名前…44　　伝説…46　　みどころ…50

2．ケフェウス座……………………………………………………………………52
　ケフェウス座のみりょく…52　　イラストマップ…53　　星座写真…54　　星図…55　　みつけかた…56　　歴史…58　　名前…59　　伝説…61　　みどころ…62

3．みずがめ座………………………………………………………………………64
　みずがめ座のみりょく…64　　イラストマップ…65　　星座写真…66　　星図…67　　みつけかた…68　　歴史…70　　中国の星空…71　　名前…72　　伝説…74　　みどころ…75

4．みなみのうお座・つる座………………………………………………………78
　みなみのうお座のみりょく…78　　つる座のみりょく…79　　イラストマップ…80　　星座写真…82　　星図…83　　みつけかた…84　　歴史…86　　名前…87

5. ペガスス座・こうま座 …………………………………………………… 90
ペガスス座・こうま座のみりょく…90　イラストマップ…91　星座写真…92　星図…93　みつけかた…94　歴史…96　中国の星空…97　名前…98　伝説…102　四角星いろいろ…105　見どころ…110

6. うお座 ……………………………………………………………………… 112
うお座のみりょく…112　イラストマップ…113　星座写真…114　星図…115　みつけかた…116　歴史…118　中国の星空…119　名前…120　伝説…122　見どころ…123

7. とかげ座 …………………………………………………………………… 124
とかげ座のみりょく…124　イラストマップ…125　星座写真…126　星図…127　みつけかた…128　歴史…130

8. アンドロメダ座 …………………………………………………………… 132
アンドロメダ座のみりょく…132　イラストマップ…133　星座写真…134　星図…135　みつけかた…136　歴史…138　名前…139　中国の星空…141　伝説…142　見どころ…144

9. カシオペヤ座 ……………………………………………………………… 148
カシオペヤ座のみりょく…148　イラストマップ…149　星座写真…150　星図…151　みつけかた…152　歴史…154　名前…155　中国の星空…155　伝説…159　見どころ…160　話題…161

10. くじら座 ………………………………………………………………… 164
くじら座のみりょく…164　イラストマップ…165　星座写真…166　星図…167　みつけかた…168　歴史…170　名前…171　中国の星空…172　話題…175　伝説…176　見どころ…177　話題…181

11. ほうおう座・ろ座・ちょうこくしつ座 ……………………………… 182
ほうおう座・ろ座・ちょうこくしつ座のみりょく…182　イラストマップ…183　星座写真…184　星図…185　みつけかた…186　歴史…188　名前…189　伝説…190　見どころ…191

12. おひつじ座・さんかく座 ……………………………………………… 192
おひつじ座のみりょく…192　イラストマップ…193　さんかく座のみりょく…195　星座写真…196　星図…197　さがしかた…198　歴史…200　名前…202　伝説…205　見どころ…206

13. ペルセウス座 …………………………………………………………… 208
ペルセウス座のみりょく…208　イラストマップ…209　星座写真…210　星図…211　みつけかた…212　歴史…214　名前…215　中国の星空…216　伝説…218　見どころ…222

● 幻の星座シリーズ
けいききゅう座…45　みはりにんメシエ座…77　ゆりのはな座・おうこつ座…89　フレドリックのえいよ座…131　でんききかい座…177　しょうさんかく座…　きたばい座…207

● 星座絵のある星図
みごとな銅版画ヘベリウスの星図…111　南天星座を加えたバイエルの星図…147　ディコの星図…163　メルカトールの星図…204

● 協力　磯貝文利／星座写真・星座絵　浅田英夫／星図

星座の名前一覧表（ＡＢＣ順）

略符	学　　　名		日　本　名	面　積 (平方度)	20時ごろ 中心が南中	掲　載 ページ
And	Andromeda	アンドロメダ	アンドロメダ	722.28	11月下旬	132
Ant	Antlia	アントリア	ポンプ	238.90	4月中旬	
Aps	Apus	アプス	●ふうちょう	206.33		
Aql	Aquila	アクイラ	わし	652.47	9月上旬	
Aqr	Aquarius	アクアリウス	みずがめ	979.85	10月下旬	64
Ara	Ara	アラ	※さいだん	237.06	8月上旬	
Ari	Aries	アリエス	おひつじ	441.40	12月下旬	192
Aur	Auriga	アウリガ	ぎょしゃ	657.44	2月中旬	
Boo	Bootes	ボーテス	うしかい	906.83	6月下旬	
Cae	Caelum	カエルム	ちょうこくぐ	124.87	1月下旬	
Cam	Camelopardalis	カメロパルダリス	きりん	756.83	2月下旬	
Cap	Capricornus	カプリコルヌス	やぎ	413.95	9月下旬	35
Car	Carina	カリナ	※りゅうこつ	494.18	3月下旬	
Cas	Cassiopeia	カシオペイア	カシオペヤ	598.41	12月上旬	148
Cen	Centaurus	ケンタウルス	※ケンタウルス	1060.42	6月上旬	
Cep	Cepheus	ケフェウス	ケフェウス	587.79	10月中旬	52
Cet	Cetus	ケトゥス	くじら	1231.41	12月中旬	164
Cha	Chamaeleon	カマエレオン	●カメレオン	131.59		
Cir	Circinus	キルキヌス	●コンパス	93.35		
CMa	Canis Major	カニス・マヨル	おおいぬ	380.12	2月下旬	
CMi	Canis Minor	カニス・ミノル	こいぬ	183.37	3月中旬	
Cnc	Cancer	カンケル	かに	505.87	3月下旬	
Col	Columba	コルンバ	はと	270.18	2月上旬	
Com	Coma	コマ	かみのけ	386.48	5月下旬	
CrA	Corona Austrina	コロナ・アウストリナ	みなみのかんむり	127.70	8月下旬	
CrB	Corona Borealis	コロナ・ボレアリス	かんむり	178.71	7月中旬	
Crt	Crater	クラテル	コップ	282.40	5月上旬	
Cru	Crux	クルクス	●みなみじゅうじ	68.45		
Crv	Corvus	コルブス	からす	183.80	5月下旬	
CVn	Canes Venatici	カネス・ベナティキ	りょうけん	465.19	6月上旬	
Cyg	Cygnus	キグヌス	はくちょう	803.98	9月下旬	
Del	Delphinus	デルフィヌス	いるか	188.55	9月下旬	
Dor	Dorado	ドラド	※かじき	179.17	1月下旬	
Dra	Draco	ドラコ	りゅう	1082.95	8月上旬	
Equ	Equuleus	エクウレウス	こうま	71.64	10月上旬	90
Eri	Eridanus	エリダヌス	※エリダヌス	1137.92	1月中旬	
For	Fornax	フォルナクス	ろ	397.50	12月下旬	182
Gem	Gemini	ゲミニ	ふたご	513.76	3月上旬	
Gru	Grus	グルス	つる	365.51	10月下旬	78
Her	Hercules	ヘルクレス	ヘルクレス	1225.15	8月上旬	
Hor	Horologium	ホロロギウム	※とけい	248.89	1月上旬	
Hya	Hydra	ヒドラ	うみへび	1302.84	4月下旬	
Hyi	Hydrus	ヒドルス	●みずへび	243.04		
Ind	Indus	インドゥス	※インデアン	294.01	10月上旬	

❖太字の星座は本書でとりあげた秋の星座

略符	学名	日本名	面積(平方度)	20時ごろ中心が南中	掲載ページ
Lac	Lacerta ラケルタ	とかげ	200.69	10月下旬	124
Leo	Leo レオ	しし	946.96	4月下旬	
Lep	Lepus レプス	うさぎ	290.29	2月上旬	
Lib	Libra リブラ	てんびん	538.05	7月上旬	
LMi	Leo Minor レオ・ミノル	こじし	231.96	4月下旬	
Lup	Lupus ルプス	おおかみ	333.68	7月上旬	
Lyn	Lynx リンクス	やまねこ	545.39	3月中旬	
Lyr	Lyra リラ	こと	286.48	8月下旬	
Men	Mensa メンサ	●テーブルさん	153.48		
Mic	Microscopium ミクロスコピウム	けんびきょう	209.51	9月下旬	35
Mon	Monoceros モノケロス	いっかくじゅう	481.57	3月上旬	
Mus	Musca ムスカ	●はい	138.36		
Nor	Norma ノルマ	※じょうぎ	165.29	7月中旬	
Oct	Octans オクタンス	●はちぶんぎ	291.05		
Oph	Ophiuchus オフィウクス	へびつかい	948.34	8月上旬	
Ori	Orion オリオン	オリオン	594.12	2月上旬	
Pav	Pavo パボ	●くじゃく	377.67		
Peg	Pegasus ペガスス	ペガスス	1120.79	10月下旬	90
Per	Perseus ペルセウス	ペルセウス	615.00	1月上旬	208
Phe	Phoenix フォエニクス	※ほうおう	469.32	12月上旬	182
Pic	Pictor ピクトル	※がか	246.74	2月上旬	
PsA	Piscis Austrinus ピスキス・アウストリヌス	みなみのうお	245.38	10月中旬	78
Psc	Pisces ピスケス	うお	889.42	11月下旬	112
Pup	Puppis プピス	とも	673.43	3月中旬	
Pyx	Pyxis ピクシス	らしんばん	220.83	3月下旬	
Ret	Reticulum レチクルム	※レチクル	113.94	1月中旬	
Scl	Sculptor スクルプトル	ちょうこくしつ	474.76	11月下旬	182
Sco	Scorpius スコルピウス	さそり	496.78	7月下旬	
Sct	Scutum スクツム	たて	109.11	8月下旬	
Ser	Serpens セルペンス	へび	636.93	7月中旬(頭)	
Sex	Sextans セクスタンス	ろくぶんぎ	313.52	4月中旬	
Sge	Sagitta サギッタ	や	79.93	9月中旬	
Sgr	Sagittarius サギッタリウス	いて	867.43	9月上旬	
Tau	Taurus タウルス	おうし	797.25	1月下旬	
Tel	Telescopium テレスコピウム	※ぼうえんきょう	251.51	9月上旬	
TrA	Triangulum Australe トリアングルム・アウストラレ	●みなみのさんかく	109.98		
Tri	Triangulum トリアングルム	さんかく	131.85	12月中旬	192
Tuc	Tucana ツカナ	●きょしちょう	294.56		
UMa	Ursa Major ウルサ・マヨル	おおぐま	1279.66	5月上旬	
UMi	Ursa Minor ウルサ・ミノル	こぐま	255.86	7月中旬	
Vel	Vela ベラ	※ほ	499.65	4月上旬	
Vir	Virgo ビルゴ	おとめ	1294.43	6月上旬	
Vol	Volans ボランス	●とびうお	141.35		
Vul	Vulpecula ブルペクラ	こぎつね	268.17	9月上旬	

●印は北緯35°(東京は35°.65)で見えない星座．※印は一部みえない星座．

星座の名前一覧表（日本名）

日 本 名	略符	学　　　　　　名		面　積 (平方度)	20時ごろ 中心が南中	掲　載 ページ
アンドロメダ	**And**	**Andromeda**	**アンドロメダ**	**722.28**	11月下旬	**132**
いっかくじゅう	Mon	Monoceros	モノケロス	481.57	3月上旬	
いて	Sgr	Sagittarius	サギッタリウス	867.43	9月上旬	
いるか	Del	Delphinus	デルフィヌス	188.55	9月下旬	
※インデアン	Ind	Indus	インドゥス	294.01	10月上旬	
うお	**Psc**	**Pisces**	**ピスケス**	**889.42**	11月下旬	**112**
うさぎ	Lep	Lepus	レプス	290.29	2月上旬	
うしかい	Boo	Bootes	ボーテス	906.83	6月下旬	
うみへび	Hya	Hydra	ヒドラ	1302.84	4月下旬	
※エリダヌス	Eri	Eridanus	エリダヌス	1137.92	1月中旬	
おうし	Tau	Taurus	タウルス	797.25	1月下旬	
おおいぬ	CMa	Canis Major	カニス・マヨル	380.12	2月下旬	
おおかみ	Lup	Lupus	ルプス	333.68	7月上旬	
おおぐま	UMa	Ursa Major	ウルサ・マヨル	1279.66	5月上旬	
おとめ	Vir	Virgo	ビルゴ	1294.43	6月上旬	
おひつじ	**Ari**	**Aries**	**アリエス**	**441.40**	12月下旬	**192**
オリオン	Ori	Orion	オリオン	594.12	2月上旬	
※かか	Pic	Pictor	ピクトル	246.74	2月上旬	
カシオペヤ	**Cas**	**Cassiopeia**	**カシオペイア**	**598.41**	12月上旬	**148**
※かじき	Dor	Dorado	ドラド	179.17	1月下旬	
かみのけ	Com	Coma	コマ	386.48	5月下旬	
かに	Cnc	Cancer	カンケル	505.87	3月下旬	
●カメレオン	Cha	Chamaeleon	カマエレオン	131.59		
からす	Crv	Corvus	コルブス	183.80	5月下旬	
かんむり	CrB	Corona Borealis	コロナ・ボレアリス	178.71	7月中旬	
●きょしちょう	Tuc	Tucana	ツカナ	294.56		
ぎょしゃ	Aur	Auriga	アウリガ	657.44	2月中旬	
きりん	Cam	Camelopardalis	カメロパルダリス	756.83	2月上旬	
●くじゃく	Pav	Pavo	パボ	377.67		
くじら	**Cet**	**Cetus**	**ケトゥス**	**1231.41**	12月中旬	**164**
ケフェウス	**Cep**	**Cepheus**	**ケフェウス**	**587.79**	10月中旬	**52**
※ケンタウルス	Cen	Centaurus	ケンタウルス	1060.42	6月上旬	
けんびきょう	**Mic**	**Microscopium**	**ミクロスコピウム**	**209.51**	9月下旬	**35**
こいぬ	CMi	Canis Minor	カニス・ミノル	183.37	3月中旬	
こうま	**Equ**	**Equuleus**	**エクウレウス**	**71.64**	10月上旬	**90**
こぎつね	Vul	Vulpecula	ブルペクラ	268.17	9月上旬	
こぐま	UMi	Ursa Minor	ウルサ・ミノル	255.86	7月中旬	
コップ	Crt	Crater	クラテル	282.40	5月上旬	
こじし	LMi	Leo Minor	レオ・ミノル	231.96	4月下旬	
こと	Lyr	Lyra	リラ	286.48	8月下旬	
●コンパス	Cir	Circinus	キルキヌス	93.35		
※さいだん	Ara	Ara	アラ	237.06	8月上旬	
さそり	Sco	Scorpius	スコルピウス	496.78	7月下旬	
さんかく	**Tri**	**Triangulum**	**トリアングルム**	**131.85**	12月中旬	**192**

❖太字の星座は本書でとりあげた秋の星座

日本名	略符	学名		面積（平方度）	20時ごろ中心が南中	掲載ページ
しし	Leo	Leo	レオ	946.96	4月下旬	
※じょうぎ	Nor	Norma	ノルマ	165.29	7月中旬	
たて	Sct	Scutum	スクツム	109.11	8月下旬	
ちょうこくぐ	Cae	Caelum	カエルム	124.87	1月下旬	
ちょうこくしつ	**Scl**	**Sculptor**	**スクルプトル**	**474.76**	**11月下旬**	**182**
つる	**Gru**	**Grus**	**グルス**	**365.51**	**10月下旬**	**78**
●テーブルさん	Men	Mensa	メンサ	153.48		
てんびん	Lib	Libra	リブラ	538.05	7月上旬	
とかげ	**Lac**	**Lacerta**	**ラケルタ**	**200.69**	**10月下旬**	**124**
※とけい	Hor	Horologium	ホロロギウム	248.89	1月上旬	
●とびうお	Vol	Volans	ボランス	141.35		
とも	Pup	Puppis	プピス	673.43	3月中旬	
●はい	Mus	Musca	ムスカ	138.36		
●はちぶんぎ	Oct	Octans	オクタンス	291.05		
はくちょう	Cyg	Cygnus	キグヌス	803.98	9月下旬	
はと	Col	Columba	コルンバ	270.18	2月上旬	
●ふうちょう	Aps	Apus	アプス	206.33		
ふたご	Gem	Gemini	ゲミニ	513.76	3月上旬	
ペガスス	**Peg**	**Pegasus**	**ペガスス**	**1120.79**	**10月下旬**	**90**
へび	Ser	Serpens	セルペンス	636.93	7月中旬(頭)	
へびつかい	Oph	Ophiuchus	オフィウクス	948.34	8月上旬	
ヘルクレス	Her	Hercules	ヘルクレス	1225.15	8月上旬	
ペルセウス	**Per**	**Perseus**	**ペルセウス**	**615.00**	**1月上旬**	**208**
※ほ	Vel	Vela	ベラ	499.65	4月中旬	
※ぼうえんきょう	Tel	Telescopium	テレスコピウム	251.51	9月上旬	
※ほうおう	**Phe**	**Phoenix**	**フォエニクス**	**469.32**	**12月上旬**	**182**
ポンプ	Ant	Antlia	アントリア	238.90	4月中旬	
みずがめ	**Aqr**	**Aquarius**	**アクアリウス**	**979.85**	**10月下旬**	**64**
●みずへび	Hyi	Hydrus	ヒドルス	243.04		
●みなみじゅうじ	Cru	Crux	クルクス	68.45		
みなみのうお	**PsA**	**Piscis Austrinus**	**ピスキス・アウストリヌス**	**245.38**	**10月中旬**	**78**
みなみのかんむり	CrA	Corona Austrina	コロナ・アウストリナ	127.70	8月下旬	
●みなみのさんかく	TrA	Triangulum Australe	トリアングルム・アウストラレ	109.98		
や	Sge	Sagitta	サギッタ	79.93	9月中旬	
やぎ	**Cap**	**Capricornus**	**カプリコルヌス**	**113.95**	**9月下旬**	**35**
やまねこ	Lyn	Lynx	リンクス	545.39	3月中旬	
らしんばん	Pyx	Pyxis	ピクシス	220.83	3月下旬	
りゅう	Dra	Draco	ドラコ	1082.95	8月上旬	
※りゅうこつ	Car	Carina	カリナ	494.18	3月下旬	
りょうけん	CVn	Canes Venatici	カネス・ベナティキ	465.19	6月上旬	
※レチクル	Ret	Reticulum	レチクルム	113.94	1月上旬	
ろ	**For**	**Fornax**	**フォルナクス**	**397.50**	**12月下旬**	**182**
ろくぶんぎ	Sex	Sextans	セクスタンス	313.52	4月中旬	
わし	Aql	Aquila	アクイラ	652.47	9月上旬	

●印は北緯35°（東京は35°.65）で見えない星座．※は一部見えない星座．

●プトレマイオスの48星座●

①アルゴ座（ギリシャ神話に登場するアルゴ船，現在はりゅうこつ座／とも座／ほ座／らしんばん座に四分割された）／②アンドロメダ座／③いて座／④いるか座／⑤うお座／⑥うさぎ座／⑦うしかい座／⑧うみへび座／⑨エリダヌス座／⑩おうし座／⑪おおいぬ座／⑫おおかみ座／⑬おおぐま座／⑭おとめ座／⑮おひつじ座／⑯オリオン座／⑰カシオペヤ座／⑱かに座／⑲からす座／⑳かんむり座／㉑ぎょしゃ座／㉒くじら座／㉓ケフェウス座／㉔ケンタウルス座（半人半馬の奇妙な種族）／㉕こいぬ座／㉖こうま座／㉗こぐま座／㉘コップ座／㉙こと座／㉚さいだん座（祭壇）／㉛さそり座／㉜さんかく座／㉝しし座／㉞てんびん座／㉟はくちょう座／㊱ふたご座／㊲ペガスス座／㊳へび座／㊴へびつかい座／㊵ヘルクレス座／㊶ペルセウス座／㊷みずがめ座／㊸みなみのうお座／㊹みなみのかんむり座／㊺や座／㊻やぎ座／㊼りゅう座／㊽わし座

　2世紀のなかごろ，ギリシャの天文学者プトレマイオスが天文学の大系（メガレ・シンタクシス Megale Syntaxis，後にアラビア語訳されてアルマゲスト Almagest）をまとめたが，その中に48の星座がとりあげられた．

　プトレマイオスの48星座は星座の古典である．48星座内訳：人物14星座（いて，ケンタウルスを含む．みずがめ座はみずがめをかつぐ人）／動物24星座／器物・その他10星座

●これだけは知っておきたい
星座をさがす前に

　星座や星をさがすとき,そして,その星座や星をより興味深くみるために,いくつかの天体のしくみや,天文学上の約束ごとなど,基礎的な知識はあったほうがいい.すくなくとも常識的なことがらについては,知っていてソンはない.

　このシリーズは,春,夏,秋,冬と4分冊にしたので,基礎編も4分割することになった.したがって,いくつかの点については,あと先が逆になってしまうところもでるがお許しいただきたい.

　さて,この秋の星座編では

気持ちのいい星空を楽しむために

1. たそがれの星・かわたれの星

2. またたく星の魅力

3. 星月夜を楽しむ

4. 肉眼望遠鏡?の性能アップ

5. 双眼鏡の魅力と威力

6. 都会の星をみる

7. 月は大敵

以上7編を掲載した.

気持ちのいい星空を楽しむために

星座を楽しむコツいろいろ

☆たそがれの星・かわたれの星

●一番星・二番星

たそがれ（黄昏）どきに見る星空は、なかなかおもむきもあって楽しい．まだ薄明るい空に目をこらして、夢中で一番星をさがすとき、なぜか突然一番星がみつかるとき、とたんに二番星も、三番星も、四番星も…、いくつもいくつも続けて見つかってしまう不思議．きっとあのあたりに「○○座の△星が見えるはずだ」と見当をつけて、ピタリ適中したときの快感、次々に現われる星座をかたっぱしから見つけていく内に時を忘れ、気がついたら、たそがれはとっくに過ぎて完全な夜につつまれていた…．たそがれの星を見る楽しみである．

●かわたれの星見

夕日が沈んで、しだいに空の色が濃い藍に染まっていくときを"たそがれ"という．たそがれとは"誰そ彼"のこと、つまり、日が沈んであたりが暗くなったので、人にであっても誰彼の区別がつけにくくなる頃、という意味なのだ．

"たそがれ"をひっくりかえして"かわたれ"という言葉もある．彼は誰？も、誰そ彼？も意味は同じだが、"かわたれ"は明け方の薄明時をいうのにつかわれる．

かわたれの星見もまたわるくない．薄明の中に溶け込むように、あるいは、フッと蒸発するかのように、星が消えていくとき、星はもっとも可

憐で美しく見える．ときには，それが物悲しく，一人で見るには寂しすぎることもある．

そういう時は，親しい友か，愛する恋人か，あるいは夜明けのコーヒーと共に見るといい．

●薄明は星のドラマの幕あけ

"たそがれ"や"かわたれ"の状態を薄明という．

太陽が地平線の下に沈んでも，しばらくは，太陽光が上層の大気中で散乱して空を明るくするのだ．

日没後の太陽高度がひくくなるにしたがって，空はしだいに暗くなり，−20°くらいになると，薄明はすっかり消えて完全な夜空になる．

薄明は，地平線下の太陽高度によって"市民薄明"（常用薄明），"航海薄明"，"天文薄明"という三つに呼びわけている．

市民薄明は，日が沈んで太陽高度が−6°になるまで，−6°から日の出までの間をいう．この状態はかなり明るくて，まだまだ星空という雰囲気ではない．野球が大接戦となって，ついに日没をむかえるが，なんとか今日中に決着を…とがんばることができるのが市民薄明である．

太陽高度が−6°から−12°と低く

なるにしたがって，だんだんうす暗くなって，やがてボールをオデコでうける人がでてくる．「もうだめだ，来週つづきをやろうよ」と道具をかたづけるうちに，気がつくと星がいくつか見えている．この時間を航海薄明という．

航海中，船の位置を知るために，星の高度を測定するのだが，水平線がよく見えて，しかも星が見えているこの時が，もっとも適しているからだろう．

さらに−12°から−18°までの薄明を天文薄明というが，この薄明が終る頃は満天の星におおわれ，条件のいい場所でなら肉眼で6等星が認められるようになるわけだ．季節によって，あるいは観望する土地の緯度によって，薄明時間は一定していないが，北緯35°あたりで，日没後，あるいは日の出前のほぼ1時間半くらいである．

もちろん，薄明の明るさは，その日の天候の状態によってかなり変動するので，単純に太陽高度だけできめられるものではない．

刻々と変化していく薄明のようすは，壮大な星のドラマの幕あけであり，そして，幕切れのときである．

☆またたく星の魅力

　　ティンクル，ティンクル
　　キラッ　キラキラ　キラッキラッ

星のまたたきを眺めている内に，いつのまにか幻想の世界に誘いこまれてしまう．

可愛い星はますます可愛らしく，力強い星はますます力んで，弱々しい星はあくまで虚勢を張ってみせる．星のまたたきは星に個性と生気をあたえる不思議な力があるらしい．もし星にまたたきがなかったら，それはなんとも形容しがたい味気ない星空になってしまうだろう．

●またたきは空気のいたずら

星のまたたきは，星の光が上層の大気中を通過するとき，進路を曲げられて，目にはいってくる光の量がかわるためにおこる，つまり上空の空気のいたずらによるものだ．

大気の動きが各部に密度の大きいところと小さいところをつくり，しかもそれは休みなく変化している．星の光は，空気の密度のかわりめで屈折して，ある時は束になって，ある時はまばらに散ってしまった一部が目にとびこんでくる．

大気の動きがはげしい時は，星のまたたきも当然はげしくなる．春から夏にかけてのおだやかな夜，星のまたたきもまたおだやかになる．

天頂付近の星にくらべると，地平線にちかい星のほうが，またたきがいそがしい．天頂からくる光より大気の中をながく通ってくるからだろう．下界のいくつかの好ましくない問題が，彼等をいらだたせているかのようでもある．

この空気のいたずらをシンチレーションという．

シンチレーションは，目に入る光の量を増減させるだけでなく，星の位置まで変化させる．したがって，天体望遠鏡の中の星像がにじんで大きくなってしまうのだ．

　肉眼で楽しい星のまたたきも, 天体望遠鏡をのぞく観測者にとってはありがたくない. にじんだ星像が望遠鏡の分解能を低下させてしまうからだ.

　それにしても, 雨あがりのあとの山奥でみる星のまたたきはすばらしい.

　雨やどりをしていた星々が一勢におもてに出て, ワイワイガヤガヤ, そのにぎやかなこと, 星の世界のざわめきが聞こえてくるようだ.

　シンチレーションがはげしすぎる夜は, 望遠鏡をあきらめて, しばらく星たちの会話に耳をかたむけるといい.

　山の上から下界を見おろすと, 町や村のあかりがチラチラとまたたいてみえる. 地上の星のまたたきもまた美しい.

●またたかない星は惑星？

　なんと, すべての星がまたたくなかに, ひとつだけ, まるで他人ごとのように知らん顔をして, まったくまたたかない輝星をみつけることがある.

　おそらくそれは木星か, 土星か, それとも金星か, あるいは火星だろう. ときには水星かもしれない.

　恒星はどんなに明るい星でもすべてまたたくのだが, なぜか惑星だけは「俺はちがうぞ」といいたげに, まばたきひとつしないで, がんばっている.

　惑星も, 恒星も, 肉眼でみる姿は小さな光点にすぎず, まったく見わけがつかないが, 惑星だけがまたたかない秘密は, 両者を天体望遠鏡で見くらべるとわかる.

　恒星はどんなに倍率をあげても遠すぎて小さな点にしかみえないが, 惑星は小さいながらも円盤像がみられる. 円盤の各部分はそれぞれ光量を増減させているのだが, 相殺されて全体の光量の変化は小さく, またたかないように見えるのだろう.

●またたかない星がまたたく夜

　またたかないはずの惑星もまたたく夜がある.

　ひとつは惑星が地平線近くで輝くとき. もうひとつは風の強い夜である. 地平線近くに輝く星の光は, 空気の中をながく通るので, その影響をうけやすい. そして, 風の強いときは空気の密度の変化が激しくて, さすがの惑星もまたたいてしまうのだ.

　激しい星のまたたきは, 台風の接近を教えてくれるだろう. 秋から冬にかけて, 上空の気流の動きがはげしくなるので, 星のまたたきはしだいに忙しくなる. 冬の星は寒さにうちふるえるように, こきざみにまたたく.

☆ 星月夜を楽しむ

● 星明りは大気光がほとんど

　快晴で月のない夜，人里離れた星以外にまったく光源のみあたらないところでは，地上は鼻をつままれてもわからないほどのまっ暗闇といいたいところだが，実はそうでもない．しばらくして目がなれると，けっこう周囲のようすがぼんやりわかるようになる．

　光源は星以外に考えられないので昔から"星明り"とか"星月夜"といった．

　むろん星明りは月明りほど明るくはない．昼間の不美人も，月明りのもとでは美人になるというが，ひょっとすると，星明りのもとでは絶世の美女に変身するかもしれない．

　さて，この"星明り"の正体だが，正しくは夜天光といって，大気光，星野光，黄道光（対日照を含む）などによるもの．その内のほとんど（約70％）は大気光である．

● 星明りはピンク色？

　星明りの大部分は地球の上層大気が発光していたのだ．

　大気光は，昼間，太陽の紫外線によって解きはなされた大気の分子や原子が，夜になって徐々に再結合したり，太陽から放射された電気をもった微粒子によって，大気が刺激されて発光したものだ．つまり，原理的にはオーロラ（極光）と同じ光といっていい．

　オーロラのように一時的なものではないので，大気光のことをパーマ

ネント・オーロラという．

　パーマネント・オーロラの光の中で赤い色が比較的強いので，夜空の色はピンク色ということにもなる．もちろん暗すぎて，私達の目には感じられないのだが…．

　太陽が活動期をむかえると，当然大気光が増えて夜空が明るくなる．黒点の極大期にはとても闇夜とはおもえないほど明るい空に驚かされるだろう．

● 本物の星明りは星野光

　文字どおりの星明りは星野光という．それは夜空の星の輝きと，肉眼では見えない暗い星々や星雲，星団などからやってくる光をすべてあわせた光をいう．

　星野光の明るさは，星の分布状態によって違うので，星野写真をとって星数を等級別（光度別）にかぞえて

求められる.

　星の比較的まばらな北極星付近の星野光は $50S_{10}$ (V) ていどで, 天の川のように星がひしめきあっているところは $100～700S_{10}$ (V) と明るい.

●黄道光

　夜天光(星明り)のもう一つの要素に黄道光(こうどうこう)と呼ばれる光がある.

　銀河と同じように, 帯状の淡い光が黄道にそってのびているのだが, 太陽に近いところが明るいので, 日没後の西空, 日の出前の東空でみつけることができる.

　黄道光がもっともよく見えるのは秋(10月～11月)の明け方の薄明前と, 春(2月～3月)の夕方の薄明後である.

　黄道光は黄道にそって見られるのだが, 地平線に対する黄道の角度が小さい時期には, 地平線上に横たわって認めにくくなるし, 銀河との重なりが大きいところは見分けにくい. だから, いつでもよく見えるわけで

春は夕方の西空に黄道光がよくみえる

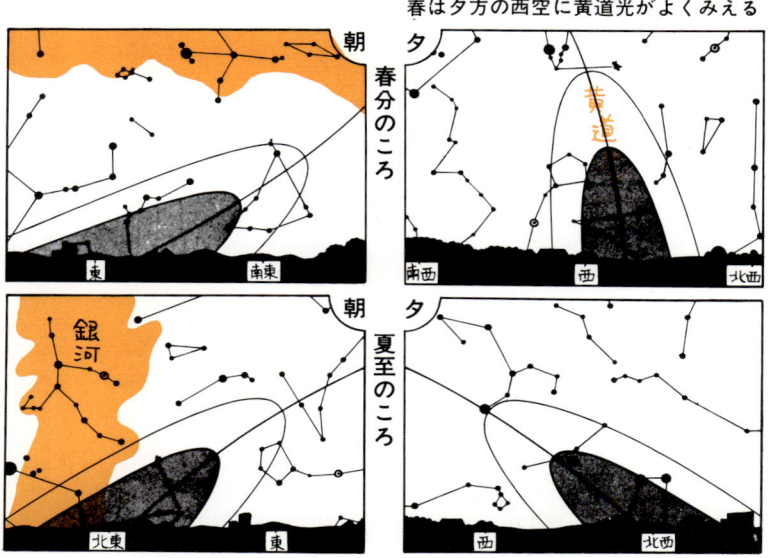

はない．

黄道光は太陽から遠ざかるにしたがって暗く幅もせまくなる．そしてその先は大気光と見分けがつかなくなってしまう．

地平線に近いところで幅30°くらいにひろがって，長さ60°くらいの舌状の光のひろがりに注目してほしい．一見，遠くの町の光が空を明るくしているようにみえるので，気にもとめないで見のがしていることも多いのだが，逆に黄道光かと思ったら，町の光であったということもある．

● 黄道光の正体と対日照

黄道光の正体は，太陽系の惑星軌道面にそった空間に多くある微粒子（宇宙塵）が，太陽の光を散乱させているものらしい．

宇宙塵は，太陽を中心に，黄道面にそって凸レンズ状に分布しているらしい．地球はその中にはいりこんでいるので，黄道光は銀河のように全天をはちまき状にとりまいているのだが，肉眼では淡くて認めることがむずかしい．

ただし，黄道光が地球のうしろ側（太陽の反対側）でつながっていると考えられるあたりに，対日照と呼ばれる淡い光のかたまりがみえることがある．ちょうど太陽から180°はなれた黄道上（対日点）に，東西20°～30°, 南北10°～20°くらいにひろがるのだが，おそらく宇宙塵が太陽からの光をま反対の方向にもっとも効率よく散乱させるからだろう．

対日照を見るためには，薄明や人工の光にわずらわされないように，対日照がもっとも高くのぼる真夜中にさがすといい．星図でどの星座でみられるか（その日の太陽位置から

秋の朝方によくみえる黄道光

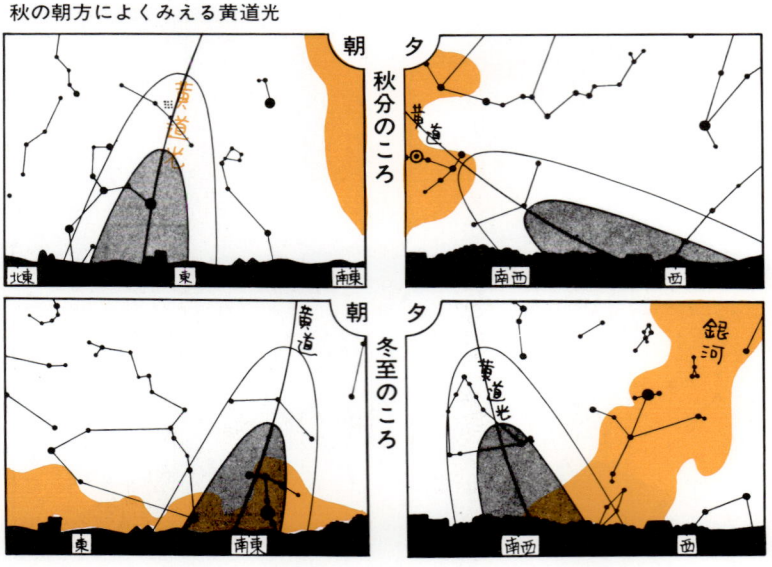

180°はなれた黄道上にある星座）をあらかじめ調べておくことと，季節的には銀河から遠い春と秋をえらぶこと，むろん空気の澄んだ空でなければいけないし，月夜もさけること，そして，なによりも"絶対みえているはずだ"と確信をもってさがしてみることが必要だ．

とくに秋から冬にかけての対日照は，高くのぼるし，空の透明度もいのでみつけやすい．

今年の秋は"対日照"に挑戦してみてはいかがだろう．

対日照がみつかるような夜は，おもわずため息がでるほどの，すばらしい星空がみられるにちがいない．対日照は，この美しい星空をあおぐ人々の，ため息のかたまりが天にのぼったのかもしれない．

遠くの町の光か？ 大彗星のしっぽか？ それとも黄道光か？

☆どこまでみえる？肉眼望遠鏡

● 暗い星ほど数が多い

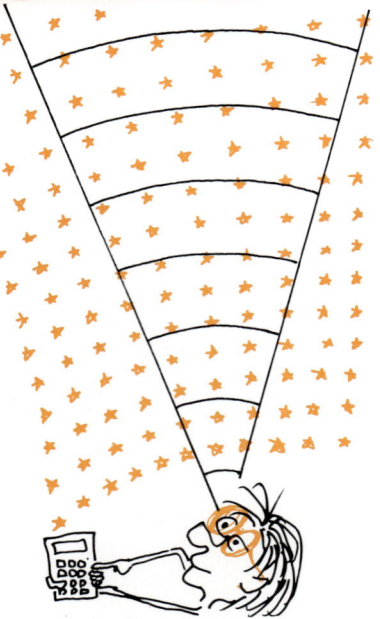

　いったい，夜空の星をすべてかぞえたら，いくつになるだろうか？

　この質問が宇宙にある星すべての数のことをいうなら，それに答えられる人はいない．しかし，見える星の数ということなら話は別だ．

　肉眼で6等星まで見える人なら，全天に6000個以上の星が見えるはずだ．それは星表の中から6等星より明るい星をひろいだして数えれば容易にわかる．ただし，実際に空をあおいで数える場合はそれよりうんと少なくなるだろう．

　まず第1に地平線の下に半分かくれてしまうし，さらに地平線に近い星の光が空気中でかなり減光されること，地平線上の障害物(山，木，建物など)に視界の一部をさえぎられることなど考えあわせると，2000個～2500個くらいになってしまう．

　しかし，この数字もまた，あなたが実際に空をあおいで数えた数字とは，かなりかけはなれてしまうことがある．

　実はこのあたりたいへん微妙で，一口に6等星といっても，5.8等星も6.2等星も含まれるのだから，5.8等星までみえる人と，6.2等星までみえる人では，数えられる星の数はかなりちがう．

　全天に6.0等までの星は約5000個あるが，6.25等までの星は約6500個あって，6.5等までなら約9000個というように，わずかな光度のちがいで星の数はまるでちがってくる．そして，暗い星ほどその数は多い．

　7等星や8等星まで見える人があおいだ星空は，いったいどんな感じになるのだろう？．7.0等までの星は全天に約15000個，8.0等までの星は40000個をこえる．大型プラネタリウムでみられる満天をうめつくす星空ですら，6.5等星(全天9000個)までしかでていないのだから，どんなに豪華な星空になるのか想像もつかない．

　そういうことになると，すこしでも暗い星がみられるようにして，できるだけすばらしい星空を楽しみたいものだ．より暗い星を見るための奥の手はないものだろうか．そのいくつかについて考えてみよう．

●目は大きいほうがいい

より暗い星を見るためには、星の光をできるだけ多く、目の中に集めることを考えなければいけない．

より多くの光をあつめるために、天体望遠鏡は大きなレンズをつかう．レンズの径が大きいほど、より多くの光を集めて、より遠くのかすかな星の光を認めることができるからだ．

光を集めるレンズを対物レンズといって、このレンズの口径（光をあつめるのにつかわれる有効径）が大きいほど、その望遠鏡の光学的性能が高いということになる．

星を見る肉眼望遠鏡の性能もまた、口径の大きさがものをいうわけだ．肉眼の場合は瞳孔径（ひとみ径）が口径にあたる．

人間の目は、明るさに応じて、自動的に瞳孔径が変えられるしくみになっているが、星を見るときに必要なのは、もっとも大きくひらいた時の瞳孔径である．

つまり、星を見るときには、自分の目の瞳孔径が最大になるように工夫したり、こころがけなければいけないということだ．

●目は自動露出カメラと同じ

人間の目は、自動露出カメラのように、本人の意志にかかわりなく、明るさに応じて絞り（虹彩）が働いて瞳孔径を約2mmから7mmくらいにまで変化させてしまう．

したがって、瞳孔径を最大に保つためには、視界の中に明るい光がはいらないような工夫をすればいい．

立木や建物の影をうまく利用して周囲の光源をみかくしてしまうこと、なにもない時は帽子のひさしをうまく利用する手もある．

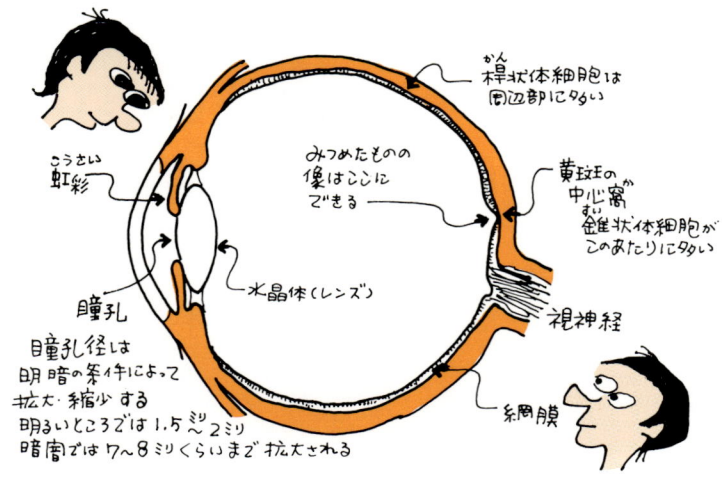

桿状体細胞は周辺部に多い

虹彩（こうさい）

みつめたものの像はここにできる

黄斑の中心窩（ちゅうしんか）錐状体細胞がこのあたりに多い

水晶体（レンズ）

瞳孔

視神経

網膜

瞳孔径は明暗の条件によって拡大・縮少する
明いところでは1.5ミリ〜2ミリ
暗闇では7〜8ミリくらいまで拡大される

やっかいなのは星図をみるときの照明だ。星図をみるたびに瞳孔が小さくなって、星図と星空を交互に見比べるとき、まことに具合がわるい。

几帳面で用心深い人には、あらかじめ減光用のカバーを用意しておくことをおすすめしたい。赤色のセロファンかゼラチンのフィルターでカバーするのが一般的につかわれる手である。できるだけ目を刺激しないように、星図を確認するのに必要な最少の照明がえられればいいのだ。

少々ズボラなタイプの人には、ポケットの中のティシューか、ハンカチを重ねおりして、ライトごとくるんでしまうという手がある。

もう少しズボラで、日頃ポケットにハンカチもティシューも入っていない人は、すくなくとも光源が直接目に入らないように、手のひらでカバーして使うべきだろう。

● どこまでみえる瞳孔径と極限等級

普通、瞳孔がもっともひらいたときの直径は、約7mmくらいになるとされている。もちろん、個人差があるわけで、それ以上の人も、それ以下の人もあるだろう。

そろそろ中年とか、ナイスミドルといわれる年齢になると、瞳孔径が5mmていどに縮んでしまうともいう。明るいところでは気がつかないが、薄暗くなるととたんに新聞などがみづらくなる、といった自覚症状があらわれたら、原因はそのせいかもしれない。

瞳孔径7mmと5mmの集光能力をくらべると、およそ2倍（集光力はレンズの有効面積に比例する）もちがうのだから当然だろう。

普通の視力で6.0等星まで認められるとして、そのときの瞳孔径が7mmだとすると、5mmの人は5.3等星しかみえないということになる。

個人差といえば、多くの人の中にはすごい人がいて、6等星どころか、7等星や8等星までも認められるという人がいる。いったいどんな目をしているのだろう？

星の光度の1等級のちがいは、光量にすると2.5倍（1等星は6等星の100倍明るい）のちがいになる。

7等星がみえる人は、6等星までしか見えない人の2.5倍、8等星を見るためには 6.3倍 (2.5×2.5)、9等星なら15.6倍 (2.5^3) の光を集めなければいけない。それを単純に瞳孔径の大きさに換算すると、瞳孔径7mmで6等星がみえるとして、7等星

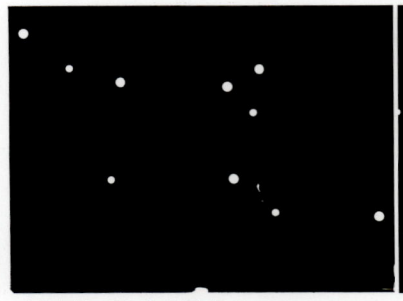

3等星までみえる星空（ペガスス座付近）

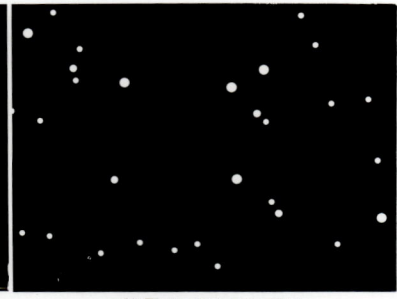

4等星までみえる星空

は11mm，8等星なら18mm，9等星をみるためには28mmの瞳孔径が必要ということになる．

11mmはまずまずとしても，瞳孔径18mmでは，いくら目の大きい人でも，ひとみが目からはみだしてしまう．ところが，実際に8等星がみえるという人がいるのだから，どうやら人間様の肉眼望遠鏡の光学的性能は，単純に瞳孔径だけではきめられないようだ．

8等星まで見える人の目？

> 瞳孔径7mmで6.0等星がみえるとすると
> 瞳孔径 x mmでM等星がみえる
> $M = 5 \log x + 1.774$

● 桿状体の働き

人間の目は，網膜に約700万個の錐状体細胞と，約1億3000万個の桿状体細胞（柱状体細胞）という2種類の光受容器をもっている．

錐状体は，鮮明にこまかな部分を見わけることと，色彩を識別する機能をもっているが，感度が低いので暗いものに対しては働かない．それに対して，桿状体は鮮明度がわるく，色彩も識別できないが，数にものをいわせて明暗に対する感度は高い．

暗い星をみるための性能が，瞳孔径だけできめられないのは，この桿状体の感度と大いに関係がありそうだ．

● 感度アップに30分間

明るいものから，暗いものへ目を移すと，目の働きは錐状体から桿状体にバトンタッチされ，じょじょに順応（暗順応）するのだが，桿状体は十分明るいところから，まっ暗闇に順応するのに30分から40分くらいかけて，最初の5万倍までに感度をたかめることがわかっている．

瞳孔径の大きさの変化ではとうていえない感度である．2mmの瞳孔径が7mmになっても12倍の光量しかえられない．5万倍に感度アップするためには，単純に2mmの瞳孔径を447mmにする必要がある．これでは目玉が顔からはみだしてしまう．

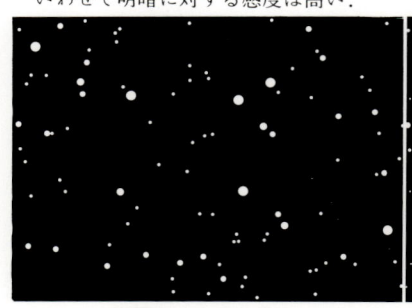

5等星までみえる星空

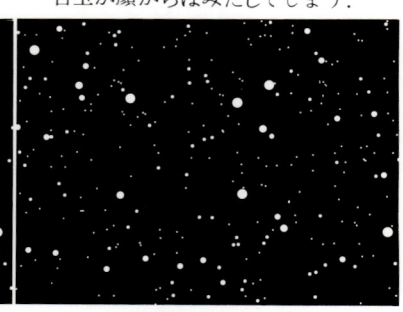

6等星までみえる星空

網膜から視神経を通じてつながった脳の皮質部分でおこる複雑なしくみについては，現在まだよくわかっていない．このあたりのしくみに，生まれつきの個人差や，訓練による個人差ができる要素があるのだろう．

いずれにしても，気持ちのいい星空を楽しむために，まず30～40分間暗闇で目をならしてから空をあおぐといい．

●暗い天体はみつめちゃだめ

昔，日本の軍隊で夜間戦闘用員を養成するのに，昼間から黒めがねをかけさせて暗闇にそなえる訓練をしたらしい．その結果，夜の山道をヤマネコのように走りまわることができたという．

事実，経験豊富なベテランにははっきり認められる微光天体が，新米観測者にはどうしても見えないということがある．ところが，同じ観測者が熟練すると，今まで見えなかったのが不思議なくらいはっきり認められるようになる．

極限に近い暗いものや，小さいものを認める能力は，訓練によってある程度向上するものらしい．おそらくこれは感度アップというより，テクニックの向上によるものというべき性質のものだろう．

ものを見つめた時，網膜の中心部（中心窩と，そのまわりの黄斑と呼ばれる部分）に像を結ぶ．この部分は錐状体細胞が密集しているので，鮮明に，そして色を見わける能力にたいへん優れているが，桿状体細胞の多い周辺部に比べると感度は劣る．

つまり，非常に暗い星は，その星を見つめたときより，視野の周辺部におくほうがよく見えるということである．

星図とつきあわせて確認しながら，より暗い天体をみるための，テクニック開発練習をおすすめする．同時に自分の目の限界等級を確めてみてはいかが．

限界に挑戦するときは，もちろん天頂付近の星空が有利である．

★双眼鏡の魅力と威力

●双眼鏡のすすめ

肉眼の限界を知ったとき，「ああこれまでか…」とあきらめないでいただきたい．あなたの瞳孔径をもっと大きくする手があるからだ．

手軽に使える双眼鏡は，あなたのもう一つの目と考えていい．肉眼でみていて，もうすこしよく見たいなと思ったとき，小型の双眼鏡が手もとにあるとたいへんありがたい．

瞳孔径7mmの人の目にくらべて，口径30mmの双眼鏡の集光力は18倍以上（$30^2 \div 7^2$）にもなる．小さいオペラグラスでも口径は20mmぐらいはあるので8倍（$20^2 \div 7^2$）ちかくの集光力があるのだから馬鹿にはできない．

双眼鏡がある人には，夜空での活用をおすすめしたい．

双眼鏡の小さいものはポケットにいれて，大型のものでも肩にひっかけて手軽に持ち運びができる点，簡単に手もちでも使える点，片目じゃなくて両目が使える点，視野の中が上下さかさまにならない点，いずれも天体望遠鏡にはない双眼鏡ならではの魅力である．

●口径が大きいほど暗い星がみえる

当然口径が大きいほど暗い星がみえるわけだが，計算上のデータは次のようになる．

瞳孔径7mmの目で6等星までみえるとして，

口径	集光力	分解能	極限等級
肉眼	1	60″	6.0等
15mm	5	7″.7	7.7等
20mm	8	5″.8	8.3等
30mm	18	3″.9	9.2等
40mm	33	2″.9	9.8等
50mm	51	2″.3	10.3等

集光力の増大は，都会の星をみる時にも，その威力を発揮するだろう．というより，使いなれると，都会の空で星座を楽しむためになくてはならない便利な小道具になるだろう．

口径が大きいことは，当然分解能力を高めることになる．

肉眼では1つにしか見えないが，双眼鏡でなら分離する重星もいくつかある．月ならクレータを認められるほどの双眼鏡の威力は，使いこなせたら大いなる魅力となるにちがいない．

●星の色に迷う

星はそれぞれちがった色で輝いている．

しかし，その星の色を楽しむには星は少々暗すぎて，1等星か，せいぜい明るい2等星の色のちがいが認められるていどである．

目の錐状体細胞を働かせて色を楽しむためには，双眼鏡の集光能力がものをいう．

双眼鏡をつかって，美しい星の色に迷うのもわるくない．黄と赤，青と赤，オレンジとピンク…といった楽しいカップルもいくつかみつかるだろう．

星図片手に，あなただけが知っている穴場さがしに挑戦するのも，おもしろい試みだとおもうがいかが？

●双眼鏡をえらぶとき

双眼鏡には「7×50 7.3°」とか「6×20 7.5°」という数字で，その性能がしるされている．

最初の数字は倍率，次は口径のミリ数，最後は視野の直径である．

倍率はあまり高いものをえらぶべきではない．6～7倍ていどにとどめたい．それ以上倍率の高いものは手持ちで使うとき，ブレが気になって，かえってよくみえない．

静止したものを見る視力が1.0である人が，時速40キロの車にのって動くものを見る時の視力（動視力）は0.7にさがってしまう．

口径はもちろんできるだけ大きいほうがいいのだが，口径が大きくなれば，当然体積も重量もふえてしまう．能力と携帯の便利さを天秤にかけて，できるだけあなたの目的にそったものをえらぶことだ．

私の場合，車ででかける時，つまり荷物の重さや大きさが気にならないときは7×50の大型双眼鏡を…，そうでないときはポケットにもはいる小型の6×20を愛用している．

視野はできるだけ広いほうがいいことはいうまでもないが，特売品として売られているもののなかに，視野の直径が2.5°から3.5°ていどしかないひどいものもあるので気をつけたい．

一般に6°〜8°あればまずまずと考えていい．広い視野はてがかりになるまわりの星の配置が同視野の中にとらえられるので，目的の星をさがすときとても便利である．

広い視野の周辺部までシャープな星像がえられるようにつくることは大へんむずかしいので，完全はのぞめないが，のぞきくらべて周辺ができるだけシャープにみられるものをえらぶといい．

できるだけ遠くの細かなものに焦点をあわせて見比べてみよう．

●数字にならない性能の差

表示された数字にあらわれない性能の差にも注意したい．できるだけ信用のおけるメーカーの製品をえらぶべきだろう．

のぞき比べている内に，持った感じ，使いがっての良否，のぞいた時の目のおさまり具合，暗いところをみたときの像の明るさ，ピント調節のスムーズさ，収納ケースのつかいやすさ，などあなた自身で判断できるチェックポイントがいくつかある．

有名メーカーの双眼鏡といえども見比べると微妙な差があるものだ．

かすかな星雲を都会の空でさがしたとき，どれも明るいバックグランドにかき消されてまったく見えないのに，あるメーカーの一台だけは，あきらかに認められることに驚かされたことがある．

こういうテストは店頭ではできないので，経験のある先輩や専門家の間でささやかれる定評に耳をかたむけなければならない．科学館や博物館，信用のある天文同好会，天文関係の雑誌などが，あなたのニュース源になるだろう．

〈双眼鏡のしくみについては「冬の星座博物館」に〉

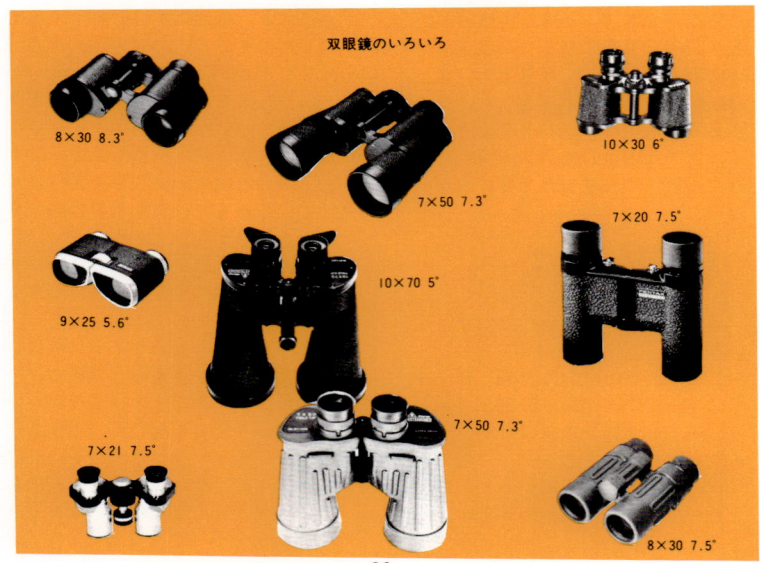

双眼鏡のいろいろ

8×30 8.3°
7×50 7.3°
10×30 6°
7×20 7.5°
9×25 5.6°
10×70 5°
7×21 7.5°
7×50 7.3°
8×30 7.5°

☀ 都会の星

"ちかごろ都会で星が見えなくなった"といわれるようになって、もう何年になるだろうか．なにをいまさらと言われそうな使いふるされた古典的な言葉になってしまったが、はたして本当に都会では星が見えないのだろうか．都会では星座を楽しむことはできないのだろうか．

実はほんの少し工夫すれば、都会の星空も使いふるされた台詞ほどわるくはないのだ．そして、それはけっしてむずかしいことではない．

さて、都会で気持ちのいい星を見るための秘訣とは…？

● 都会の星は深夜がいい

都会の星を消しているのは、スモッグと光害(街の光)と、もうひとつはあなた自身の目に原因があると考えられる．したがって、この三つの原因をとりのぞくか、あるいは小さくする方法を工夫すればいいわけだ．

スモッグについては、積極的になんとかできる相手ではないが、光害については"できるだけ深夜に近い遅い時刻に見る"という準積極法がおすすめできる．

大都会といえども、午後8時よりは9時、9時より10時と、夜が更けると共にしだいに街が暗くなっていく．午後11時を過ぎて終電、終バスがでる頃にはかなりいい空になるはずだ．

ちかごろ名古屋の空も、東京とかわりがなく、宵空では3等星を認めることがむずかしい日が多い．ところが、午後11時を過ぎた深夜の星空は、4等星はもちろん、少々がんばると5等星を認めることも可能なほどいい空になる．中小都市ではもっと早い時刻にいい状態の空がみられるだろう．

もう一つのあなた自身の目の問題については、一工夫あれば簡単に解決するはずだ．

瞳孔径を最大にして、桿状体細胞が十分働くようにしてやればいいわけだが、そのためには、星を見るとき、とにかく視野の中に町の光が一切はいらないような工夫をすることだ．

町の中でも、建物の影、木影などをうまく利用したら、視野の中の光を追い出すことは不可能ではない．

もちろん、明るい光源の近くはできるだけさけて、細い路地の奥や、公園などの、周囲が暗いところをえらぶべきだ．

天候にめぐまれれば、大都会の中心で4等星を認めることはそんなにむずかしくはない．

町の光をさけるために、残された空は天頂付近の空に限られてしまうが、ぜいたくはいうまい．都会でも星が楽しめるのだから…．

✵月は大敵

●月にのまれる星々

　より暗い星が見える条件のひとつに，バックの空の明るさのことを忘れてはいけない．

　桿状体細胞は感度はいいが，色の識別能力をもたないので，バックとの光度差がなければ認められない．

　したがって，目でみえるもっとも暗い星は，バックグラウンドになる空の明るさに左右されるのだ．

　闇夜なら6等星までみえる場所でも，月夜になると，明るい空にかき消されて，3～4等星しかみえなくなってしまう．

　空の明るさは，1平方度に10等星がいくつ輝くのと同じか，という数 $S_{10}(V)$ であらわす方法がある．

　闇夜のバックグラウンドの平均の明るさが300 $S_{10}(V)$ ていどなのに対して，月齢10の月夜の場合（いずれも天頂付近）は4000 $S_{10}(V)$ という大きな数字になってしまう．

　天の川のもっとも明るい部分が，700 $S_{10}(V)$ くらいだから，満月に近い月夜に天の川が消えてしまうのは当然だろう．

　美しい月も，気持ちのいい星空をみるためには，にっくき大敵となるのだ．

●月がない時をねらうには

　月がでているかどうか？　月の出は何時ごろになるか？　何時ごろに月が沈むか…といったデータは，気持ちのいい星見をするために欠かせない．

　ほとんどの新聞が，毎日，月齢と出没時刻を掲載しているので，それを参考にするといいだろう．

　もちろん，一晩中姿を見せない新月（月齢0）に近いときが最高で，日没と同時にのぼって，一晩中出っぱなしの満月の頃が最悪である．

　月齢3～4の月は宵の内に沈んで

しまうし，月齢6〜8（上弦のころ）の月は真夜中に沈む．満月をすぎると月の出は毎日遅くなり，月齢21〜23（下弦のころ）の月は真夜中に昇る．

月齢がわかれば，月の出入りのようすはだいたい予測できるから，簡単な月齢推算法を知っておくといいだろう．

●ズボラな月齢計算法「ゼニゼニ ニッシッシ ムナヤコト」

ある晩の月齢は，2006年1月1日の月齢が1で，月は平均29.5日（朔望月）で満ち欠けすること，1年は12朔望月＋約11日であることから，簡単な計算によって誤差±1〜2日程度で求められる．知っていて損はない．

西暦X年Y月Z日の月齢Fは，
$$F = (X - 2006) \times 11 + M + Z$$
$$\pm (30の倍数)$$
で求めることができる．ここで，MはY月に対して下の表から求める．また，Zまでの総計が0より小さいときは＋30の倍数，0〜30のときはそのまま，30を超えたら－30の倍数で，Fを0〜30になるようにする．

たとえば，2005年のペルセウス座流星群の極大日8月13日の月齢Fは
$$F = (2005 - 2006) \times 11 + 6 + 13$$
$$\pm (30の倍数)$$
$$= -1 \times 11 + 6 + 13 \pm (30の倍数)$$
$$= 8$$
となる．13日正午の月齢は8.0でぴったり合っている．夜半前に月は沈むので，極大が予想される未明の時間には条件が良い．

計算を簡単にするために，あらかじめ毎年の定数Tを計算しておくと便利だ．たとえば，2005年のTは
$$T = (2005 - 2006) \times 11$$
$$\pm (30の倍数)$$
$$= -1 \times 11 \pm (30の倍数)$$
$$= -11 + 30 = 19$$
となる．そこで，2005年の月齢は
$$F = 19 + M + Z \pm (30の倍数)$$
で求められる．2006年は0，2007年は11が定数Tの値となる．

2006年と2007年の8月13日の月齢を計算すると
2006年：$F = 0 + 6 + 13 = 19$
2007年：$F = 11 + 6 + 13 - 30 = 0$
となり，2006年は満月に近くて観測条件は悪く，2007年は，新月で絶好の条件になるといったことの見当がつけられる．

ついでにもう一つ．今度は，2005年の9月に月齢が14になる日は
$$14 = 19 + 7 + Z \pm (30の倍数)$$
$$Z = -12 + 30 = 18$$
で，2005年の旧暦8月15日，つまり中秋の名月は9月18日頃であることがわかる．実際の満月（望）は，9月18日11時で，旧暦の15日は9月18日である．

毎月の定数Mを，私は

ゼニゼニ　ニッシッシ　ムナヤコト
0202　　2 4 4　　678910

とおぼえている．

Y月	1月	2月	3月	4月	5月	6月	7月	8月	9月	10月	11月	12月
M	0	2	0	2	2	4	4	6	7	8	9	10

α	*Alpha*	アルファ
β	*Beta*	ベータ
γ	*Gamma*	ガンマ
δ	*Delta*	デルタ
ε	*Epsilon*	エプシロン
ζ	*Zeta*	ゼータ
η	*Eta*	エータ
θ	*Theta*	セータ（シータ）
ι	*Iota*	イオタ
κ	*Kappa*	カッパ
λ	*Lambda*	ラムダ
μ	*Mu*	ミュー
ν	*Nu*	ニュー
ξ	*Xi*	クシ（クサイ）
o	*Omicron*	オミクロン
π	*Pi*	ピー（パイ）
ρ	*Rho*	ロー
σ	*Sigma*	シグマ
τ	*Tau*	タウ
υ	*Upsilon*	ユプシロン（ウプシロン）
φ	*Phi*	フィー（ファイ）
χ	*Chi*	キー（カイ）
ψ	*Psi*	プシー（プサイ）
ω	*Omega*	オメガ

いもづる式 秋の星座のみつけかた トラのまき

　秋のよい空は，騒々しい夏の星空とうってかわって，静かなおちついた星空にかわる．

　夏の銀河が西にかたむき，ペガススの四辺形が高くのぼる．

　秋のよいの星座は，ペガス座の"秋の四角星"がみつかったら，あとは簡単にたどれる．四角星からいもづる式にたぐっていけばいい．

●秋の大四角形は，夏の大三角が天頂にあるころ，東の地平線上に顔をだし，大三角が西に傾くころ天頂にのぼる．

　2等星と3等星でつくる四辺形だが，輝星のすくない秋のよい空では意外にさがしやすい．南からおもいきってあおいでみよう．上辺が天頂，下辺は南側にある．発見した一辺約15°の四辺形は，有名な天馬ペガスス座なのだ．

●ペガススの四辺形には，北斗七星のように柄がついている．柄にあたる曲線がアンドロメダ座だ．

●アンドロメダ座の曲線をのばした先に，ペルセウス座の主星αがみつかる．α星を中心に，カシオペヤ座とプレアデス星団を結ぶ曲線をさがしてみよう．南中時より東からのぼるころのほうが，頭を上にして立っているのでわかりやすい．プレアデス星団側が足．

●アンドロメダの曲線の下(南)に小さなさんかく座がみつかる．さらに南におひつじ座の三角がある．

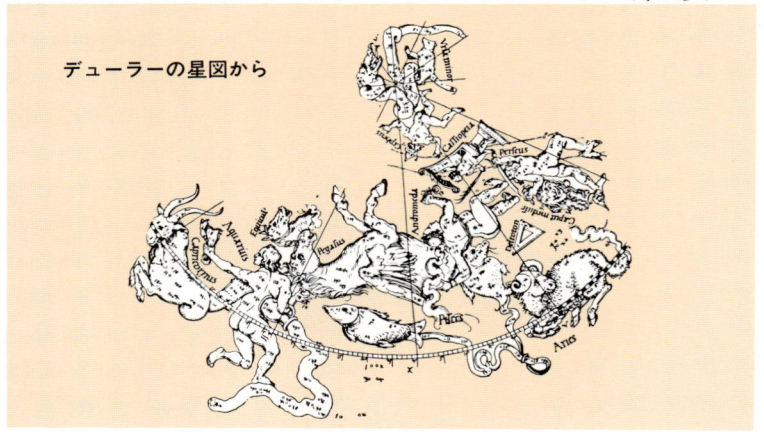

デューラーの星図から

●うお座は，星がみな暗くてさがしにくい星座だが，四角星の南側に一匹，東側に一匹，二匹の魚がひもでつながれている．

●四角星の西辺を南にのばすと，秋の星座ではめずらしい1等星につきあたる．みなみのうお座の主星フォマルハウトだ．四角星が南中するころ，南の空でもっとも明るい星をみつけたらいい．

●みなみのうお座のさらに南（下）に，2等星がよこに並んでいたら，それはつる座のα星とβ星だ．

地平線付近の透明度がいい夜，みなみのうお座が南中するころをねらってさがしてみよう．

●つる座の東をさがすと，ほうおう座のα星がみつかるだろう．つる座の2時間後に南中する．

●四角星の西辺を北へのばすと，北極星がみつかる．北極星はこぐま座のα星だ．

北極星は四角星の東辺を北へのばしてもみつかる．

●四角星の東辺を北へのばすと，北極星とのちょうど中間にカシオペヤ座のβ星がみつかる．β星がわかればβ—α—γ—δ—εと結んで，有名なカシオペヤのWができる．

●そのカシオペヤのβ星と北極星の中間あたりに，ケフェウス座のγ星がある．γ星を頂点に，γ—β—α—δ—ιと結んだひん弱な5角形をさがすといい．

●四角星の東辺を南へのばすと，ポツンと輝く2等星につきあたる．くじら座のしっぽに輝くβ星（デネブ・カイトス）だ．くじら座の鼻づらは，東のおうし座にむけられ，頭の上におひつじ座がある．

●天馬ペガススの鼻づらの星エニフ（ε星）がみつかったら，そのすぐ先（西）にこうま座の小さくて淡い四辺形がみつかる．さらに西をみるといるか座のかわいい菱形がみつかるだろう．

●ペガススの頭（θ星）のすぐ南に，みずがめ座のシンボルマークとα星がならんでいる．シンボルマークの三つ矢は暗い星ばかりだが，みつかると，なぜかうれしくて，幸せな気持になるという不思議な星だ．

三つ矢マーク付近に水がめをえがくと，こぼれた水がみなみのうお座の口まで続く．

●やぎ座は，暗くて忘れられがちだが，黄道12星座のひとつで，秋，最初にのぼる重要な星座である．

みなみのうお座とみずがめ座の西に，やぎ座の逆三角がある．

夏の三角星がみつかったら，ベガとアルタイルをむすんで，まっすぐ地平線にむかってのばしてもやぎ座がみつかる．

夏の三角星は，秋になってもまだよくみえる．

●やぎ座の南にけんびきょう座がある．南中のころ，やぎ座の下をさがしてみよう．輝星がないので，都会ではおそらく一つも星がみつけられないだろう．顕微鏡をつかってさがしてみたいほど目だたない星座だ．

●ペガススの前足の先（北）の，天の川の中にとかげ座がある．ちょうど天馬の前足にふまれているようにみえる．

●くじら座のしっぽ（β星）の下にほうおう座があるのだが，そのほうおう座としっぽにはさまれたあたりがちょうこくしつ座だ．特に目立つ星はないが，3等星の主星αをさがしてみよう．

●ほうおう座の東北，くじら座の南，ちょうこつしつ座の東側にろ座がある．ちょうこくしつ座の2時間後に南中する．

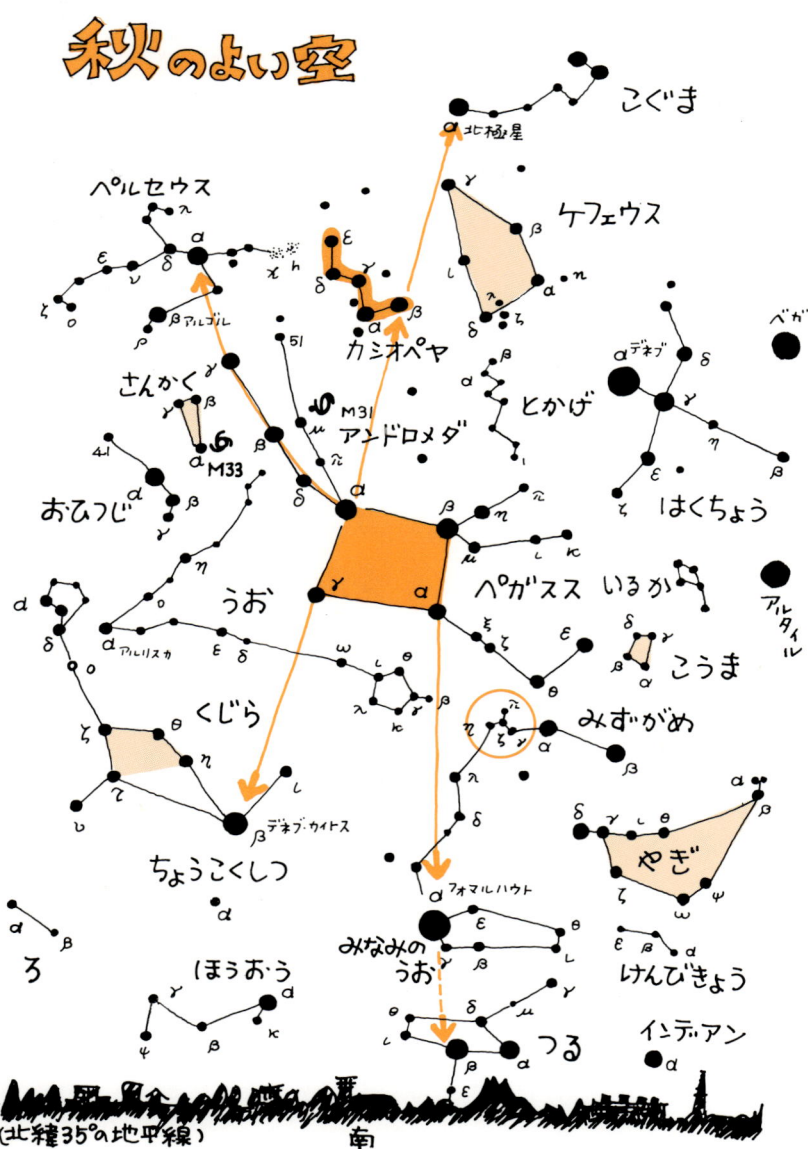

秋の銀河　土井隆雄

1 やぎ座 (日本名)
CAPRICORNUS
カプリコルヌス (学名)

けんびきょう座 (日本名)
MICROSCOPIUM
ミクロスコピウム

やぎ座の みりょく

　やぎ座は秋の訪れを告げる星座.

　にぎやかな夏の天の川がいて座と共に西に移ると,南の空は急にさみしくなる.

　気がつくと,いつのまにか南の空にやぎ座の三角がまっ黒な口をあけている.微光星がつくるいまにも消えてしまいそうな淡い三角だ.

　この三角,頂点を下にした逆三角形だが,ギリシャの哲人たちは,ここを"神々の門 Gate of the Gods"とよび,この世を去った人の魂が,天国へ行く入口だと考えた.おそらく,夏の銀河は天国への階段にしかれたじゅうたんなのだろう.

　それにしても,不安定な逆三角形が天国への入口とは?

　人間の生死と三角との関係は?

　経かたびらを着た日本の亡者のひたいにつけた白い三角と,この神々の門との関係は?

　などと,秋の星空のもとで,ときには下らない想像をたくましくするのも一興だとおもうがいかが?

　冥府(めいふ)の王ハデス Hades をたずねた琴の名人オルフェウスもきっとこの三角の門を通ったにちがいない.

　学名カプリコルヌスは"角山羊"だが,姿は"魚山羊"がふさわしい.

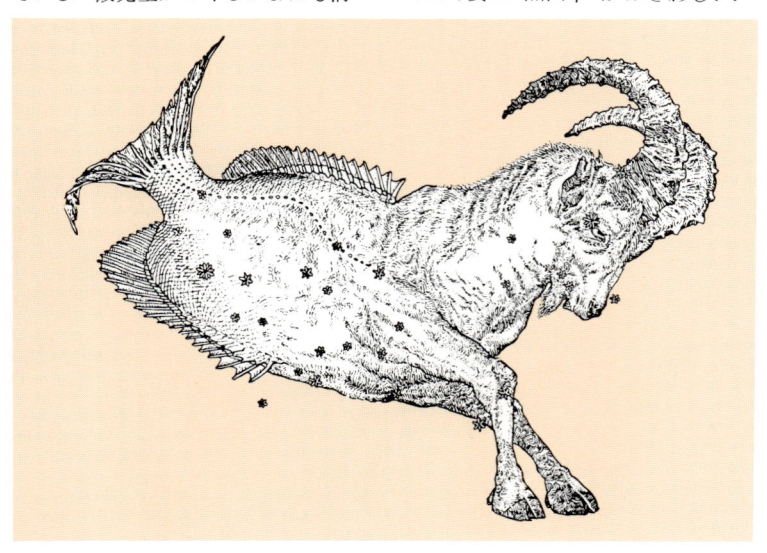

36

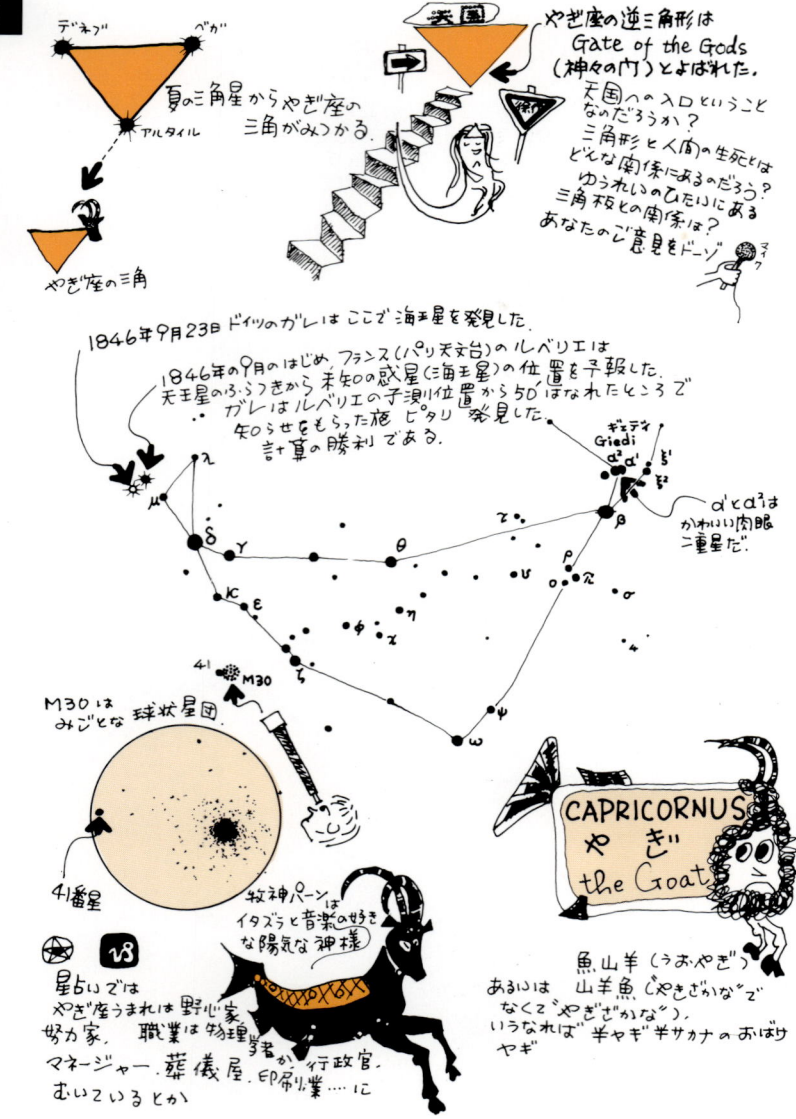

デネブ ベガ
アルタイル

夏の三角星からやぎ座の三角がみつかる。

やぎ座の三角

天国 →

やぎ座の逆三角形は
Gate of the Gods
(神々の門)とよばれた。

天国への入口ということ
なのだろうか？
三角形と人間の生死とは
どんな関係にあるのだろう？
ゆうれいのひたいにある
三角板との関係は？
あなたのご意見をドーゾ

マイク

1846年9月23日ドイツのガレはここで海王星を発見した。

1846年の9月のはじめ、フランス(パリ天文台)のルベリエは
天王星のふらつきから未知の惑星(=海王星)の位置を予報した。
ガレはルベリエの予測位置から5Oはなれたところで
知らせをもらった夜 ピタリ発見した。
計算の勝利である。

ギエディ
Giedi
α¹α²

α¹とα²は
かわいい肉眼
二重星だ。

41 M30

M30は
みごとな球状星団

41番星

牧神パーンは
イタズラと音楽の好き
な陽気な神様

CAPRICORNUS
やぎ
the Goat

星占いでは
やぎ座うまれは野心家
努力家. 職業は物理学者か
マネージャー.葬儀屋.印刷業……に
行政官.
むいているとか

魚山羊(うおやぎ)
あるいは 山羊魚(やぎざかな)で
なくて"やぎざかな"。
いうなれば 半ヤギ半サカナのおばけ
ヤギ

けんびきょう座の みりょく

やぎ座のま下（南）には，ミクロスコピウム（けんびきょう座）がある．いったいこんなところで，何を調べようというのだろうか？ 地平線に近いので，都会のけんびきょう座はスモッグの中で公害問題にとりくんでいるようだ．

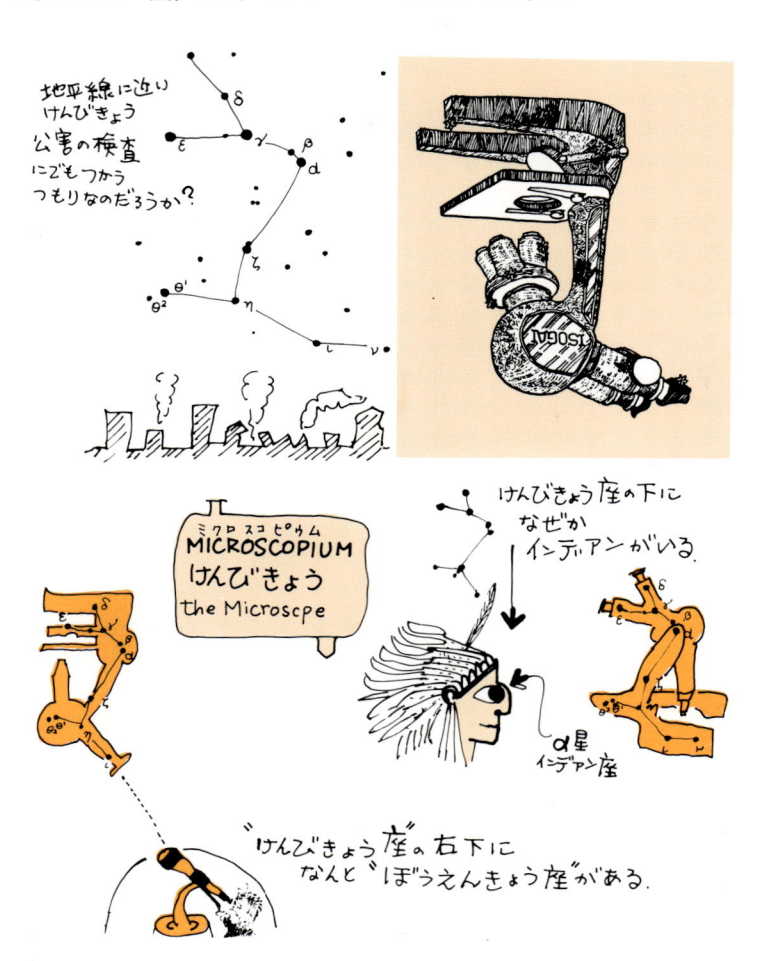

地平線に近い
けんびきょう
公害の検査
にでもつかう
つもりなのだろうか？

MICROSCOPIUM
ミクロスコピウム
けんびきょう
the Microscpe

けんびきょう座の下に
なぜか
インディアンがいる．

α星
インディアン座

"けんびきょう座"の右下に
なんと"ぼうえんきょう座"がある．

やぎ座・けんびきょう座の星々

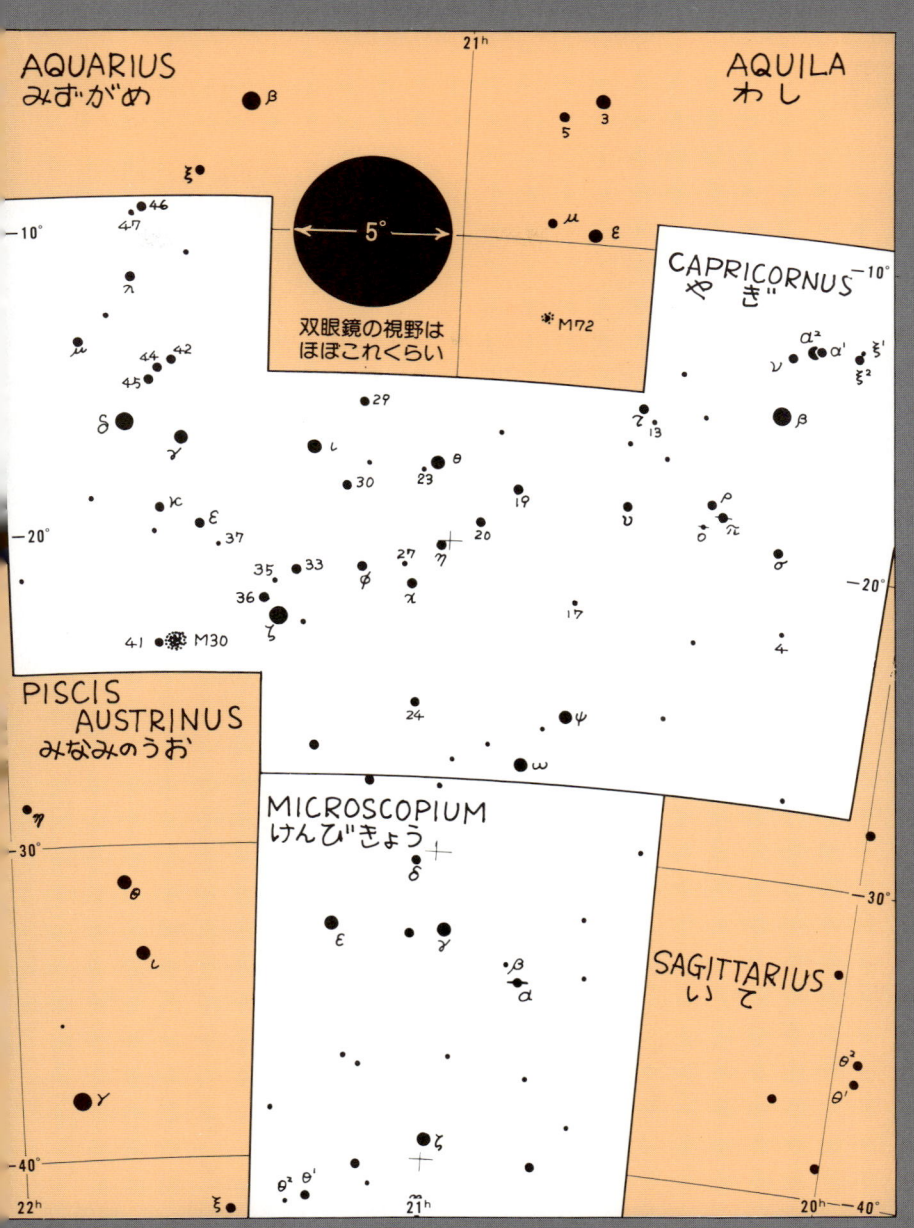

やぎ座・けんびきょう座の星図

やぎ座 けんびきょう座の みつけかた

やぎ座のシンボルは、淡い星をむすんでできる直角三角形だ。形が大きいわりにさがしづらいが、南中時をねらって頂点を下にした不安定な逆三角形をさがしてみよう。

こと座のベガと、わし座のアルタイルを結んだ線にそって、南へすべりおちると、やぎ座の三角形がまっ黒な口をあけてまっている。右上の $β—α$ が頭と角をあらわすが、やぎ座の中では、たてに並んだこの二星が目だつ。

月のない夜、目をこらして$β$から $θ—γ—δ—ζ—ω—ψ—β$ と逆三角形をたどってみよう。消えいるようにはずかしがっている魚山羊がみつかるだろう。

さえないやぎ座の下に、さらにさえない"けんびきょう座"をみつけることは楽ではない。

なんとしても一度はみておかねばと、決意のかたい人は、星図をたよりに双眼鏡をつかってさがしてみることだ。望遠鏡で顕微鏡をさがすというのがなんともおかしくていい。

けんびきょう座の主星$α$は5等星だが、さらにその下の"インデアン座"の$α$(3.2等)とまちがえることはないだろう。インデアンの$α$星は、東京の地平線上では南中高度がわずか8度しかない。

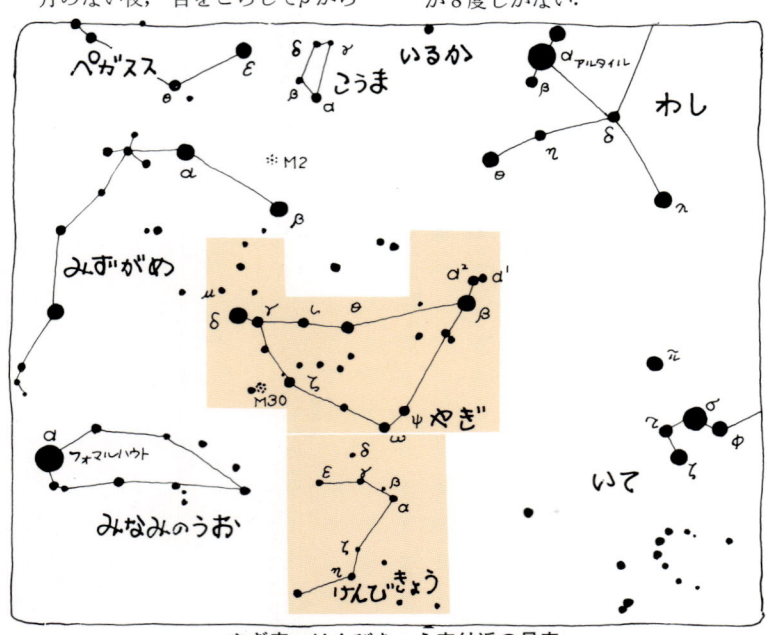

やぎ座・けんびきょう座付近の星座

やぎ座・けんびきょう座を見るには(表対照)

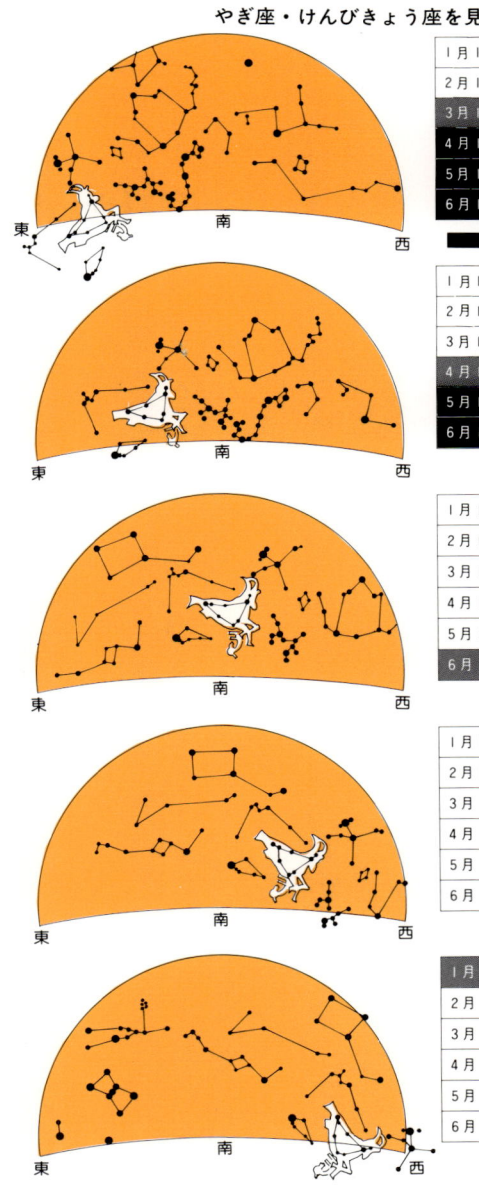

1月1日ごろ	9時	7月1日ごろ	21時
2月1日ごろ	7時	8月1日ごろ	19時
3月1日ごろ	5時	9月1日ごろ	17時
4月1日ごろ	3時	10月1日ごろ	15時
5月1日ごろ	1時	11月1日ごろ	13時
6月1日ごろ	23時	12月1日ごろ	11時

■は夜，▨は薄明，□は昼．

1月1日ごろ	11時30分	7月1日ごろ	23時30分
2月1日ごろ	9時30分	8月1日ごろ	21時30分
3月1日ごろ	7時30分	9月1日ごろ	19時30分
4月1日ごろ	5時30分	10月1日ごろ	17時30分
5月1日ごろ	3時30分	11月1日ごろ	15時30分
6月1日ごろ	1時30分	12月1日ごろ	13時30分

1月1日ごろ	14時	7月1日ごろ	2時
2月1日ごろ	12時	8月1日ごろ	0時
3月1日ごろ	10時	9月1日ごろ	22時
4月1日ごろ	8時	10月1日ごろ	20時
5月1日ごろ	6時	11月1日ごろ	18時
6月1日ごろ	4時	12月1日ごろ	16時

1月1日ごろ	16時30分	7月1日ごろ	4時30分
2月1日ごろ	14時30分	8月1日ごろ	2時30分
3月1日ごろ	12時30分	9月1日ごろ	0時30分
4月1日ごろ	10時30分	10月1日ごろ	22時30分
5月1日ごろ	8時30分	11月1日ごろ	20時30分
6月1日ごろ	6時30分	12月1日ごろ	18時30分

1月1日ごろ	19時	7月1日ごろ	7時
2月1日ごろ	17時	8月1日ごろ	5時
3月1日ごろ	15時	9月1日ごろ	3時
4月1日ごろ	13時	10月1日ごろ	1時
5月1日ごろ	11時	11月1日ごろ	23時
6月1日ごろ	9時	12月1日ごろ	21時

東経137°，北緯35°

やぎ座の歴史

黄道12星座中10番目にえがかれたもっとも古い星座のひとつで、プトレマイオスの48星座に含まれている古典星座.

現在の太陽は、1月から2月にかけてやぎ座を通るが、いまから3千500年ほど前、つまり、この星座がバビロニアで生まれた頃、冬至の太陽がここで輝いたらしい. もっとも低い冬至の太陽が、黄道上をどんどんのぼるようすを、岩山をかけのぼる山羊の姿にみたてたのだろう.

ヤギの頭が黄道上を昇る太陽の行く手と逆のほうをみているのが少々気になるが、下半身をサカナにされ、冬至点もとなりのいて座に移ってしまった今、このヤギ少々やる気をなくしているようにもみえる？

下半身が魚になったのは、みずがめ座を中心に水に縁のある星座を配置したことに関係がありそうだ. やぎ座もその水シリーズのひとつ.

デューラー星図の「やぎ座」

フラムスチード天球図譜より

ところで、やぎ座のα, β付近は、中国の二十八宿では"牛宿（ぎゅうしゅく）"と呼ばれ、いけにえにつかう牛にみたてられた。そして、アラビア28宿では"犠牲者の幸運"と呼ばれた。

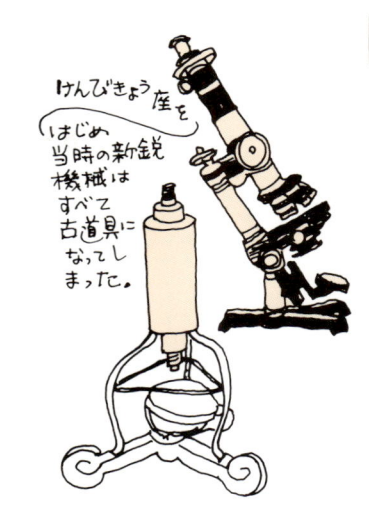

けんびきょう座の歴史

けんびきょう座をはじめ当時の新鋭機械はすべて古道具になってしまった。

すぐ下（南）の"けんびきょう座"は"やぎ座"とは対照的に、もっとも新しい星座のひとつだ。

1763年、フランスの天文学者ラカーユが設定した新星座で、このとき14星座を天球の南半球に新設した。当時としては最新の実験・観測器具が多くとりあげられ、けんびきょう座をはじめ、ぼうえんきょう座、じょうぎ座、とけい座、はちぶんぎ座、ポンプ座（実験用足踏式真空ポンプ）、レチクル座（望遠鏡の視野に張った線）といったところだが、残念なことにいまとなってみると、当時の最新鋭機はいずれも古道具屋の店頭にふさわしいガラクタになってしまった。そして、もうひとつ残念なことは、これら新設星座はいずれも星の配列を無視してつくられたので、星を結んだ形に意味をもたせにくいことだ。

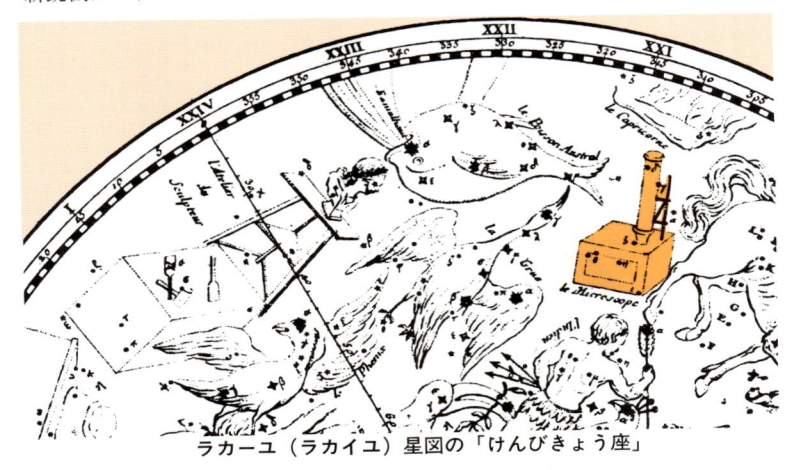

ラカーユ（ラカイユ）星図の「けんびきょう座」

やぎ座の星と名前

＊ $α^{1,2}$ アルファ

ギェディ （子ヤギ）

ギェディ Giedi はヤギのツノのあたりにあるが，肉眼で簡単にみわけられる有名な肉眼二重星．そのかわいい感じが，そのままこの星の呼名になった．

$α^1$ をプリマ・ギェディ（第1の子ヤギ），となりの $α^2$ はセクンダ・ギェディ（第2の子ヤギ）と呼ぶ．

< $α^1$ - $α^2$, 4.5等 - 3.8等
G5型 - G8型, 視距離376" >

＊ $β^{1,2}$ ベータ

ダビ （ひたい）

ヤギのひたいに輝くが，これもまた二重星．

$β^1$ はダビ・マヨール（大きいひたい），$β^2$ はダビ・ミノル（小さいひたい）と呼ばれた．$β^2$ は6等星だから双眼鏡の力をかりなければみえないかもしれない．

< $β^1$ - $β^2$, 3.3等 - 6.2等,
F8型 - B8型, 視距離205" >

＊ $γ$ ガンマ

ナシラ （幸せの運びく）

δ星をヤギのしっぽとすると，ナシラ Nashira（$γ$星）はヤギのオシリにある．

ヤギのオシリが，いったいどんな幸運をはこんでくるというのだろうか？

< 3.8等　F2型 >

＊ $δ$ デルタ

デネブ・アルゲディ （ヤギのしっぽ）

やぎ座の中でもっとも明るいデネブ・アルゲディ Deneb Algedi は3等星で，実質的な主星である．ここに魚山羊を えがくと，"ヤギのシッポ"というより"魚のシッポ"になるのだが？

< 3.0等　A5型 >

けんびきょう座の星と名前

*α アルファ

　さすがケンビキョウ的といいたいほど，けんびきょう座は主星ともどもめだたない．やぎ座の逆三角形の頂点にある ω 星のすぐ下に，目をこらすと，ε—γ—α でつくるヘの字がみつかる．

< 5.0等　　G6型 >

「やぎ座」の星座絵いろいろ

幻の星座シリーズ

けいききゅう座
GLOBUS AEROSTATICUS

1700年代のフランスは**軽気球ブーム**

　フランスの天文学者ラランドが1798年につくった星座．

　1782年，フランスのモンゴルフィエ兄弟は，焚火でつくった上昇気流で，気球をあげる実験に成功した．そして翌年の12月，人をのせた気球が実験に成功した．当時はフランスをはじめ，ヨーロッパ全土が軽気球ブームにわいた．

　ラランドの軽気球座は，やぎ座とみなみのうお座の間につくられたのだが，少々低すぎたせいか，上昇に失敗して消えてしまった．たぶん南の海のどこかに沈んだのだろう．

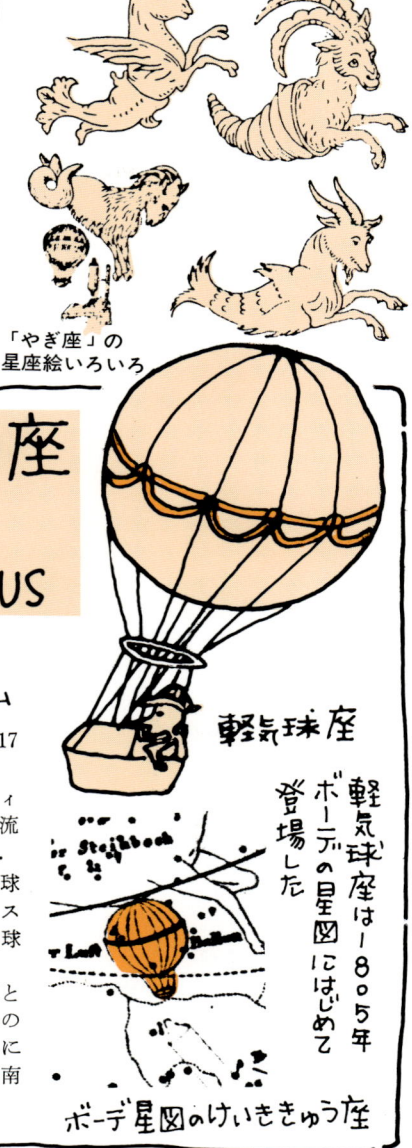

軽気球座

軽気球座は1805年ボーデの星図にはじめて登場した

ボーデ星図のけいききゅう座

やぎ座の伝説

● 牧神パンは半ヤギ半サカナ

　半人半馬のいて座につづいて登場するやぎ座が，なんと半ヤギ半サカナというのだからおもしろい．
　ハンバーグステーキを食べようとおもってレストランにはいったら，となりのテーブルで食べているビーフシチューがおいしそうで，どっち

アフロディテ（ビーナス）とパン
（アテネ国立考古博物館蔵）

牧神パンの像

にしようかまよっているうちに，うしろのテーブルで注文したカツカレーがやってきて，頭の中でハンバーグとシチュウとカツカレーの三つどもえの混戦がはじまる．そんなときそれぞれを1/3ずつ盛りつけたハンシチュカツカレーなんていうのができないかとおもうわけだ．自由奔放なギリシャの神々をつくりだした発想の原点が，ハンシチュカツカレーとたいしてちがってはいない．

＊

　パン Pan（ローマ神話のファウヌス Faunus）は，上半身は人間の姿をしているが，豊富なあごひげをたくわえ，ひたいからヤギの角がはえている．そして，下半身はヤギの姿をし，足にひずめをもつという，牧人と家畜の神様である．

●パンとパニック

パンは，足のはやい伝令の神ヘルメスの子だった．

ヘルメスは，生まれたその日に，アポロンの牛を盗んだという早熟な子で，4日もたつと立派な若者になった．そして，羊飼いの少女ペネロペを愛した．

ところが，少女とヘルメスのあいだに生まれた子は想像もつかない奇妙な姿をしていた．母ペネロペはびっくり仰天，そのままどこかへ逃げてしまった．

ヘルメスは，その子をウサギの毛皮につつんでオリンポスへでかけ，神々にみせたところ，その子の奇妙に愛嬌のある顔は，すべての神々をおもしろがらせた．

すべての神々を喜ばせたということで，神々はその子をパンと呼ぶことにした．パンには"すべて"という意味がある．

成長したパンは，父ヘルメスの血をひくだけあって，身軽に森や岩山をかけめぐり，毎日ニンフ達を追いかけまわした．

彼に追われたシュリンクスSyrinxは，川岸においつめられたとき，とっさに葦に身を変えてしまった．

パンは，風にそよぐたびにかれんな音楽をかなでるこの葦から，"シュリンクスの笛"をつくったという．

彼に追われて変身したニンフは，シュリンクスだけではない．

ピテュス Pitys は"松の木"に変身したし，エコー Echo はこだまになってしまった．

ニンフに逃げられた日のパンは，失恋の痛手とつかれのせいで，木影で昼ねをするのが日課だった．

シュリンクスを襲うパン（ロンドン国立美術館蔵）

もし，誰かがこの昼ねのじゃまをすると，彼は狂ったように怒り，超能力でもってあたりに恐慌をまきちらすという．

パンが突然怒ると，人も，動物も，草木も，そして神々でさえ恐怖にふるえるのだ．

パンの怒りは，パニック Panic の語源になった．

●化けそこなった牧神パン

さて，やぎ座の奇妙なヤギは，牧神パンの化身だという．いや，化けそこないというべきだろう．

元来パンは，美女と音楽と平和を愛し，ときにすこしおっちょこちょいぶりを発揮する愉快な神である．

あるとき，ギリシャの神々が全員あつまって大酒宴をひらいたときのことだ．音楽や踊りが得意なパンはもちろん大活躍だった．

酒の神バッカスの祭で女性を襲うパン

と，突然，テュフォン Typhon という怪物がおどりこんできた．

テュフォンは，巨大な肩に百の竜の頭をもち，下半身は毒蛇がとぐろをまき，全身は羽毛につつまれていた．おまけに，にらむと目から火を吹くという怪物だ．

神々からのけものにされた腹いせに暴れたのだが，ふいをくらった神々は，てんでに，いろんな動物に姿をかえて逃げだした．

得意の絶頂にあったパンは，だれよりもあわてた．なにがなんだかわからず，とにかく得意のヤギになって駈けだしたが，すっかり平静を失なったパンは，そのまま川にとび込んだ．ところがあわてているのでうまく魚に化けかえられない．

えーいままよっと，下半身だけ魚になった珍妙な姿で，川を泳いで逃

ギリシャの牧神パンはローマ神話の森の神ファウヌスと同じ神 Faunus だと考えられる．ファウヌスは上半身人間下半身ヤギという姿をしている複数神で多産の神でもある．

彼等は女性好きでしばしば"集団で"女性を襲う．

げてしまった.

その愉快な姿は，またまたギリシャの神々を喜ばせた．神々はこのおもしろい姿を天に上げて形を残そうと考えた．そして，ワッショイ，ワッショイ，いやがるパンを無理やり担ぎ上げて星にしてしまった．

この愉快な姿を永遠に楽しもうというのだ．現代なら"ビデオテープでもう一度"といったところだ．

星になったパンは，天で頭を冷やして，自分のおっちょこちょいぶりがはずかしくなった．やぎ座の星が暗くてさがしにくいのはそのせいだろう．

陽気な牧神パンの姿ともおもえないが，その彼の過剰な恐縮ぶりがまたおもしろい．

パンのこの奇妙な姿は，もともと突然彼をおそったパニック（恐慌）が原因なのだが，パニック Panic の語源となるほど恐れられたご本人としては，大いに不本意な姿なのだ．

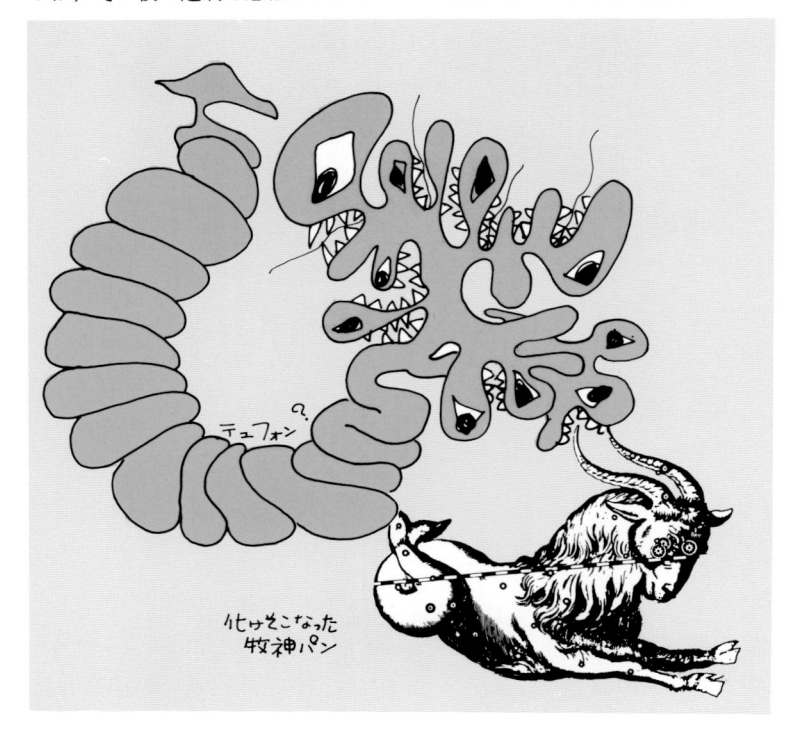

やぎ座の見どころガイド

＊三つの肉眼二重星に挑戦を‥‥

$\alpha^1-\alpha^2$ は 4.5 等と 3.8 等，$\beta^1-\beta^2$ は 3.3 等と 6.2 等，β のすぐ右どなりの $\xi^1-\xi^2$ は 6.5 等と 5.9 等のカップルだ．

$\alpha^{1,2}$ が肉眼でみとめられたら，あなたの視力はまずまず合格である．自信のある人は $\beta^{1,2}$ に，自信過剰の人は $\xi^{1,2}$ に挑戦してみよう．

$\alpha^{1,2}$ は 376″ はなれて G 型（黄色）星がふたつ並んでいて，$\beta^{1,2}$ は 205″ はなれて F 型（オレンジ）星と B 型（スカイブルー）星がならんでいる．

β と ξ については肉眼で認められなくてもがっかりすることはない．このごろの星空ではそれが普通なの

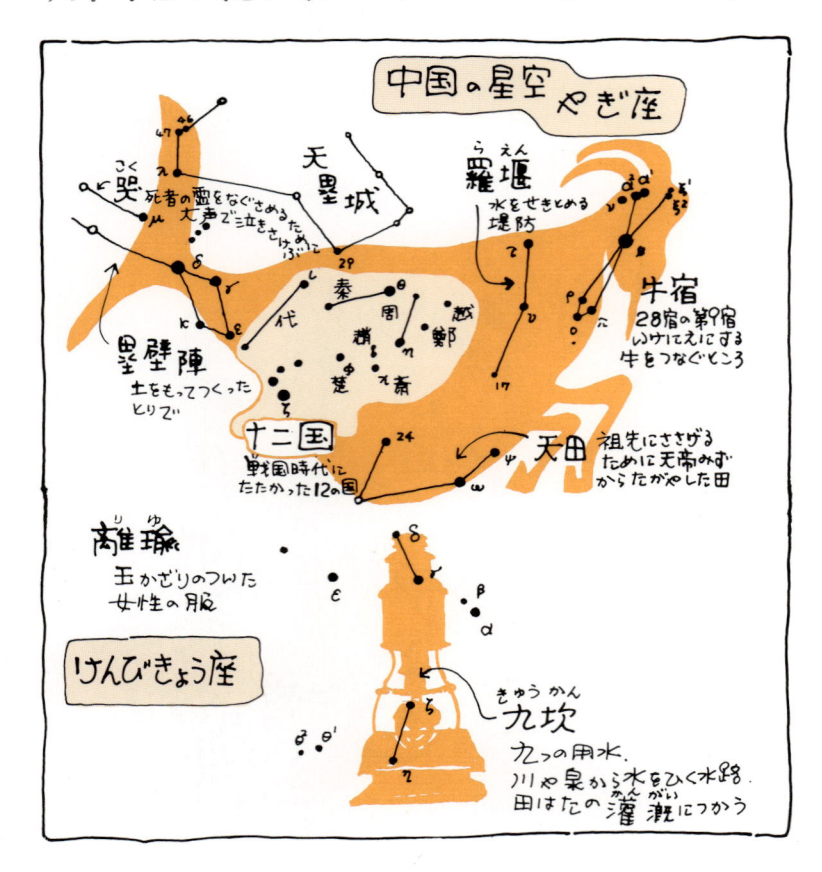

中国の星空 やぎ座

- 哭（こく）— 死者の棺をなぐさめるため大声で泣をさけぶ
- 天壘城
- 羅堰（らえん）— 水をせきとめる堤防
- 牛宿 — 28宿の第9宿 いけにえにする牛をつなぐところ
- 壘壁陣 — 土をもってつくったとりで
- 十二国 — 戦国時代にたたかった12の国
- 天田 — 祖先にささげるために天帝みずからたがやした田

けんびきょう座

- 離瑜（りゆ）— 玉かざりのついた女性の服
- 九坎（きゅうかん）— 九つの用水．川や泉から水をひく水路．田はたの灌漑につかう

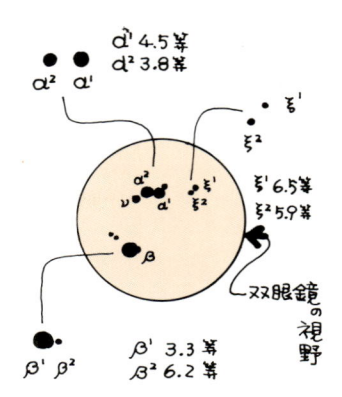

δから→γ→κ→ε→41とたどると，41番星と約0.5°はなれて並んだ光点がみつかるだろう．もちろん同視野にならんでいる．

41番星とくらべると，M30はすこしぼけた光点なので簡単にみわけられるはずだ．天体写真でみるような，微光星が球状にびっしり集まったようすは，残念ながら大口径望遠鏡の力をかりなければみられない．

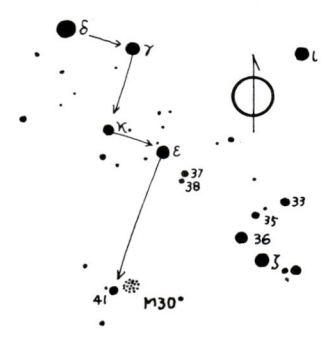

だ．双眼鏡をつかって確かめてみよう．

✴M30は球状星団

秋の夜空でみのがせない球状星団のひとつだが，南に低いので，高くのぼったチャンスをのがさないことだ．東京で南中高度は約32°．

双眼鏡をつかってヤギのしっぽの

M30のさがしかた

M30（Burnham's Celestial Handbook）

2 ケフェウス座 (日本名)
CEPHEUS (学名)
ケフェウス

ケフェウス座の みりょく

　カシオペヤ座と北極星にはさまれた暗黒の部分に，ケフェウス座がある．

　目だちすぎる后カシオペヤにくらべて，目だたなさすぎるケフェウスは，"尻にしかれたケフェウス王"というみかたもできるが，妻の美貌自慢がはずかしく"消えいるようなケフェウス王"でもある．

　妻の自慢が神の怒りにふれ，娘を生けにえに捧げた悲運のケフェウスは，男の苦しみをかみしめながら，北の空をまわる．

　耐える男，ケフェウス王の姿である．

ストラーイクッ

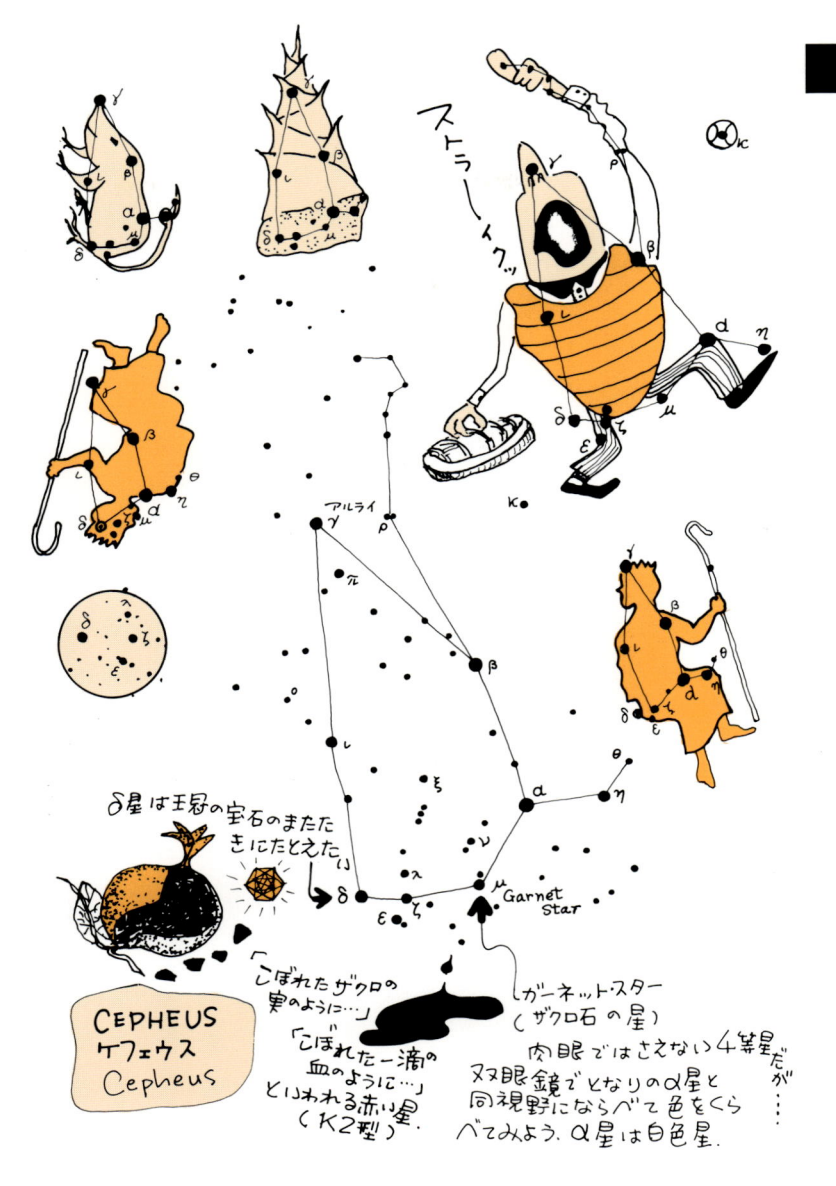

アルライ
γ ρ
π
β
ο
ι
ξ
ν α η
λ
δ ε ζ μ Garnet Star

δ星は王冠の宝石のまたたきにたとえた

CEPHEUS
ケフェウス
Cepheus

「こぼれたザクロの実のように…」
「こぼれた一滴の血のように…」
といわれる赤い星
(K2型)

ガーネット・スター
(ザクロ石の星)
肉眼ではさえない4等星だが……
双眼鏡でとなりのα星と同視野にならべて色をくらべてみよう。α星は白色星。

ケフェウス座の星々

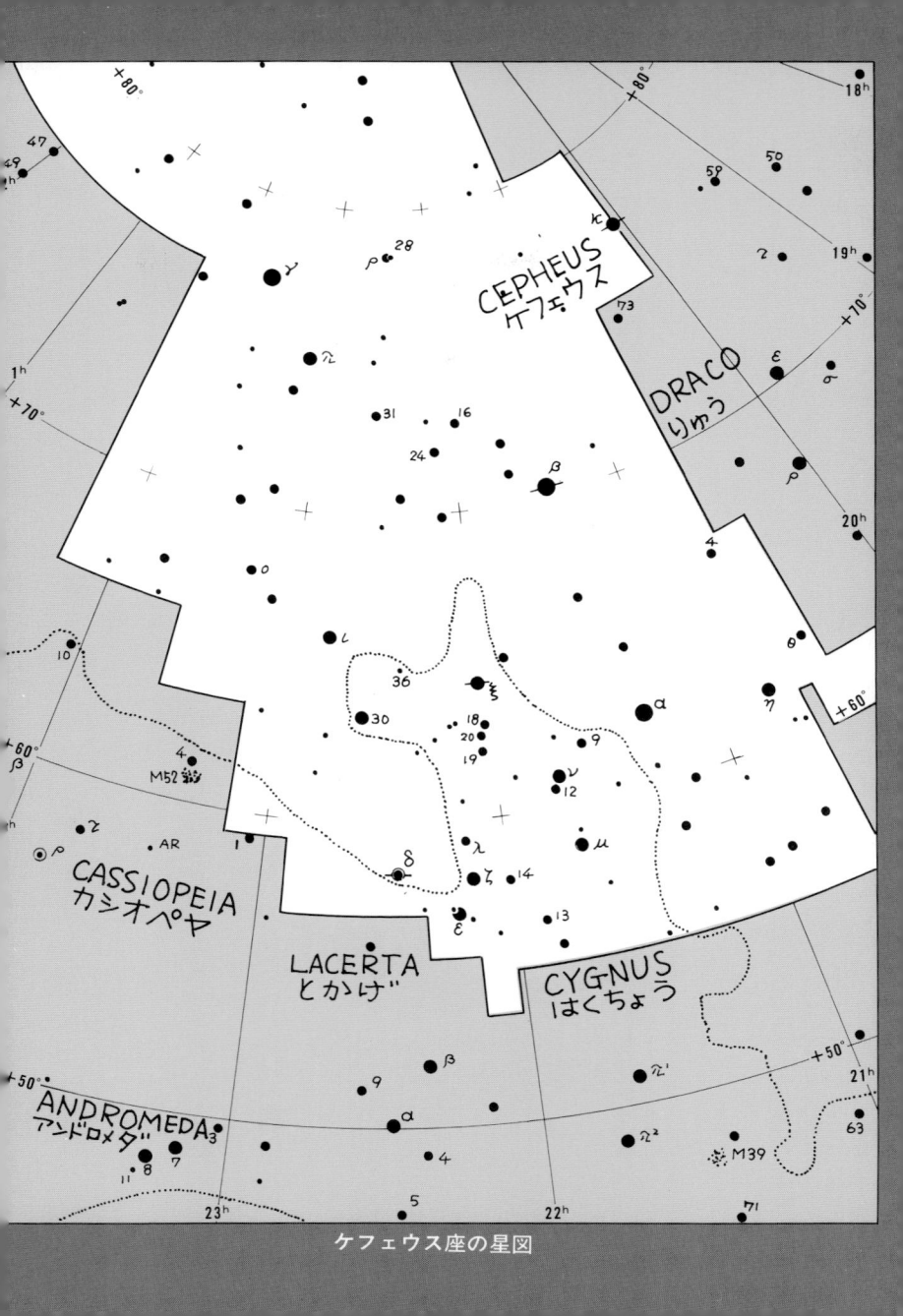

ケフェウス座の星図

ケフェウス座のみつけかた

　空をみあげて，いきなりケフェウス座をみつけることは，1万人の群衆の中の友達をさがすくらいむずかしい．

　しかし，北極星とカシオペヤのWがわかったら，喫茶店の中の，愛する我が恋人をさがすくらいにやさしくなる．

　カシオペヤ座のWの右はしの2等星（β）と，北極星を結んだ途中，すこし北極星よりにある3等星が，ケフェウス座のγだ．

　γを頭にして ι—δ—α—β—γ と結んでできる細長い五角形は，王座に腰をおろしたケフェウス王をあらわす．

　すこしたよりなげな五角形は，"こわれかけの犬小屋"といった表現のほうがふさわしいのだが….

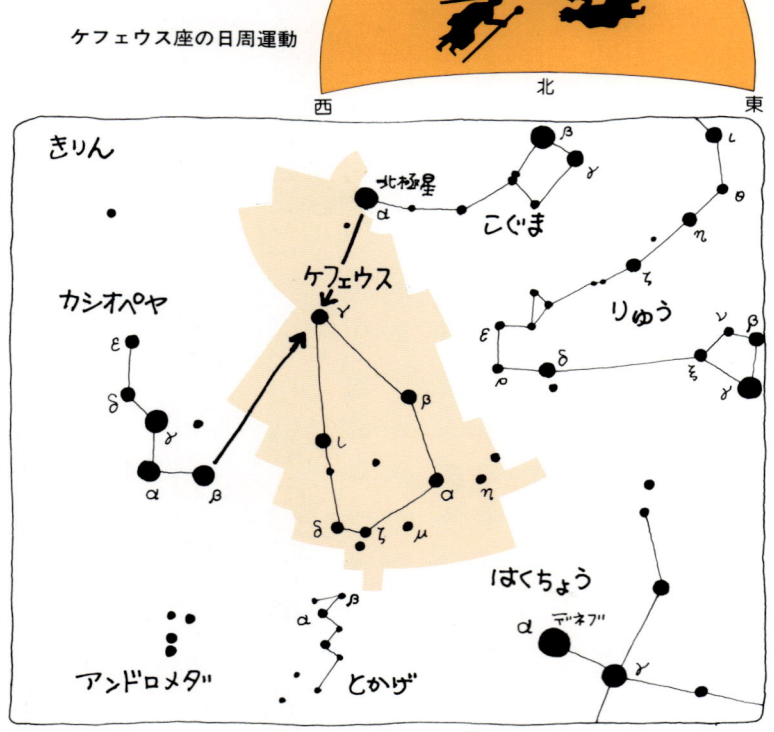

ケフェウス座の日周運動

西　　　　　　北　　　　　　東

ケフェウス座付近の星座

ケフェウス座を見るには(表対照)

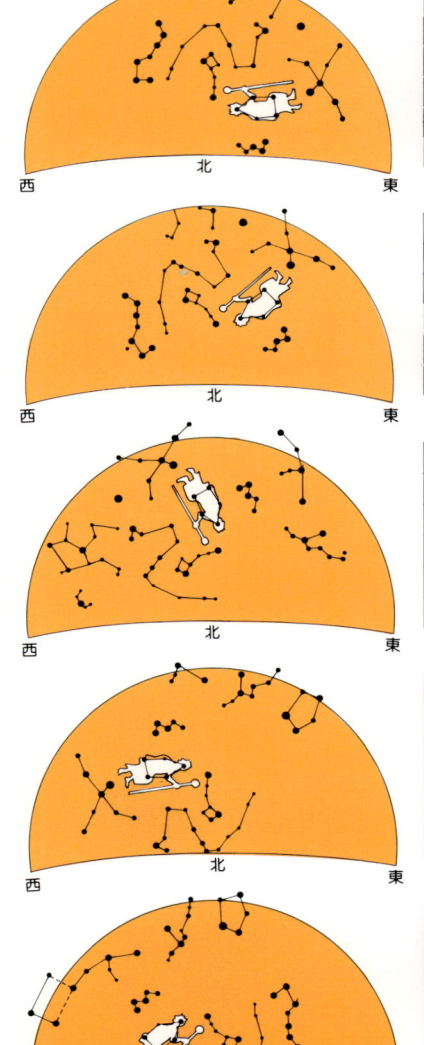

1月1日ごろ	5時	7月1日ごろ	17時
2月1日ごろ	3時	8月1日ごろ	15時
3月1日ごろ	1時	9月1日ごろ	13時
4月1日ごろ	23時	10月1日ごろ	11時
5月1日ごろ	21時	11月1日ごろ	9時
6月1日ごろ	19時	12月1日ごろ	7時

■は夜, ▨は薄明, □は昼.

1月1日ごろ	10時	7月1日ごろ	22時
2月1日ごろ	8時	8月1日ごろ	20時
3月1日ごろ	6時	9月1日ごろ	18時
4月1日ごろ	4時	10月1日ごろ	16時
5月1日ごろ	2時	11月1日ごろ	14時
6月1日ごろ	0時	12月1日ごろ	12時

1月1日ごろ	15時	7月1日ごろ	3時
2月1日ごろ	13時	8月1日ごろ	1時
3月1日ごろ	11時	9月1日ごろ	23時
4月1日ごろ	9時	10月1日ごろ	21時
5月1日ごろ	7時	11月1日ごろ	19時
6月1日ごろ	5時	12月1日ごろ	17時

1月1日ごろ	20時	7月1日ごろ	8時
2月1日ごろ	18時	8月1日ごろ	6時
3月1日ごろ	16時	9月1日ごろ	4時
4月1日ごろ	14時	10月1日ごろ	2時
5月1日ごろ	12時	11月1日ごろ	0時
6月1日ごろ	10時	12月1日ごろ	22時

1月1日ごろ	1時	7月1日ごろ	13時
2月1日ごろ	23時	8月1日ごろ	11時
3月1日ごろ	21時	9月1日ごろ	9時
4月1日ごろ	19時	10月1日ごろ	7時
5月1日ごろ	17時	11月1日ごろ	5時
6月1日ごろ	15時	12月1日ごろ	3時

東経137°, 北緯35°

ケフェウス座の歴史

みかけのさえない星座だが、歴史は古く、フェニキア星座（B.C.1200ごろ）に、その原形らしきものがある。もちろんプトレマイオス48星座に登場するが、実際に星空を眺めると、なぜ、このめだたない部分が古くから注目されたのか理解しがたい。

ひょっとして歳差のせいで重要な位置にあったのでは？と、調べてみると、これから1000年後にケフェウス座のγが北極星の座につくことがわかる。その後2000年間は、ケフェウス座のγ星が天の北極にあって、すべての星座をしたがえる星空の帝王となるのだ。ところが、それは未来のことで、昔のケフェウスは、いまよりもっと天の北極から遠くにあって、それほど重要な位置にあったともおもえないのだ。

シッカルド星図の「ケフェウス座」

ヘベリウス星図の「ケフェウス座」

ケフェウス座の星と名前

✳ α アルファ
アルデラミン （右うで）

δ星を頭にして、北極星に足をむけたケフェウス王を想像すると、アルデラミン Alderamin は右うでのつけねで輝く。

< 2.6等　　A7型 >

✳ β ベータ
アルフィルク （羊の群れ）

αからβを見とおすと、その先に北極星がある。

アルフィルク Alfirk という呼名は、元来この星だけでなく、この付近の星々を羊にみたてた全体の呼名であったらしい。

< 3.3等　　B2型 >

✳ γ ガンマ
アルライ （羊番）

このあたりの星々を、羊にみたてたからだろう。

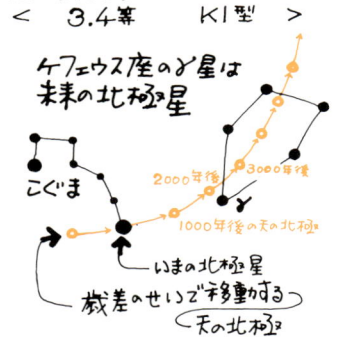

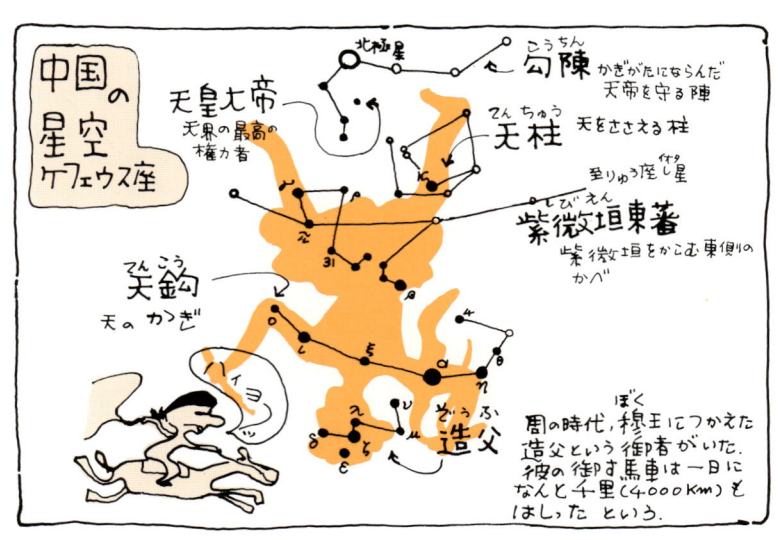

< 3.4等　　K1型 >

ケフェウス座のγ星は未来の北極星

こぐま / いまの北極星 / 歳差のせいで移動する / 天の北極 / 1000年後の天の北極 / 2000年後 / 3000年後

中国の星空 ケフェウス座

- **勾陳（こうちん）** かぎがたにならんだ天帝を守る陣
- **天皇大帝** 天界の最高の権力者
- **天柱（てんちゅう）** 天をささえる柱
- **紫微垣東蕃（しびえんとうはん）** 至りゅう座イオタ星 / 紫微垣をかこむ東側のかべ
- **天鉤（てんこう）** 天のかぎ
- **造父（ぞうふ）** 周の時代、穆王につかえた造父という御者がいた。彼の御す馬車は一日になんと千里(4,000km)もはしったという。

ハイヨー

✳ μ ミュー
ガーネット・スター
（ザクロ石）

ガーネット Garnet，つまりザクロ石のように赤い星ということ．

肉眼ではさえない4等星だが，双眼鏡の力をかりると，まわりの星にくらべて赤いことがわかる．

M型の低温星だからだ．

実は太陽の直径の1500倍ちかくもある超巨星で，700日以上というながい周期で変光する．変光周期はあまり規則的ではなく，かなり複雑な内部構造が想像される老年の星である．表面温度は約2000度という低温．

はたして"ザクロの実"とか"一滴の血"といわれるほど，あざやかな赤が感じられるかどうかは，主観によるところが大きく，なんともいえない．

ガーネット・スターの命名者は，ウイリアム・ハーシェルである．

ともあれ，一度自分の目で確かめてほしい．

< 変光 3.6等〜5.1等　M2型 >

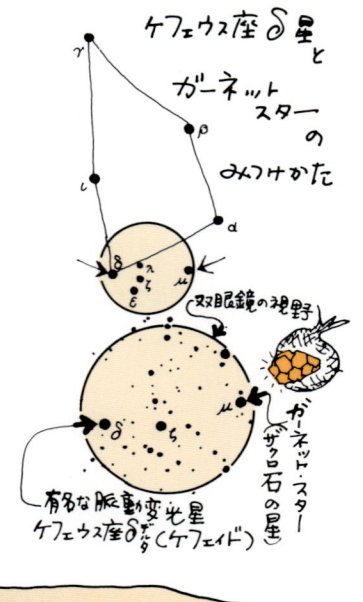

ケフェウス座δ星と
ガーネット・スターのみつけかた

双眼鏡の視野

ガーネット・スター（ザクロ石の星）

有名な脈動変光星
ケフェウス座δ星（ケフェイド）

ケフェウス δ は「宇宙のものさし」

cepheus．

ケフェウス座の伝説

●星になったケフェウス王の悲しみ

　伝説のケフェウス Cepheus（ケペウス）は，エチオピアの王として，美しい后カシオペヤと，娘アンドロメダにかこまれた幸せな日々をおくっていた．

　しかし，その幸せは后カシオペヤのちょっとしたミスがきっかけで，たちまち不幸のどん底に突きおとされた．

　自分の娘の美貌を誇ったカシオペヤは，ついうっかり，「海の精ネレイス Nereis 達の美しさも，我が娘アンドロメダにくらべたら，死んだ魚の目のように，輝きを失ってしまうだろう」と口をすべらせてしまった．

　怒ったネレイス達が，海の神ポセイドンにいいつけたので，エチオピアの海は荒れて，国は風前のともしびとなる．

　その結果，娘アンドロメダを海魔のいけにえにする決心をさせられた父ケフェウス．

　アンドロメダは，運よくペルセウスに助けられたが，その礼に娘をペルセウスの妻に差しださなければならなかった父ケフェウス．

　星になった悲しく淋しいケフェウス王は，カシオペヤと共に，娘の安否を気づかって北の空をまわる．

　　　　　　　　　　　　　（ギリシャ）

＊アンドロメダ座を参照

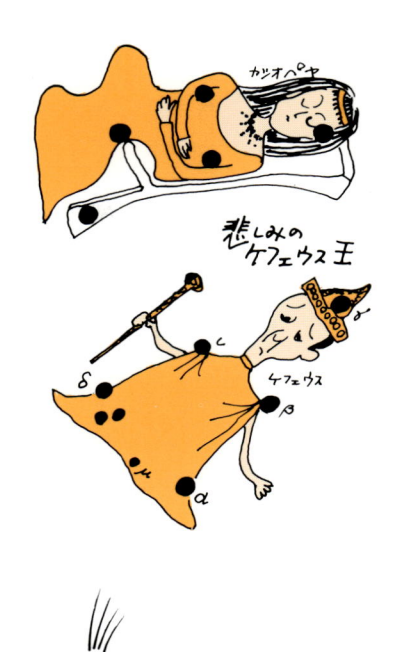

ケフェウス座の見どころガイド

δ星はケフェウス王の王冠の宝石か それとも…？

ケフェウス座

フラムスチード天球図譜から

※ ケフェイドは宇宙のものさし

ケフェウス座δは，有名すぎるほど有名なケフェイド（ケフェウス座δ型変光星）の大親分である．

δ星の変光は，王冠の宝石のまたたきにたとえたい．

この星は5日9時間弱で，変光をくりかえす脈動変光星（星自身がふくらんだり，ちぢんだりをくりかえして変光する）で，1784年にイギリスのグドリックGoodrickeによって発見された．

このタイプの脈動変光星をケフェイドというが，ケフェイドの変光周期と光度の間に密接な関係があることがわかった．つまり，周期が長いものほど絶対光度が明るいという，ある一定の周期光度関係(1912年，リービット)が発見された．

絶対光度がわかれば，みかけの光度と比較して光源までの距離が推定できる．したがって，ケフェイドCephidの変光周期は，その星までの距離を教えてくれる．

星団の中で，ケフェイドをみつけることができれば，星団までの距離もわかるわけで，とほうもなく長い"宇宙のものさし"として重宝されている．

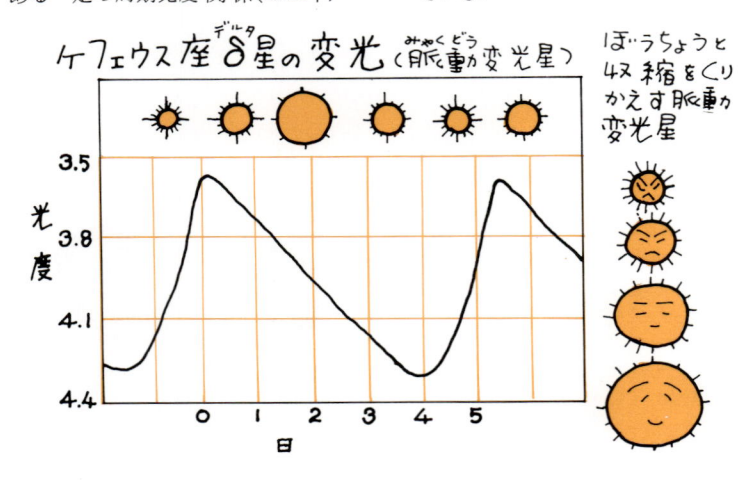

ケフェウス座δ(デルタ)星の変光（脈動変光星）

光度 3.5 / 3.8 / 4.1 / 4.4
日 0 1 2 3 4 5

ぼうちょうと収縮をくりかえす脈動変光星

アンドロメダ銀河までの距離も，この種のものさしをつかって測られた．

同じケフェイドでも，星の種族がちがうと周期光度関係がすこし違うことが，1952年にバーデによって発見された．現在種族Ⅰの星ではケフェウス座δ星を，種族Ⅱの星ではおとめ座W星を代表星としている．

ところでケフェウス座δは，3.7等から4.6等まで，周期5.366日で変光する．そして，双眼鏡でみると，すぐとなりに7.5等星がくっついている二重星である．

※悪魔の星に魅入られた天文学者グドリック

ケフェウス座δ星の変光を発見したグドリックは，1782～83年にペルセウス座のアルゴルの変光周期をはじめて測定し，変光の原因を連星のかくれんぼでは？というすばらしい推測をしたことで知られている．

不思議な星の秘密に挑戦したこの若い優秀な天体観測家は，まるで悪魔の星に魅入られたかのように，なんと若冠21歳でこの世を去ってしまった．

それにしても，短命なグドリックに発見された変光星が，宇宙でもっとも長いモノサシになったとは，なんと皮肉なはなしだ．

　　　　　＊

δ星の変光を，一度自分の目で確かめてみようという人は，近くの星の光度とくらべてみるといい．あんまり明るい星ではないので双眼鏡があればつかいたい．もっとも明るいとき（極大期）は，ほぼζ星（3.6等）と同じ光度で輝くが，極小時になるとε星（4.2等）よりやや暗く，λ星

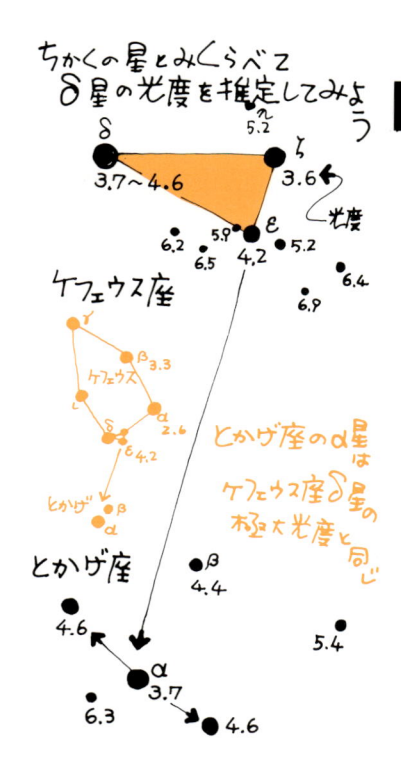

ちかくの星とみくらべて
δ星の光度を推定してみよう

(5.2等)よりやや明るく輝くだろう．

この星がもっとも収縮した時，表面の温度も光度も極大になるのだが，クリーム色に輝くこの巨星の直径が，平均して何百万キロも変化する．近くでみたら，さぞすさまじい光景だろう．

眼視はめんどうだという人は，写真にとって光度をくらべてみる，という手がある．星像の直径が明るい星ほど大きくうつるからだ．カメラを三脚に固定して10秒～30秒ぐらい露出すれば十分うつる．δ星の写真等級による変光は4.1等～5.2等．

＜変光 3.7等～4.6等，G0型
　周期5.366日，短周期脈動変光星＞

3 みずがめ座 (日本名)
AQUARIUS
アクアリウス (学名)

みずがめ座の みりょく

ペガスス座と，みなみのうお座にはさまれた暗黒の部分に，みずがめ座がある．

目をこらすと，一見暗黒の部分に淡い淡い微光星がめったやたらにあって，これが水がめからこぼれた水流にみえるのだ．

都会の空の水がめには，この水流がみとめられないのが残念である．

水がめをかつぐ男は，美少年ガニュメデスの姿だという．水もしたたるいい男というのだろうか．もっとも，本人ははずかしがって，その秀麗な姿を容易にみせようとしない．

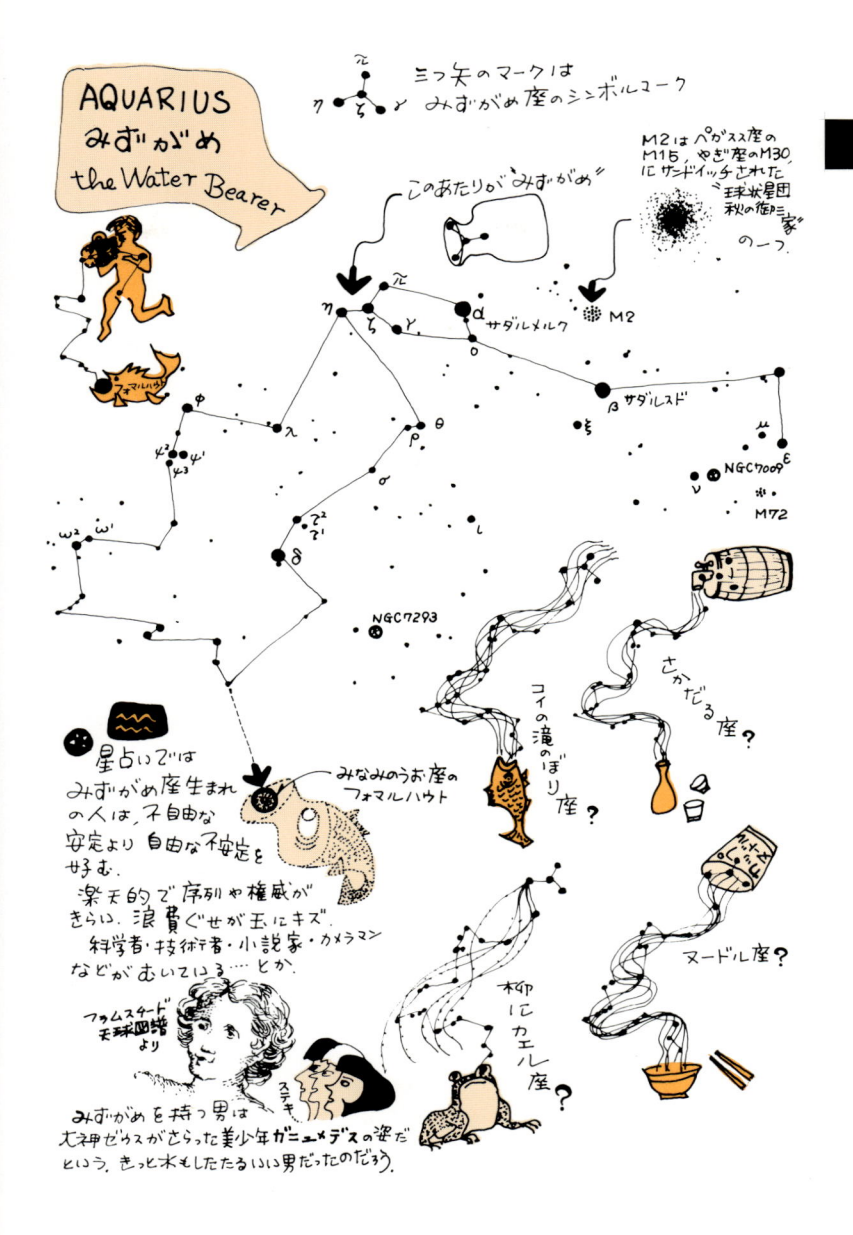

AQUARIUS
みずがめ
the Water Bearer

三つ矢のマークは
みずがめ座のシンボルマーク

このあたりがみずがめ

M2はペガスス座の
M15、やぎ座のM30
にサンドイッチされた
球状星団
秋の御三家
のひとつ

サダルメルク　M2

βサダルスド

NGC7009
M72

NGC7293

星占いでは
みずがめ座生まれ
の人は不自由な
安定より自由な不安定を
好む。
楽天的で序列や権威が
きらい。浪費ぐせが玉にキズ。
科学者・技術者・小説家・カメラマン
などがむいている…とか。

みなみのうお座の
フォマルハウト

コイの滝のぼり座？

さかだる座？

柳にカエル座？

ヌードル座？

フラムスチード
天球図譜より

ステキ

みずがめを持つ男は
大神ゼウスがさらった美少年ガニュメデスの姿だ
という。きっと水もしたたるいい男だったのだろう。

みずがめ座の星々

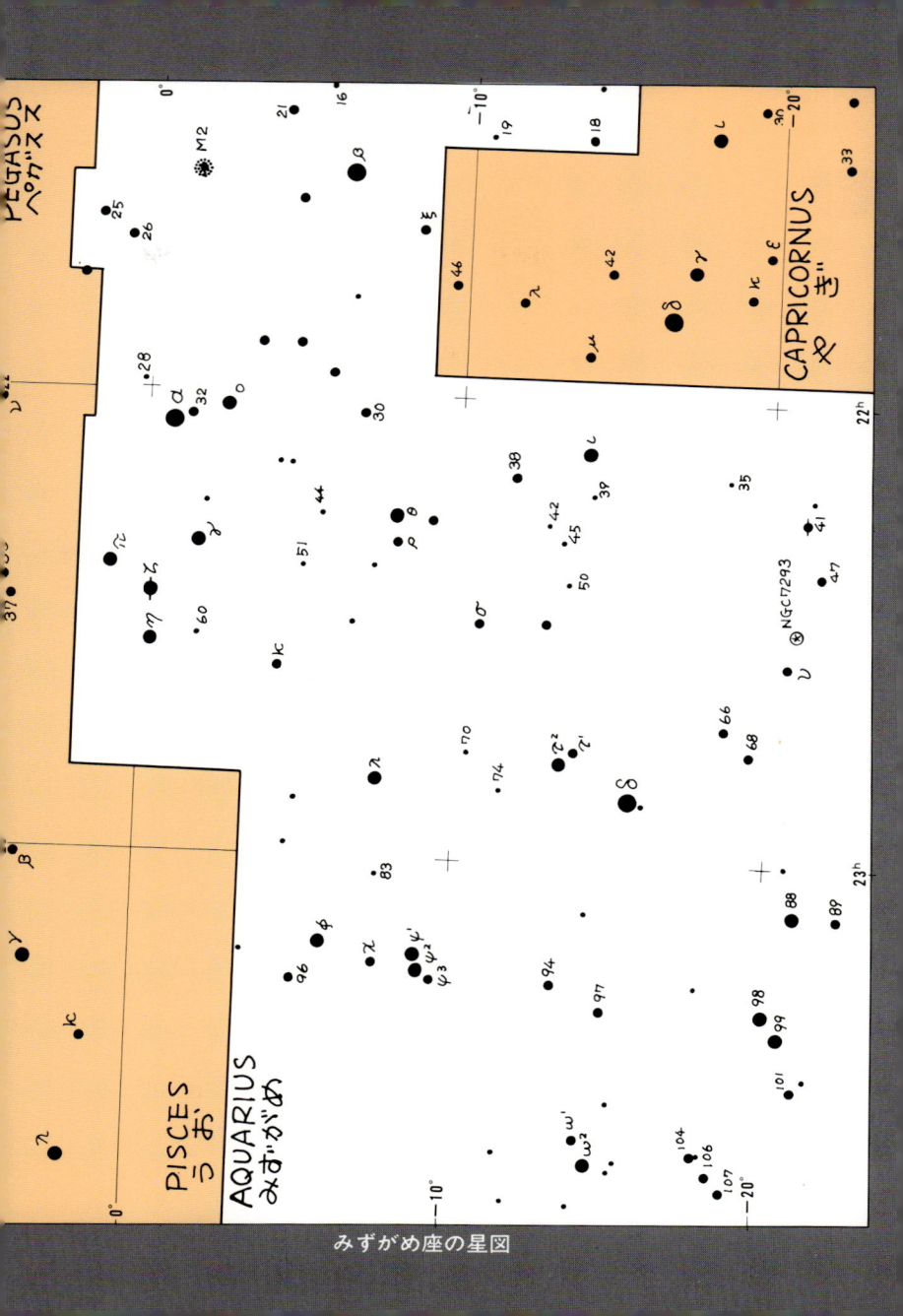

みずがめ座の星図

みずがめ座のみつけかた

輝星がないので，いきなりみつけることがむずかしい星座だ．

天馬ペガススの頭（θ星）のすぐ下（南）に，4等星がつくる三矢のマークがあるのでさがしてみよう．

ζ星を中心にγ，π，ηを結んで小さな三矢マークがえがけたら，そこに水がめを想像して，すぐ右（西）どなりのαとβを，水がめをかつぐ男の肩にみたてよう．

水がめからこぼれた水は，みなみのうお座の口（フォマルハウト）にそそぎこむ．

三矢のマークは，みずがめ座のシンボルマークである．

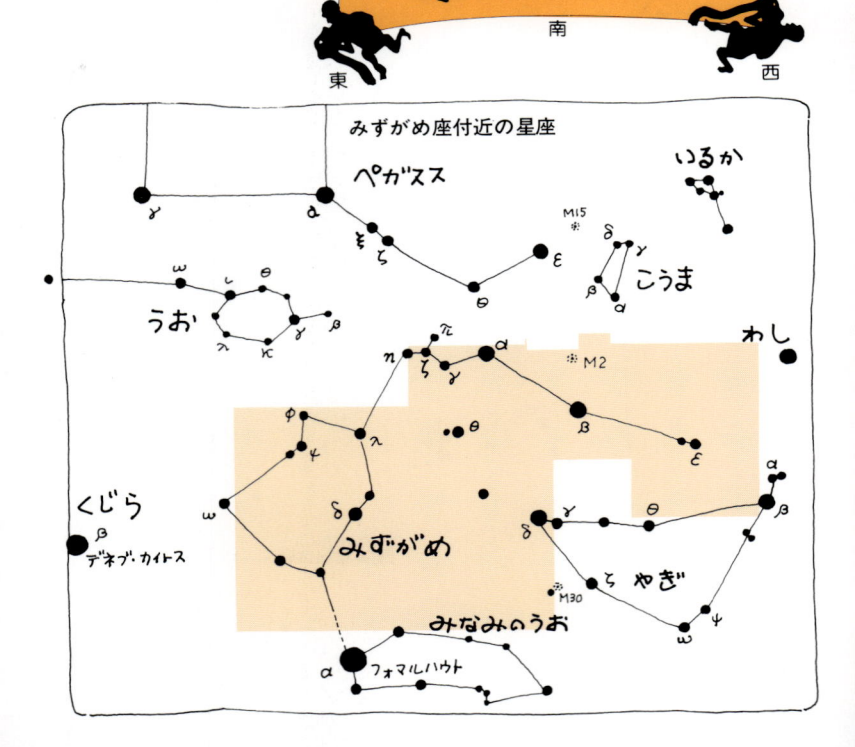

みずがめ座の日周運動

東　南　西

みずがめ座付近の星座

みずがめ座を見るには（表対照）

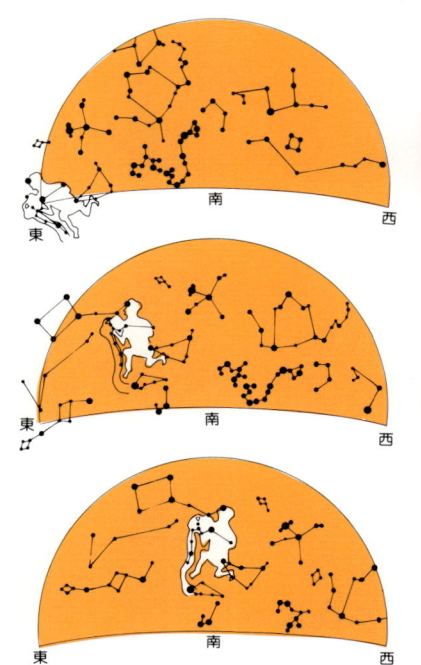

1時1日ごろ	10時	7月1日ごろ	22時
2時1日ごろ	8時	8月1日ごろ	20時
3時1日ごろ	6時	9月1日ごろ	18時
4時1日ごろ	4時	10月1日ごろ	16時
5時1日ごろ	2時	11月1日ごろ	14時
6時1日ごろ	0時	12月1日ごろ	12時

■は夜，▨は薄明，□は昼．

1月1日ごろ	13時	7月1日ごろ	1時
2月1日ごろ	11時	8月1日ごろ	23時
3月1日ごろ	9時	9月1日ごろ	21時
4月1日ごろ	7時	10月1日ごろ	19時
5月1日ごろ	5時	11月1日ごろ	17時
6月1日ごろ	3時	12月1日ごろ	15時

1月1日ごろ	16時	7月1日ごろ	4時
2月1日ごろ	14時	8月1日ごろ	2時
3月1日ごろ	12時	9月1日ごろ	0時
4月1日ごろ	10時	10月1日ごろ	22時
5月1日ごろ	8時	11月1日ごろ	20時
6月1日ごろ	6時	12月1日ごろ	18時

1月1日ごろ	19時	7月1日ごろ	7時
2月1日ごろ	17時	8月1日ごろ	5時
3月1日ごろ	15時	9月1日ごろ	3時
4月1日ごろ	13時	10月1日ごろ	1時
5月1日ごろ	11時	11月1日ごろ	23時
6月1日ごろ	9時	12月1日ごろ	21時

1月1日ごろ	22時	7月1日ごろ	10時
2月1日ごろ	20時	8月1日ごろ	8時
3月1日ごろ	18時	9月1日ごろ	6時
4月1日ごろ	16時	10月1日ごろ	4時
5月1日ごろ	14時	11月1日ごろ	2時
6月1日ごろ	12時	12月1日ごろ	0時

みずがめ座の歴史

　星はめだたないが，黄道上にある重要な星座として歴史は古く，黄道星座の11番目にならぶ．プトレマイオス48星座のひとつ．

　星座の生まれ故郷であるメソポタミヤ地方に雨季がおとずれるとき，太陽がこの星座を通過した．そのせいで，このあたりに水にちなんだ星座がいくつかつくられたのだろう．"みずがめ座"はそれらの中心星座である．

　このあたりの星につけられたアラビヤ名に"幸せ"を表現したものが多いのもおもしろい．この地方で，雨，そして水は，人の幸せと直結した貴重な資源であったからにちがいない．

　古代バビロニア時代には下半身が犬の姿をした水の女神が水瓶をかついでいたが，いつのまにかかつぎ手が男性にかわって，現代では美少年ガニュメデスのギリシャ伝説と結びつけている．

　みずがめ座の学名（ラテン名）アクアリウス Aquarius は水男のことだから，この星座の主人公は水瓶ではなく，水瓶をかつぐ人．日本の星座

ユルデンブッシュの星座絵から
「みずがめ座」と「みなみのうお座」

名をみずがめ座としたが、英名のWater Bearer, Water Man（水運び人，水男）のほうが正しいといえる．

ところで，現代のアラビアにとっては，恵みの雨がオイルに変った．

水瓶はドラムかんに，水の流れは石油の流れに，いやいやうっかりすると血の流れをみることにもなりかねない今日この頃の世界情勢だ．何が流れこんでくるのかわからないぶっそうな日々に，みなみのうお座もいささか迷惑そうである．

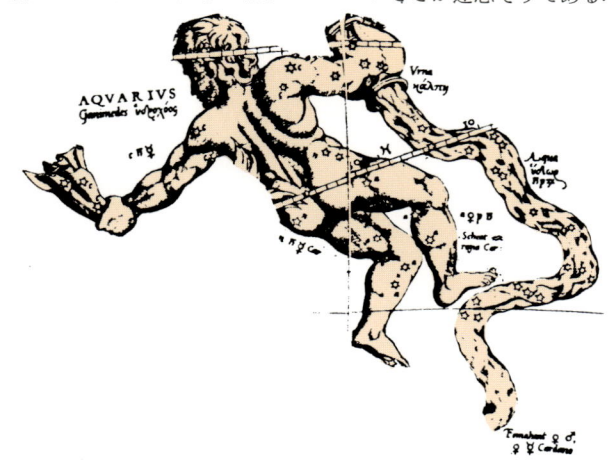

メルカトールの天球儀（1551年）にえがかれた「みずがめ座」

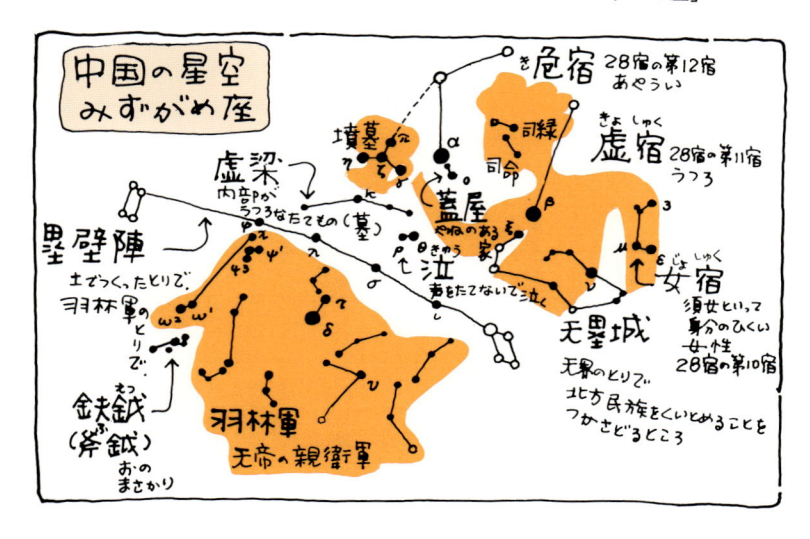

みずがめ座の星と名前

＊α アルファ
サダルメリク
（王様の幸運）

つまり，この星は王様の守護星というわけだ．

サダルメリク Sadalmelik は，みずがめ座のシンボルマーク（三矢のマーク）の右（西）にある3等星で，この星座の主星である．三矢のマークを水がめにみたてると，α星は水がめをかつぐ若者の右肩にあたる．

<　　3.2等　　　G1型　　　>

＊β ベータ
サダルスウド
（幸運中の幸運）

"しあわせ中のしあわせ"とは，なんとすばらしい名前だろうか．みかけはα星と同様さえない3等星なのに，最高の呼名をもらった幸せな星である．

身にあまる幸運を逃がすまいと，小さくなって息をひそめているようにもみえる．

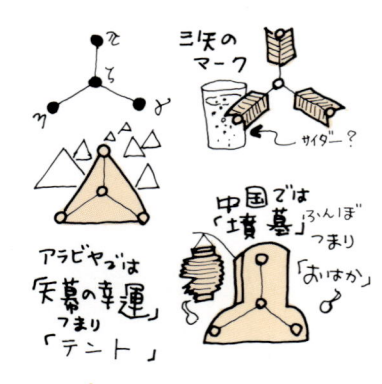

α星のさらに右下（南西）をさがしてみよう．一度はこの星を見て，幸運星の幸運にあやかるべきだろう．かつてアラビアでは，β星だけでなく近くのξ（クシ，光度4.8等）などを含める星宿名（アラビア28宿）であったらしい．

<　　3.1等　　　G0型　　　>

アラビヤでは「天幕の幸運」つまり「テント」

中国では「墳墓」ふんぼ つまり「おはか」

＊γ ガンマ
サダルアクビア
（秘密の幸運）

"ひめられたしあわせ"といえば，これまた魅力的な名前である．ひそかなファンがひそかに眺めるのに似つかわしい．かくしごとの守護星であると同時に，かくれ家の守護星といった意味もある．すこし拡大解釈してあなたの"家庭の守護星"とするのもいいだろう．

γ星は三矢マークの右下（南西）をうけもつ4等星だが，アラビアではγ，ζ（ゼータ），η（エータ），π（パイ）がつくる三矢マークを天幕にみたて，"天幕の幸運"という星宿名でよんでいた．

星座絵のほとんどは三矢マークのところに水がめをえがいている．その下の微光星を適当にたどると"みなみのうお"の口に注ぐ水流になる．「ひょっとするとサイダーでは？」と，清涼飲料水会社のまわしものみたいなことをいう人もいる．

中国ではここを"墳墓（ふんぼ）"にみたてた．

<　　4.0等　　　A0型　　　>

✴ δ デルタ
スカト
（足）

スカト Skat はアラビア語がなまったものだ.

みずがめ座の下半身をひきしめているのがこのδ星だが, 水がめをかつぐ美少年ガニュメデスの足にあたる.

アラビアでは, 背中に水がめをのせた小馬がえがかれているので, このスカトは小馬の足とみるほうが正解かもしれない.

< 　3.5等　　A2型　>

✴ ε エプシロン
アルバリ
（飲むものの幸運）

ε, μ, ν, 付近がアラビア28宿中"大食の幸運"とよばれた星宿であったからだろう.

α→β→ε とさがすといい. やぎ座の背中の上にある4等星で, この星から大食漢を想像することはとてもむずかしいが, ひとは見かけによらぬという….

それにしてもアルバリ Albal という名前が, いかにもバリバリとなんでも食べる大食漢をおもわせておもしろい. アルバリは食通の守護星ということになる.

< 　3.8等　　A1型　>

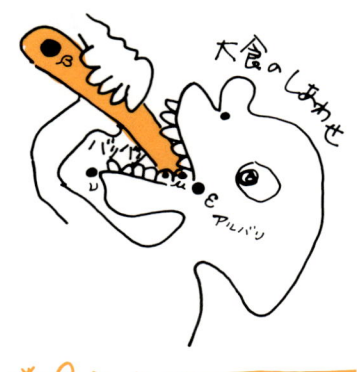

大食のしあわせ
バリバリ
ε アルバリ

✴ θ シータ
アンカ
（尻）

アンカ Ancha は美少年のオシリだという. 位置から考えると, 美少年の尻よりは, 腰にみるほうが自然だ.

< 　4.3等　　G6型　>

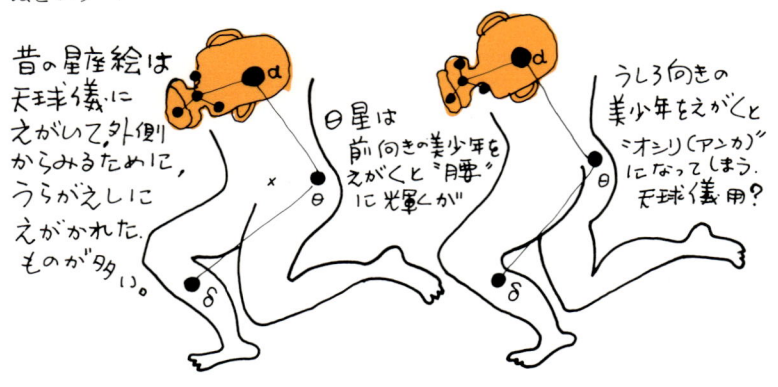

昔の星座絵は天球儀にえがいて外側からみるために, うらがえしにえがかれたものが多い.

θ星は前向きの美少年をえがくと"腰"に光軍くが

うしろ向きの美少年をえがくと"オシリ（アンカ）"になってしまう. 天球儀用?

みずがめ座の伝説

●星になった美少年

大神ゼウスと后ヘラの間に生まれたヘベ Hebe は，よく気のきく世話好きな娘で，いつも父親のそばにいて，なにかと身のまわりの世話をした．

ゼウスは，この娘ヘベが大のお気にいりで，毎夜彼女の酌で酒をのむことを楽しんだ．

彼女の世話好きは，ゼウスを訪ねる神々にも，兄弟達にもおよんだ．

さて，このヘベも年頃になって恋をした．相手は天に昇ったヘルクレスである．

父ゼウスは，不承不承だが，彼女をヘルクレスの嫁にだすことをみとめた．彼は，こんなおもいをするなら，もう娘はもちたくないと思った．

しかし，ヘベのいない毎日がさびしくてならない．

このヘベのあと釜として，白羽の矢がたてられたのが，当時トロイヤ一番の美少年といわれたガニュメデスであった．

かわいいガニュメデス Ganymedes が気にいったゼウスは，ワシに化けて，彼を天上に奪ってしまった．そして，彼の父親には，その代償として"黄金のブドウの木"をあたえたという．

ガニュメデスは，天でゼウスの酒を汲み，身のまわりの世話をするのが役目であった．

星になったガニュメデスが担ぐ水がめは，ひょっとすると酒つぼかもしれない．

娘のかわりに美少年をさらったのは，少年ならいくらかわいがっても嫁にやらなくてもいい，という悲しい父親の心理がそうさせたにちがいない．

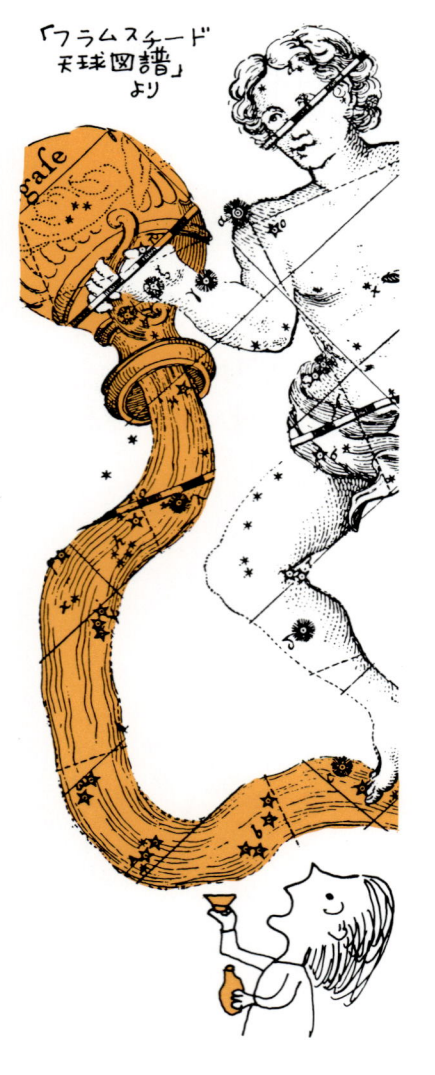

「フラムスチード天球図譜」より

みずがめ座の見どころガイド

✳ みのがせないM2

ペガスス座のM15，みずがめ座のM2，やぎ座のM30は，いずれもみごとな球状星団だ．これらの球状星団トリオは，赤経がほぼ同じなので，南中時にはたてに並ぶ．

M2は，非常に空の状態のいい夜なら，肉眼でも淡い恒星状の光点が認められる．双眼鏡ではにじんだ星雲状のかたまりがみられるだろう．

双眼鏡なら α→28→26→24→M2 とたどってもいいし，βから上（北）にたどってもいい．なれてくると，もっとずぼらに α, β, M2 で直角三角形をつくるつもりで見当がつけられる．

球状星団の美しさは，残念ながら天体望遠鏡の力をかりなければ味わえない．小望遠鏡なら明るい核をぼんやり淡い光でくるんだ"光のボール"がみえ，大望遠鏡では淡い光がかぞえきれない星に分解されて，夏の夜空にはじけた花火のようにみごと．

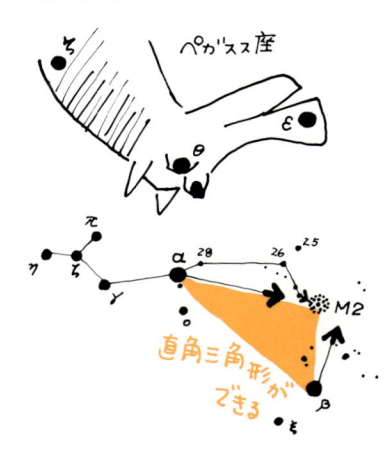

しかし，大望遠鏡がないからといってがっかりすることはない．かすかな光点をみつけたとき"あれが5万5千光年のかなたにある不思議な星の大集団なのか"と想像をたくましくすることで，なにかわからないが宇宙の神秘に直接ふれたような気がして興奮してしまう．それはどんなにみごとな天体写真をみてもえられない不思議な感動である．

球状星団は，我々の銀河系ができてまもない頃に生まれた，星の生きのこり達だと考えられている．つまりM2は星の化石といえるほど古い星の集団なのだ．

みずがめ座にはもうひとつの球状星団M72がある．これは双眼鏡でもみつけるのに苦労する．小さくて暗い．

＜M2，球状星団，6.3等，視直径12′
距離 55000光年＞

＜M72，球状星団，9.8等，視直径5′
距離 62000光年＞

✲ 巨大なリング
NGC7293

υ（ウプシロン，光度5.3等）のすぐ右（西）に，巨大な惑星状星雲がある．光度が6.5等あるので双眼鏡で簡単に見つかるような気がするが，実は直径 $15' \times 12'$ と大きく広がっていて大変淡い．

最高の空と熟練とすぐれた視力が必要だ．低いので南中する頃をねらってさがしてみよう．ただし，発見できなくてもがっかりしないで，再挑戦の機会をまつことだ．

かつてここで星が爆発して，周囲にガスがふきとばされたのだが，いまこのガスのボールは，直径が2光年以上にふくれあがっている．

＜NGC7293，惑星状星雲，6.5等
視直径 $900'' \times 720''$ ＞

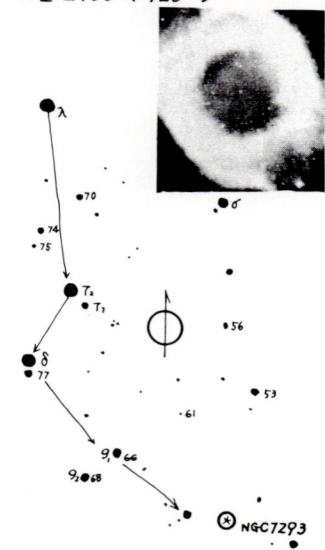

NGC7293のさがしかた

✲ 星の流れをたどる

水がめからこぼれた水は，λ（ラムダ）をとおって φ—χ—ψ^{1,2,3}—ω^{1,2}—104, 106, 107, 108—101, 99, 98—88, 89, 86 と流れ，そして，みなみのうおの口へとそそいでいる．

双眼鏡をつかって，水の流れを追うのも，なかなか風流な趣向ではないだろうか．

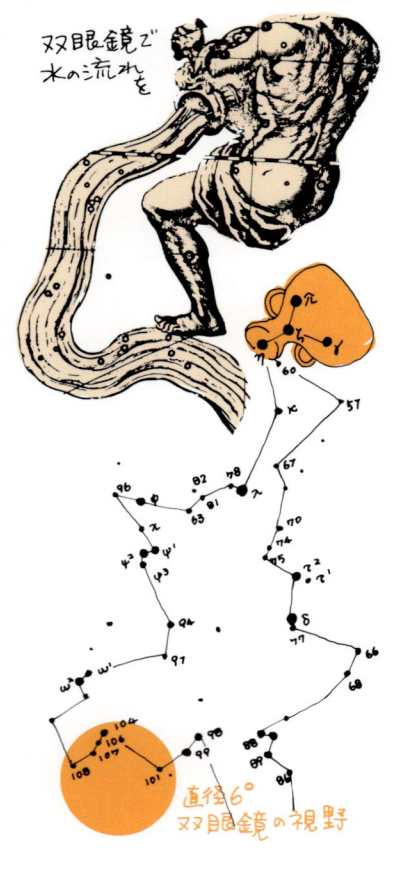

双眼鏡で
水の流れを

直径6°
双眼鏡の視野

幻の星座シリーズ

みはりにんメシエ座
CUSTOS MESSIUM

フランスにラランド Lalande という天文学者がいた．パリ天文台長になった人だ．

彼は自分が大好きだったネコを星座にしたことでも有名だ．

見張り人メシエ座は，生涯を彗星の発見につとめ，21個の彗星をみつけたフランスの観測者，シャルル・メシエ（1730—1817）を記念してつくった星座（1775）．

カシオペヤ座，ケフェウス座，きりん座にはさまれたメシエ座は，ラランドがつくった他の三つの星座と共に，すべて消えてしまった．

メシエは主要な星雲や星団を整理してカタログをつくった．自分の星座は消えてしまったが，それらの星雲・星団はいまでもメシエ番号で呼ばれ，メシエの名前は忘れられることはない．

(上) メシエ Charles Messier の肖像画

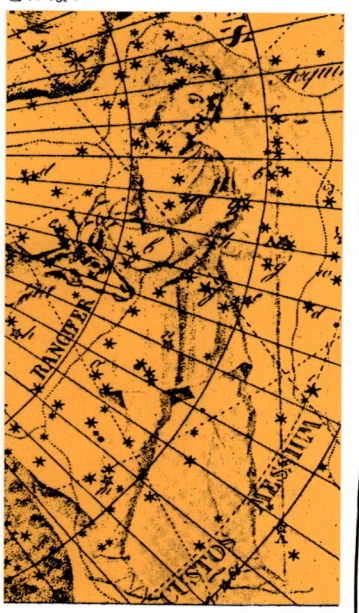

(右) ボーデ星図の「みはり人メシエ座」
メシエ座は現在女王カシオペヤのスカートのかげにかくれてしまった．
メシエ1番（M1）は有名な「かに星雲」．

4 みなみのうお座 (日本名)
PISCIS AUSTRINUS
ピスキス・アウストリヌス (学名)

つる座 (日本名)
GRUS (学名)
グルス

みなみのうお座の みりょく

秋の宵に、南の空でたった一つ、ポツンとさみしそうに輝く一等星が目をひく。

"秋の一つ星"の呼名にふさわしいこの輝星は、みなみのうお座の主星フォマルハウトだ。

南の魚が一匹、南の海でポチャンとはねた。大きく口をあけているのは食欲の秋のせいだろう。

みずがめ座の水がそそぐところにあるので、大口をあけて水を待つ魚というふうにも、流れをさかのぼる産卵期のサケにも、コイの滝のぼりにもみえる。

いったい、この"みなみのうお"どんな魚を想像したらいいのだろうか？

つる座の みりょく

秋の一つ星フォマルハウトが南にのぼるとき,南の地平線上にツルが立つ.

光害日本の都会の空で,この"つる座"がみつかったら,まさに"はきだめにツル"といったところ.

残念ながらちかごろスモッグに両足をつっこんであえぐ日が多く,めったにりりしい姿が見られない.

ただし,フォマルハウトの下で横に並んだαとβは,共に2等星なので,意外に明るくさがしやすい.ツルというより,カメのイメージがつよい都会のつる座である.

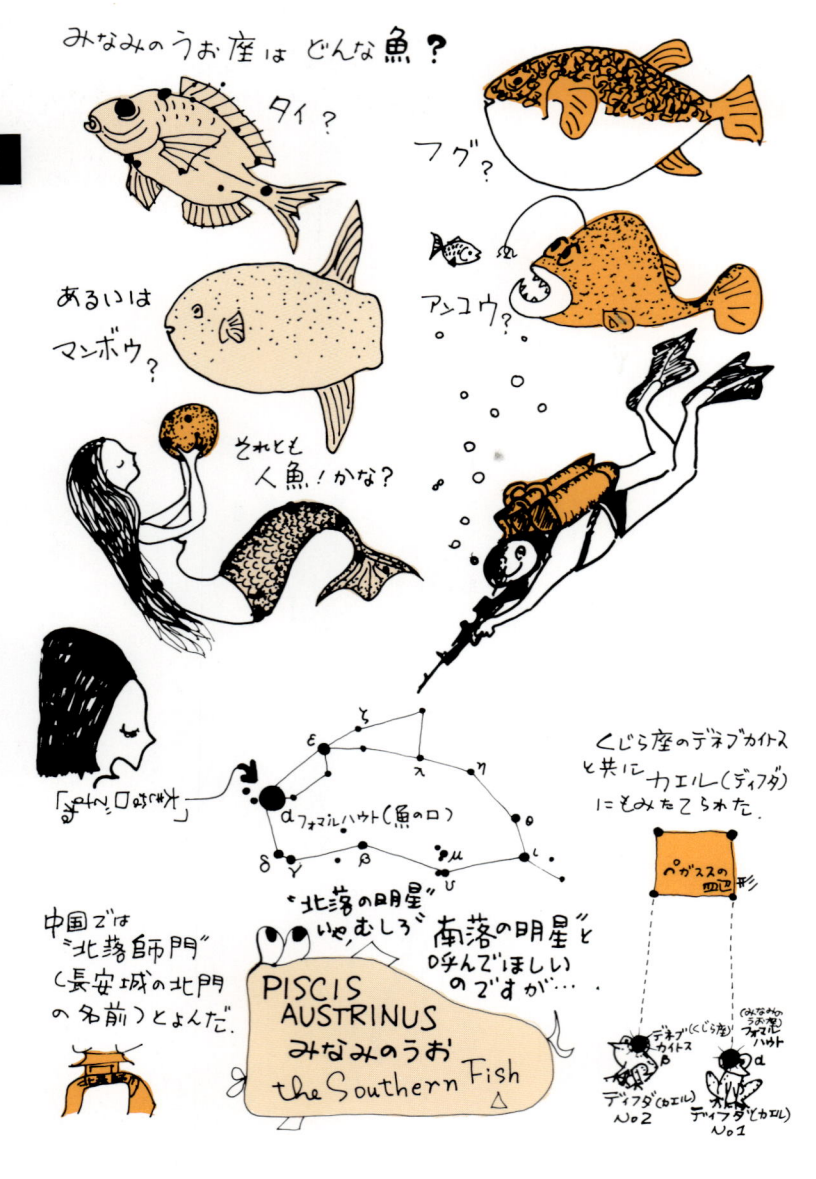

みなみのうお座は どんな魚？

タイ？

フグ？

あるいは マンボウ？

アンコウ？

それとも 人魚！かな？

「まん」の口ですか

α フォマルハウト（魚の口）

中国では
"北落師門"
（長安城の北門
の名前）とよんだ．

"北落の明星"
いや、むしろ "南落の明星" と
呼んでほしい
のですが…

PISCIS
AUSTRINUS
みなみのうお
the Southern Fish

くじら座のデネブカイトス
と共に カエル（ディフダ）
にもみたてられた．

ペガススの四辺形

デネブ（くじら座）
カイトス
ディフダ（カエル）
No.2

（みなみの
うお座）
フォマル
ハウト
ディフダ（カエル）
No.1

つる座は鳥なのに高くとべない.

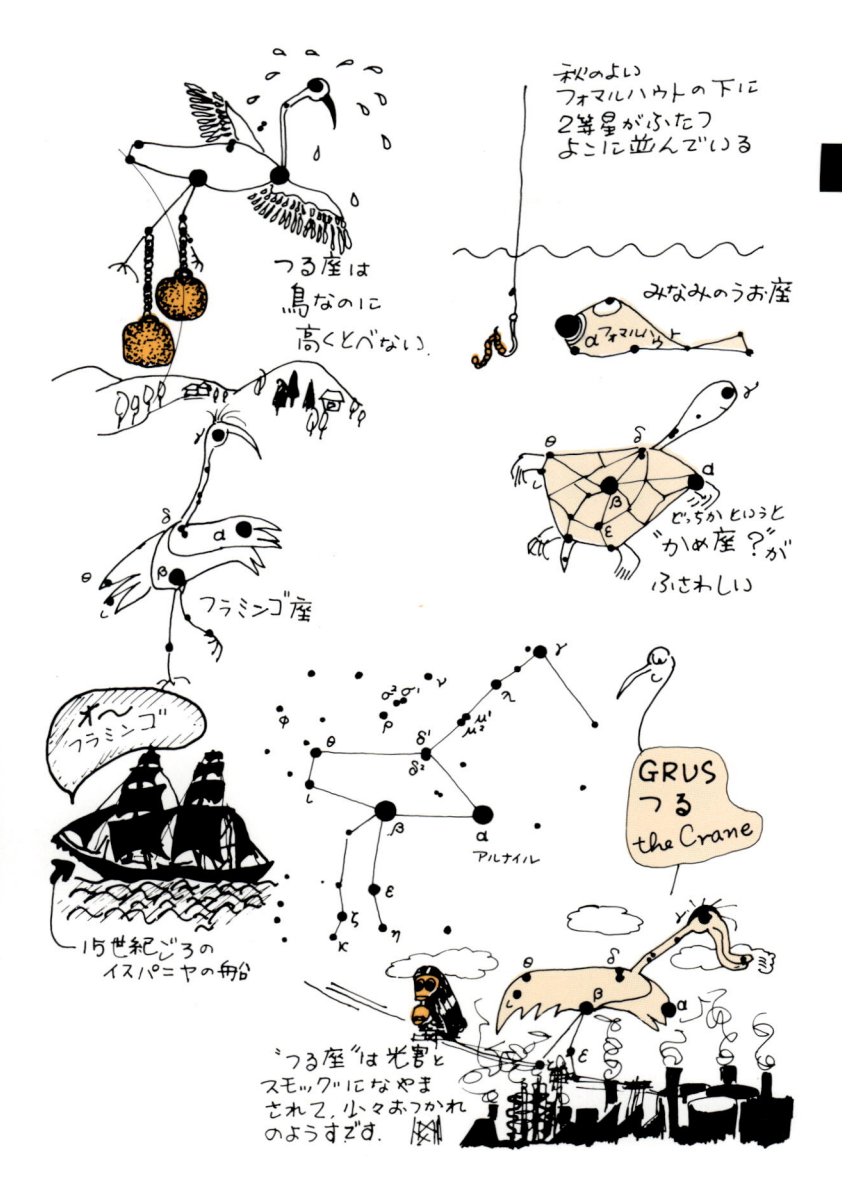

秋のよい
フォマルハウトの下に
2等星がふたつ
よこに並んでいる

みなみのうお座

αフォマルハウト

どっちかというと
"かめ座?"が
ふさわしい

フラミンゴ座

オ〜フラミンゴ

アルナイル

GRUS
つる
the Crane

15世紀ごろの
イスパニヤの船

"つる座"は光害と
スモッグになやま
されて、少々おつかれ
のようすです.

みなみのうお座・つる座の星々

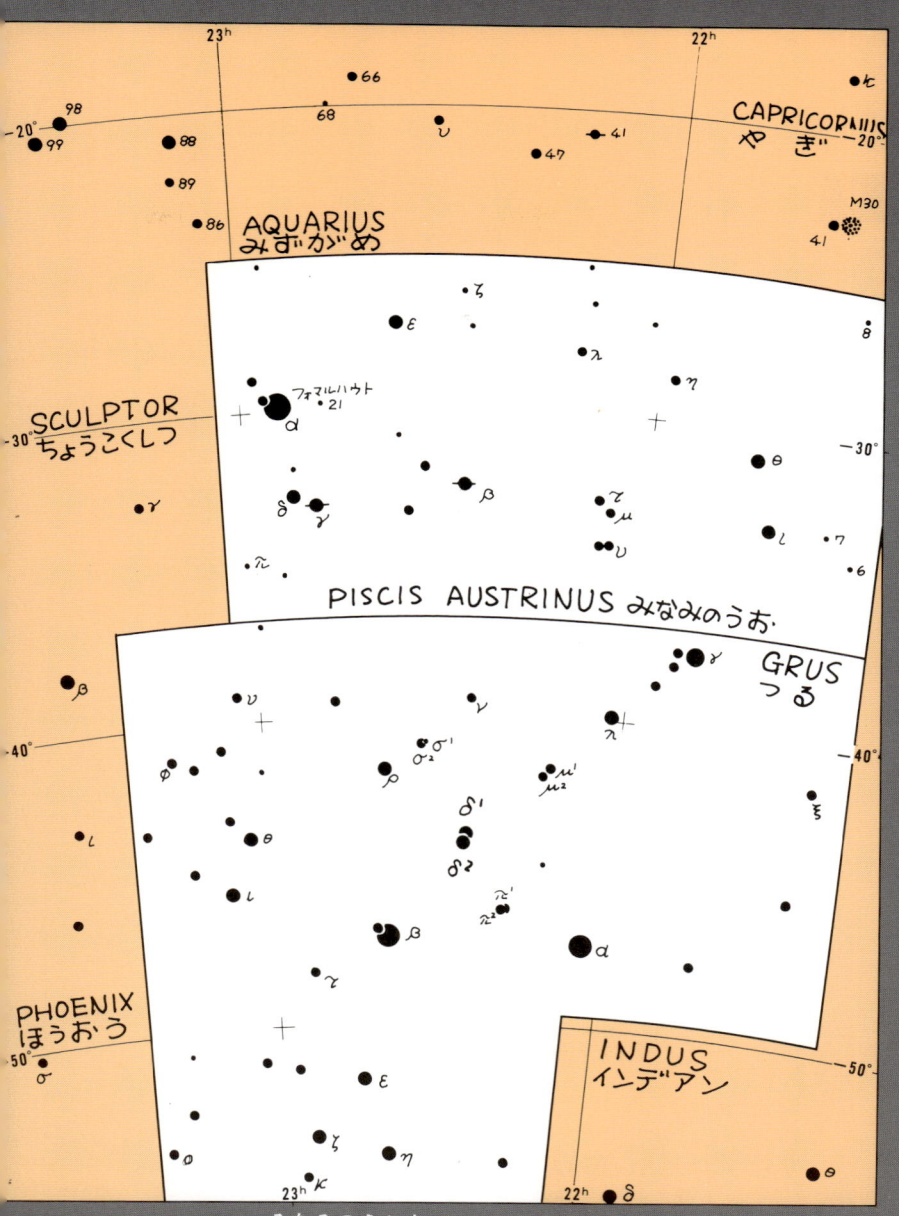

みなみのうお座・つる座の星図

みなみのうお座 つる座 の みつけかた

みなみのうお座をみつけることはいとも簡単である.

秋の宵に,南の空でもっとも明るい星をさがせばいい.

ペガススの四辺形の西辺を,まっすぐ下(南)にのばして確認をとったら,まずまちがいはなくフォマルハウトだ.

フォマルハウト(α)以外は,すべて4等星以下でめだたない.

α から $\varepsilon-\zeta-\lambda-\eta-\theta-\iota-\mu-\beta-\gamma-\delta$ とたどれたら,頭でっかちのアンコウのように不格好な魚がえがける.

ひくいのでいずれにしても南中するころをねらってさがすといい.

みなみのうお座のフォマルハウトが南中したら,地平線との中間あたり,ほんの少し右よりに2等星が二つよこに並んでいる.

こんなところにも星? と日頃はみのがしてしまいそうなところにあるのが,つる座の α と β である.

星を結んでツルをえがくことは,めぐまれた条件と,かなりの努力が必要だ.

$\alpha-\beta-\iota-\theta-\delta$ でつくる横長の五角形がツルの胴体,$\beta-\varepsilon-$地平線,$\beta-\zeta-$地平線 と結んだ2本の足,$\alpha-\lambda-\gamma$ を長い首にみたてるとツルができあがる.

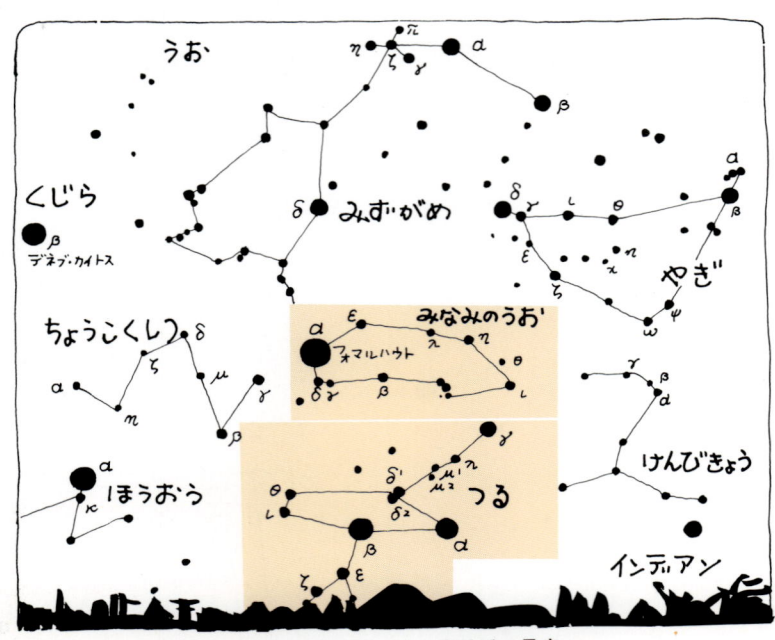

みなみのうお座・つる座付近の星座

みなみのうお座・つる座を見るには(表対照)

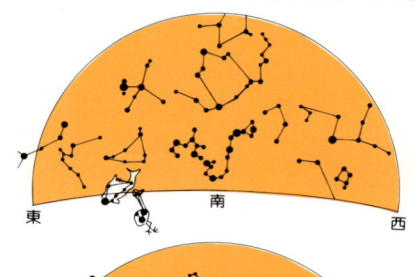

1月1日ごろ	11時	7月1日ごろ	23時
2月1日ごろ	9時	8月1日ごろ	21時
3月1日ごろ	7時	9月1日ごろ	19時
4月1日ごろ	5時	10月1日ごろ	17時
5月1日ごろ	3時	11月1日ごろ	15時
6月1日ごろ	1時	12月1日ごろ	13時

■は夜, ▨は薄明, □は昼.

1月1日ごろ	13時	7月1日ごろ	1時
1月1日ごろ	11時	8月1日ごろ	23時
1月1日ごろ	9時	9月1日ごろ	21時
4月1日ごろ	7時	10月1日ごろ	19時
5月1日ごろ	5時	11月1日ごろ	17時
6月1日ごろ	3時	12月1日ごろ	15時

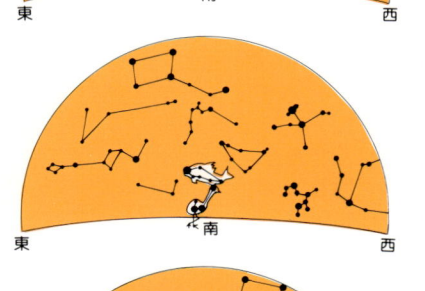

1月1日ごろ	15時	7月1日ごろ	3時
2月1日ごろ	13時	8月1日ごろ	1時
3月1日ごろ	11時	9月1日ごろ	23時
4月1日ごろ	9時	10月1日ごろ	21時
5月1日ごろ	7時	11月1日ごろ	19時
6月1日ごろ	5時	12月1日ごろ	17時

1月1日ごろ	17時	7月1日ごろ	5時
2月1日ごろ	15時	8月1日ごろ	3時
3月1日ごろ	13時	9月1日ごろ	1時
4月1日ごろ	11時	10月1日ごろ	23時
5月1日ごろ	9時	11月1日ごろ	21時
6月1日ごろ	7時	12月1日ごろ	19時

1月1日ごろ	19時	7月1日ごろ	7時
2月1日ごろ	17時	8月1日ごろ	5時
3月1日ごろ	15時	9月1日ごろ	3時
4月1日ごろ	13時	10月1日ごろ	1時
5月1日ごろ	11時	11月1日ごろ	23時
6月1日ごろ	9時	12月1日ごろ	21時

東経137°, 北緯35°

みなみのうお座の歴史

南の海の上に輝く輝星フォマルハウトを、海の魚の守護星とみるのはごく自然である.

古代バビロニアでは、フォマルハウトを"魚の神様"とか、あるいは"神の魚"とみていたらしい.

南の魚に対して、うお座の2匹が北の魚と西の魚と呼ばれたが、なぜか東の魚がみあたらない.

私はくじら座の頭のあたりの微光星をつないで"東の魚"と呼ぶことにしているが、さて、あなたの目には、どこに東の魚がみつかるだろうか？

みなみのうお座はプトレマイオスの48星座のひとつだが、のちに新設された"つる座"に、下半身をとられてしまった.

つる座に一部をとられる前のみなみのうお座は、けっこうスマートで、秋のサンマも想像できたのだが….

つる座の歴史

つる座は、1603年にドイツのバイエル Johann Bayer が発行した全天星図 Uranometria ウラノメトリアに初めて登場した. バイエルはこの星図で12の南天の星座を新設したがつる座はその中のひとつだ.

つる座はみなみのうお座の一部をけずってうまれた. おかげでみなみのうお座は頭でっかちのアンコウみたいな魚になった.

当時南の方への航海がさかんであったので、おそらく、そのころの航海者達のみかたをバイエルがとりあげたのだろう.

15世紀のイスパニアの船のりたちが、このあたりをフラミンゴと呼んでいたのがことのはじまりなのだ.

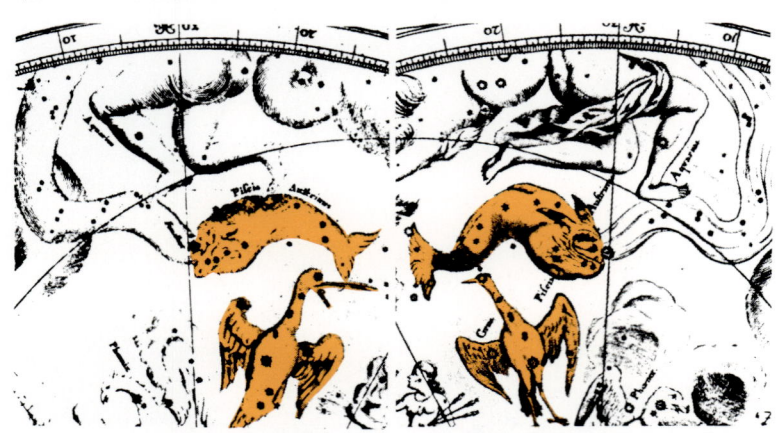

「みなみのうお座」と「つる座」. 左はハレーの星図, 右はヘベリウスの星図

みなみのうお座の星と名前

✴ α アルファ
フォマルハウト
（魚の口）

東京では南中高度が約25°にしかならない。12月の宵にはもう南西の地平線に姿を消してしまう。みなみの魚は、10月が食べごろの季節なのだ。ということになると当然秋刀魚（サンマ）を想像したいところだが、星を結ぶとサンマにしては少々油がのりすぎた、胴の短い太目の魚がえがける。

みなみの魚の口に輝くフォマルハウト Fomalhaut は、1.3等の白色星だが、地平線に近いために、赤味を帯びたにぶい輝きをみせる日が多い。もっとも、そのいかにもさびしげな輝きが、いっそう秋のムードをたかめ、この星を"秋の一つ星""南の一つ星"と呼ばせたのだろう。

中国では、なぜかこの星を"北落師門"とよんだ。長安城の北門の名前。

冬近くにいちはやく姿を消す薄命の星にふさわしく、すこし気どって"北落の明星"と呼んでみたいのだがいかが？　あるいは、もうひとひねりして"南落の明星"としたら、もっとこの星の名にふさわしくなるのだが….

ところで、この星が南東の地平線上に姿をみせはじめるころ、あなたはフォマルハウトの七変化をみることができるかもしれない。

突然、美しい紫に輝いたかとおもうと、緑一色になったり、オレンジ、

レインボーフィッシュの七変化

Piscis Notius

赤、次の瞬間はピンク色というように、あざやかな変色をみせるのだ。気流のせいでできた密度のちがう空気の層が、分光器の役割をするからだろう。したがって、気流の変化がはげしい、つまり星のまたたきのはげしい夜は、地平線ちかくの輝星はみな同じように"虹星（にじぼし）"になるわけで、フォマルハウトの専売特許ではない。初冬の木枯しの中をのぼるぎょしゃ座のカペラに"にじぼし"という呼名があったらしい。カペラの"にじぼし"に対して、フォマルハウトはなんと命名したらいいだろう。"秋の七変化星"と呼ぶか、それとも"レインボウ・トラウト（ニジマス）"とか"レインボウ・フィッシュ"というのはどうだろう。
＜　1.3等　　A2型　＞

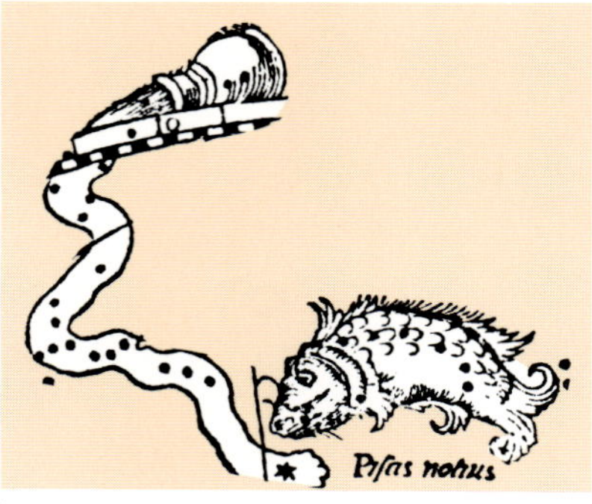

ヨハネス・ホンテールの星図にえがかれた「みなみのうお座」

つる座の星と名前

＊α アルファ
アルナイル（輝く星）

　このあたり，昔はみなみのうお座にふくまれていたので，アルナイル Alnail という呼名は当時のなごりだと考えられる．魚のしっぽに輝く星

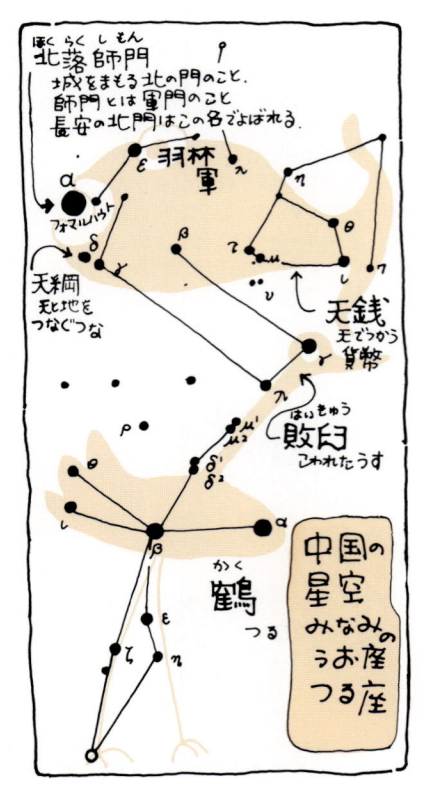

つりごお
釣竿
（マーシャル群島）

という意味だったのだろう．
　ツルをえがくと，この星はつきでたツルの胸に輝く．
< 　2.2等　　B5等 >

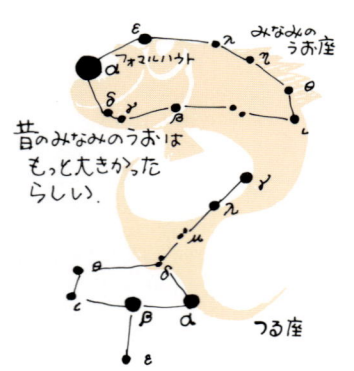

北落師門
城をまもる北の門のこと．
師門とは軍門のこと
長安の北門はこの名でよばれる．

フォマルハウト

羽林軍

天綱
天と地を
つなぐつな

天銭
天でつかう
貨幣

敗臼
こわれたうす

鶴（つる）

中国の星空
みなみのうお座
つる座

フォマルハウト　みなみのうお座

昔のみなみのうおは
もっと大きかった
らしい．

つる座

＊γ ガンマ
アルダナブ（しっぽ）

　この星はツルの頭に輝くので，おそらくこの呼名も，みなみのうお座のしっぽという意味なのだろう．
　アルダナブ Aldhanab のダナブは，デネブと同じ意味だ．しっぽをつる座に提供する前のみなみのうおは，現在のように寸づまりでなくなかなかスマートな立派な魚だった．
< 　3.2等　　B8型 >

幻の星座シリーズ

ゆりのはな座 LILIUM
おうこつ座 SCEPTRE

ユリの花座は、当時、フランスで権力をほしいままにした太陽王ルイ十四世をたたえてつくった星座だといわれる．王家（ブルボン王朝）の紋章がユリの花だった．

今は消えてしまった"きたばい座"のところにフランスの天文学者ロワイエが新設（1679）した、いかにもフランスらしい可愛い星座だ．

北バイは、昔、蜜蜂にみたてられていたから"ユリの花とミツバチ"という組合せのつもりだったのかもしれない．

ロワイエは、ルイ十四世のためにとかげ座のあたりにもう一つ、"おうこつ（王笏）座"という星座をつくった．

「おうこつ」とは王がもつ杖のことで、王の象徴でもあった．ロワイエ（ロワーエ）がつくった「おうこつ座」は、ヘベリウスによって「イタチ」に変身し、現在の「とかげ座」となった．

「朕は国家なり」といったルイ十四世の威光は、なんと星空にまでおよんだのだ．

しかし、さすがの太陽王も星座を征服することはできなかった．ロワイエのおべんちゃら星座は、ブルボン王朝と同じ運命をたどり、二つとも消えてしまった．

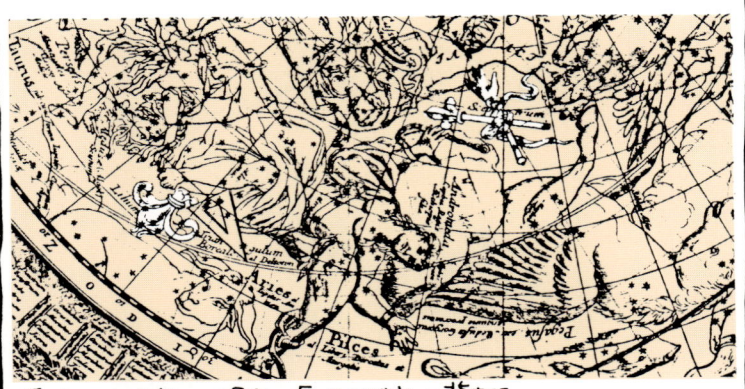

「ゆりのはな座」は現在の「おひつじ座」の背中にあたる、41番星のあたりにあった．
太陽王ルイ14世を象徴するにはあまりにもちいさくてかわいい星座であった

5 ペガスス座（日本名）
PEGASUS（学名）
ペガスス
こうま座（日本名）
EQUULEUS（学名）
エクウレウス

ペガスス座 こうま座の みりょく

　夏が三角なら，秋は四角だ．

　頭上にあった夏の宵の三角星は，10月の声を聞くと，西に傾いて秋の四角星に席をゆずる．

　四角星は空を駆ける天馬ペガスス座のシンボルマーク．

　天高く馬肥ゆる秋になると，星空は天高く馬羽ばたく秋となる．

　四角形のからだから，長い首と長い馬づらとそして前足をのばすと，上下さかさまに飛ぶペガススがあらわれる．天馬は，気もちのいい秋の空で，ついうれしくなって宙がえりをしたのだ．

*

　天馬ペガススの鼻づらに，かわいい小馬が鼻をすりよせている．

　"お馬の親子は，なかよしこよし"といったところだが，微光星がつくる小さな4辺形からコウマの姿を想像することはむずかしい．

　ペガスス座のオマケか，付録のような星座だとおもえばいい．"コウマ（小馬）"というより"コマ（駒）"といった感じの4辺形である．

　こうま座は，ペガスス座といるか座にサンドイッチされた小さな小さな星座で，88星座中，みなみじゅうじ座についで小さい．星座界第2位のスーパーミニ星座なのだ．

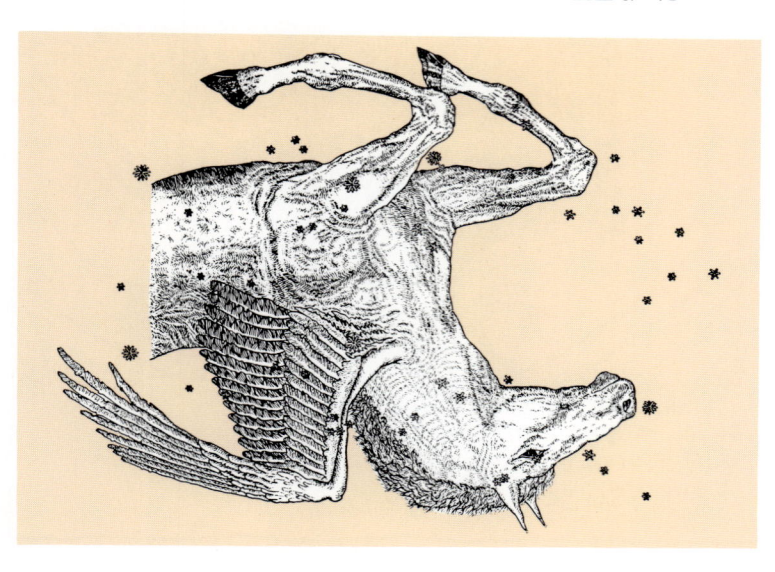

北斗七星じゃなくて

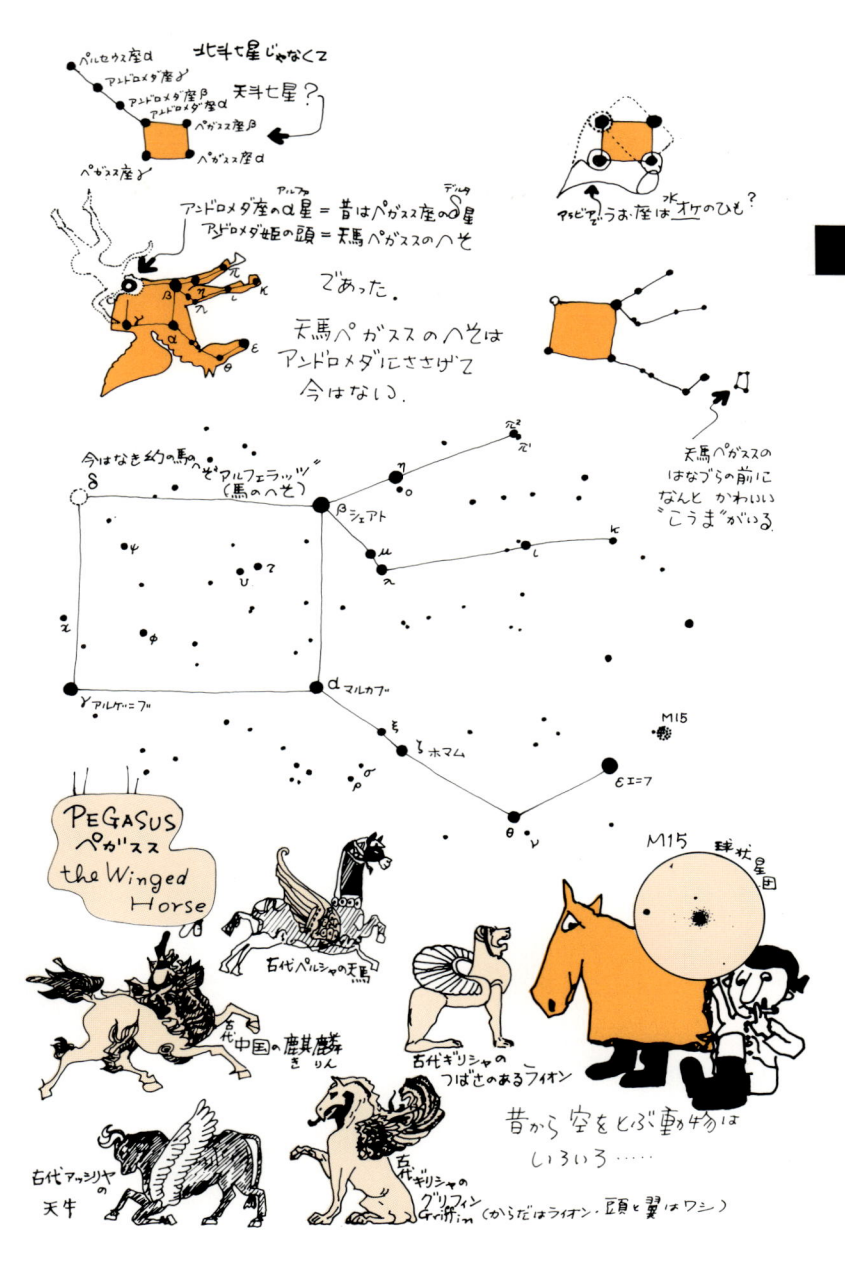

ペルセウス座α
アンドロメダ座γ
アンドロメダ座β
アンドロメダ座α
ペガスス座β
ペガスス座γ
ペガスス座α

天斗七星?

アンドロメダ座のα星(アルファ) = 昔はペガスス座のδ星(デルタ)
アンドロメダ姫の頭 = 天馬ペガススのへそ

であった。
天馬ペガススのへそは
アンドロメダにささげて
今はない。

アンドロメダ座は水オケのひも?

天馬ペガススの
はなづらの前に
なんと かわいい
"こうま"がいる

今はなき幻の馬のへそ アルフェラッツ
(馬のへそ)
δ
βシェアト
定え
η
μ
λ
κ
ψ
υ?
χ
φ
αマルカブ
γアルゲニブ
ξ ζホマム
ρ σ
θ ν
εエニフ
M15

PEGASUS
ペガスス
the Winged
Horse

古代ペルシャの天馬
古代中国の麒麟(きりん)
古代ギリシャの つばさのあるライオン
古代アッシリヤの 天牛
古代ギリシャの グリフィン Griffin (からだはライオン・頭と翼はワシ)

M15 球状星団

昔から空をとぶ動物は
いろいろ……

ペガスス座の星々

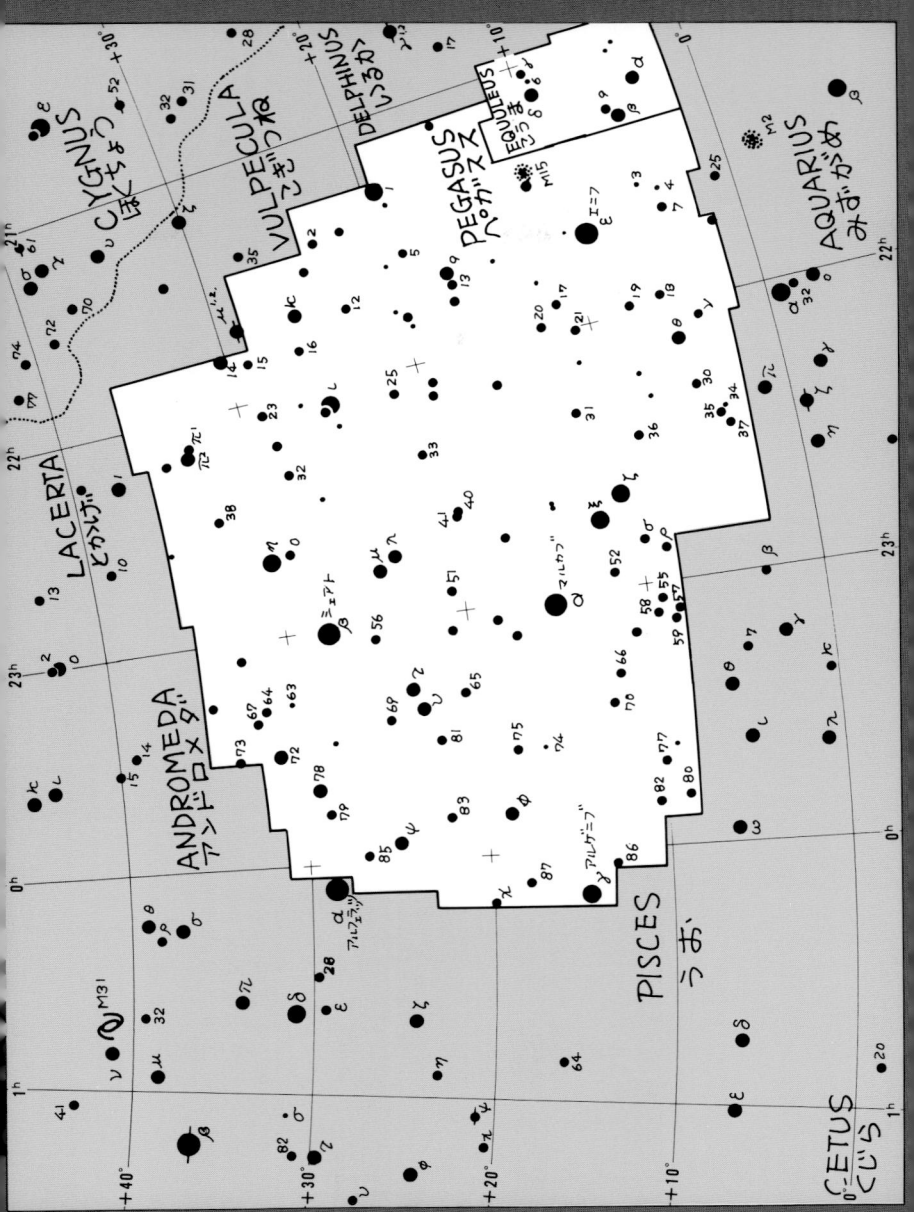

ペガスス座の星図

ペガスス座 こうま座の みつけかた

なにをいまさら、といわれそうな秋のよいの代表的星座。ペガスス座の四辺形は、秋の星座めぐりの拠点となる重要なポイントである。

"ペガススの四辺形"は、南中するころをねらって、南から首いっぱいあおげば簡単にみつかる。有名な北斗七星がもっとも低くなるころ、ペガススの四辺形はもっとも高くのぼる。

ペガススの前にこうま座がある。

めじるしになる4星は、αの4等星をのぞくとあとは5等星だ。おせじにも「さがしやすい」とはいいがたい星座だが、それは星が暗いからであって、けっして位置がわるいわけではない。

天馬ペガススの鼻づら（ε）と、いるか座にはさまれたあたりに目をこらしてみよう。すこし変形した4辺形がみつかったら、それが"こうま座"にまちがいない。

ペガスス座の日周運動

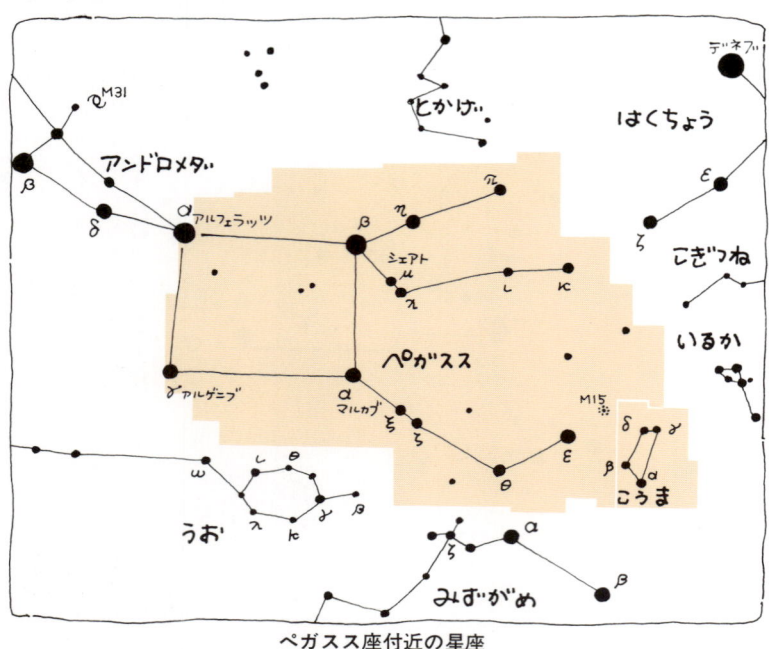

ペガスス座付近の星座

ペガスス座を見るには（表対照）

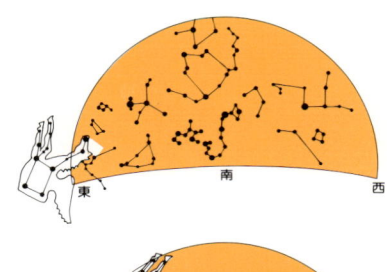

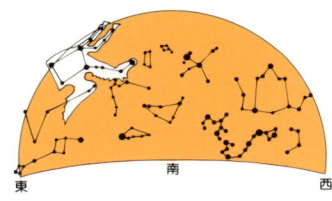

1月1日ごろ	10時	7月1日ごろ	22時
2月1日ごろ	8時	8月1日ごろ	20時
3月1日ごろ	6時	9月1日ごろ	18時
4月1日ごろ	4時	10月1日ごろ	16時
5月1日ごろ	2時	11月1日ごろ	14時
6月1日ごろ	0時	12月1日ごろ	12時

■は夜，▨は薄明，□は昼．

1月1日ごろ	13時	7月1日ごろ	1時
2月1日ごろ	11時	8月1日ごろ	23時
3月1日ごろ	9時	9月1日ごろ	21時
4月1日ごろ	7時	10月1日ごろ	19時
5月1日ごろ	5時	11月1日ごろ	17時
6月1日ごろ	3時	12月1日ごろ	15時

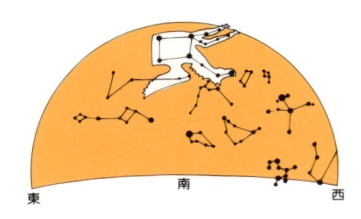

1月1日ごろ	16時	7月1日ごろ	4時
2月1日ごろ	14時	8月1日ごろ	2時
3月1日ごろ	12時	9月1日ごろ	0時
4月1日ごろ	10時	10月1日ごろ	22時
5月1日ごろ	8時	11月1日ごろ	20時
6月1日ごろ	6時	12月1日ごろ	18時

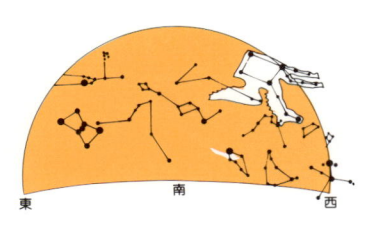

1月1日ごろ	19時	7月1日ごろ	7時
2月1日ごろ	17時	8月1日ごろ	5時
3月1日ごろ	15時	9月1日ごろ	3時
4月1日ごろ	13時	10月1日ごろ	1時
5月1日ごろ	11時	11月1日ごろ	23時
6月1日ごろ	9時	12月1日ごろ	21時

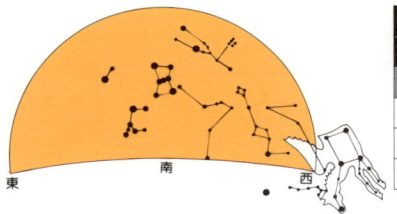

1月1日ごろ	22時	7月1日ごろ	10時
2月1日ごろ	20時	8月1日ごろ	8時
3月1日ごろ	18時	9月1日ごろ	6時
4月1日ごろ	16時	10月1日ごろ	4時
5月1日ごろ	14時	11月1日ごろ	2時
6月1日ごろ	12時	12月1日ごろ	0時

東経137°，北緯35°

ペガスス座の歴史

プトレマイオスの48星座の一つ.

かなり古い星座で,西をむいた天馬の前半分がえがかれている.うしろ半分にあたる部分はアンドロメダ座になった.

秋の四角星の東北の一角に輝く2等星は,昔,アンドロメダ姫の頭とペガススのへそを兼務していたのだが,のちに星座を境界線で分割して,恒星の所属する星座を明確にする作業がおこなわれたとき,どちらに所属させるかということになった.

形から考えれば四角形の一角だけをアンドロメダ座に含めるのは,無理があって不自然である.だからといって,美人の誉れ高きアンドロメダの頭がなくなってしまうのもこまる.

結局,無理を承知で,美女の顔を残すことになった.したがって"ペガススの四角形"ではなく,現在は"ペガススの三角形"というべきかもしれない.

神話・伝説の中には,奇妙な怪獣が多く登場する.ペガススもそのたぐいだが,なぜか翼のある馬には夢があって,あまりグロテスクな印象はない.それどころか愛らしさすら感じさせる.そのせいか,どこかのガソリンスタンドのマークにまで登場する.

魚の尾をつけたアルフォンヌスの「ペガスス座」

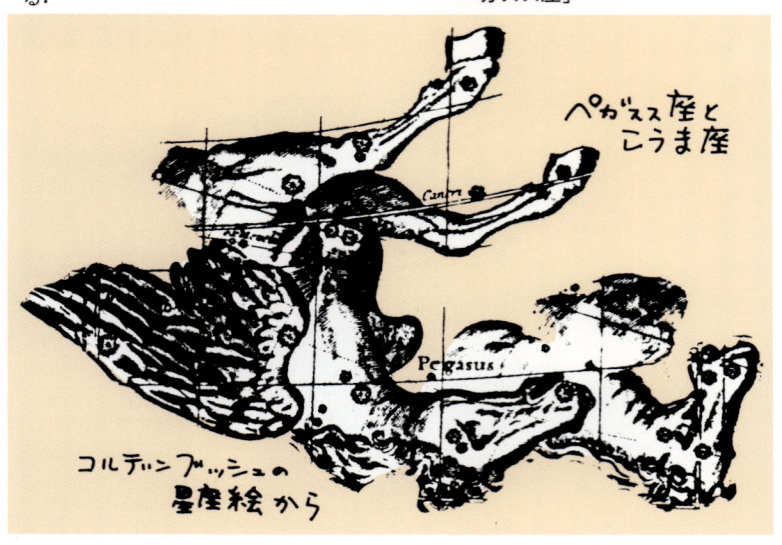

ペガスス座とこうま座

コルテンブッシュの星座絵から

おもしろいことに，中国にも麒麟（きりん）といって，空を駆けて一日千里は大丈夫という名馬が登場する．こっちはどこかのビール会社の商標になった．

ガソリンに対して，片やアルコールと，なぜか似ているところがおもしろい．

ローマ時代，ペガススは不死身の象徴であった．

こうま座の歴史

小さく目立たないのに，その歴史はかなり古く，生まれはギリシャ時代では？ともいわれる．もちろん，プトレマイオスの48星座の中には名をつらねている．

星座絵は馬の頭だけがえがかれている．4つの星でつくる4辺形が馬の顔をあらわすのだろう．小馬のほか，馬の頭とか，馬の部分という呼名もあったようだ．

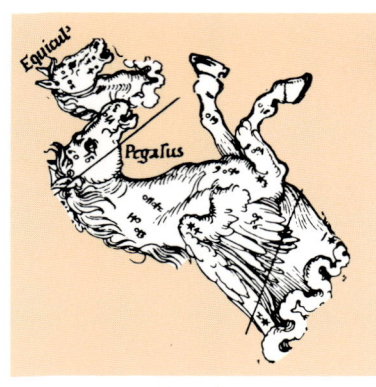

デューラー星図の「ペガスス座」と「こうま座」

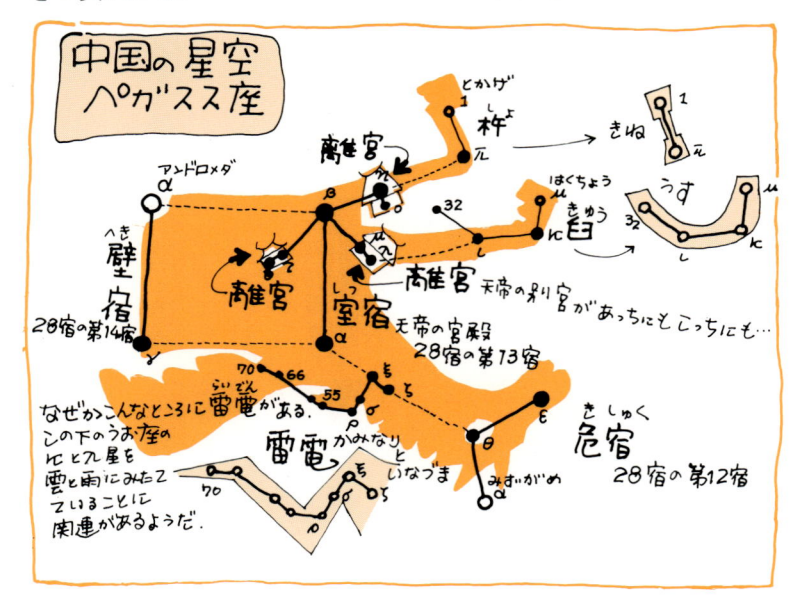

中国の星空 ペガスス座

とかげ
杵（しょ）→ きね
はくちょう
離宮
アンドロメダα
壁宿（へきしゅく）28宿の第14宿
離宮
室宿（しつしゅく）天帝の宮殿 28宿の第13宿
離宮 天帝の別宮があっちにもこっちにも…
臼（うす）
厩（きゅう）
なぜかこんなところに雷電がある．この下のうお座のιとκ九星を雲と雨にみたてていることに関連があるようだ．
雷電（らいでん）かみなり いなづま
みずがめ
危宿（きしゅく）28宿の第12宿

ペガスス座の 星と名前

✴ α アルファ
マルカブ
（馬のくら）（のりもの）

"秋の四角星"の一角（右下，南西）にあり，天馬の首のつけね，つまり肩に輝く．馬の首はマルカブから ξ, ζ, θ とのびて，はなづらの ε につながる．

< 　2.6等　　B9型 　>

✴ β ベータ
シェアト
（上はく，足のつけね）

上はくというのは，肩とひじの間をいうのだが，シェアト Scheat はペガススの前足のつけねに輝く．メンキブ（肩）という別名もあるが，馬は人間とちがって肩から腕がでていないのでピンとこない．

β をストレートに肩にみたてるのもおもしろい．さかさまに飛ぶ天馬が正常にもどるからだ．β を首のつけねにして，η—π^{1,2} が首，ι までを長い顔とし，α—ζ—θ と α—ε を2本の前足とみると，ハクチョウに向って突進する元気のいい天馬がみえてくる．

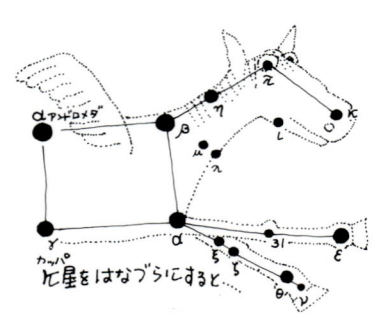

< 変光 2.1等～3.0等，M2型 >

α星をはなづらにすると

✴ γ ガンマ
アルゲニブ
（横腹）（つばさ）

天馬ペガススがつばさをひろげて秋の夜空に舞い上がると，どういうわけか，宙がえりをしてさかさまに飛んでいる．γ 星は，わき腹というよりつばさにみたてたい．

さかさま天馬も，南半球から眺めると正常になる．北半球優先の星座達の中では珍しい南半球派．きっと南半球の人々に歓迎されていることだろう．

< 　2.9等　　B2型 　>

ベレロフォンとペガソス
（ワルター・クレーン画）

* δ デルタ
アルフェラッツ
(馬のへそ)

実はこの星，今はペガスス座にはない．となりのアンドロメダ座に移籍して，アンドロメダ姫の頭になった．"馬のへそ"からアンドロメダ座の主星に，しかも"美人の頭"になったのだからたいへんな栄転である．

しかし，だからといって「へーそーですか」とひきさがれないのは，"馬のへそ"という固有名だ．ペガスス座にδ星がないことに気がつけばこの謎がとける．

昔，ペガススのδとアンドロメダのαを，同一の星が兼務していたのだが，近代天文学の合理主義は，一つの星が二つの星座に属するという優雅な共有制度をゆるしてくれなかった．

星座の境界線は，無情にもペガススのへそをきりとってしまった．境界線は経線と緯線に平行な直線で，なるべく昔の人々の残してくれた星座の形をそこなわないように…という原則にしたがうと，四辺形の一角だけをきりとるより，四角のすべてをペガスス座にするほうが，あきらかにすっきりした境界線になる．たった一つの星のためにわざわざめんどうな方法をとったのは，アンドロメダ姫の頭を救うためにほかならない．

コチコチ頭の天文学者も，美姫の首を切ることはできなかった．そこで「おまえ，へそぐらいなくてもがまんしろ」と…，以来天馬ペガススにはへそがない．

1930年に開催した，国際天文同盟の総会でのできごとである．古きよき時代であった．

おそらく，1970年代だったら，すべての星座が赤経・赤緯線に平行な4つの直線で，しかも15°とか20°といった区切りのいい線でかこまれた四辺形に統一されてしまったであろう．いや，ひょっとすると星座そのものがすべて天文学の世界から退役させられたかもしれない．天馬ペガススもへそを切られたくらいですんだことを感謝すべきだろう．

< 2.2等　B8型 >

* ε エプシロン
エニフ
(馬のはなづら)

その名のとおりペガススのはなづらに輝くが，エニフEnifのすぐ前に"こうま座"があって，はなづらをよせあう馬の親子といった形になる．

< 2.5等　K2型 >

*ζ ゼータ
ホマム (英雄の幸運)

　勇者の守護星というわけだが，天馬のたてがみのあたりで輝く．すぐとなりの ξ（クシ，光度4.3等）も同じ呼名をもつ．

＜　3.6等　　B8型　＞

*η エータ
マタル (雨の幸運)

　ζやθと共に，みずがめ座にある"なんとかの幸運"と名付けられたいくつかの幸運シリーズの一つだ．

　すぐとなりの o（オミクロン，光度4.8等）と共に，"幸せの雨"と呼ばれたのだが，四辺形からつきでた η 星は妙に目につく．

　ペガススの四辺形が東からのぼるとき，この η が先頭になって四辺形がつづく．四辺形はカメの甲ら，η はカメの首といったところだ．

　η と四辺形をつないだみかたが，いままで世界のどこにもなかったことが不思議でならない．

　ちかごろはやりの怪獣図鑑によると"ボスタング"という怪獣がもっともイメージが似ている．背たけ50メートル，重さ1万トン，マッハ2で空を飛ぶ宇宙エイだそうだ．

＜　3.1等　　G2型　＞

天亀がめ？　宇宙がメ？

ペガスス座

ヘベリウスの星座絵から

*θ ミータ
バハム
(家畜の幸運)

　天馬の頭にあって，すぐ近くの ν（ニュー，光度4.9等）と共に家畜，あるいは動物の守護星と呼ばれた．
　みずがめ座の三つ矢のマークは，このバハム Baham のすぐ下（南）にある．

<　　3.7等　　A2型　　>

*λ ラムダ
サダルレバリ
(秀れたものの幸運)

　天馬の前足のひざあたりに輝く．すぐとなりの μ（ミュー，光度3.7等）もおそらく同じ名前で呼ばれたのだろう．
　優秀な人，知識人の守護星というわけだが，サダルナジ（ラクダの幸運）という別名もある．
　それにしても，ペガスス座からみずがめ座にかけて，"幸せ"と名付けられた星のなんと多いことか，苦しいことや悲しいことがあったら，幸運の星を一つずつ確めながらたどってみよう．
　いつのまにかあなたの心が，ふっくらとあたたまるにちがいない．

<　　4.1等　　G6型　　>

*τ タウ
サダルナイム
(井戸の横木)

　四辺形の中で一番目につくのが，このτとυ（ウプシロン）の二星だ．四辺形を井戸にみたてたらしい．

　アルカラブ（袋のひも）とか，サラム（皮袋）という別名もある．おそらく飲料水を入れるのにつかった水筒のことだろう．

<　τ　4.6等　　A5型　　>
<　υ　4.6等　　F6型　　>

こうま座の星と名前

*α アルファ
キタルファ
(馬の一部？)

　さて，この馬の部分は，小ウマのどの部分になるのだろうか．
　小ウマの顔を，天馬ペガススと同じように上下さかさにして，ペガススに向けると"馬ののど"になり，まわれ右をさせているか座に向けると"馬の目"になる．そして，上下をさかさまにしなければ"馬の鼻づら"か"馬の下あご"になるのだが…あなたにはキタルファ Kitalpha が小馬のどの部分で輝いているようにみえるだろうか？

<　4.1等　　F6型-A3型　　>

ペガスス座の伝説

●恋にくるったステネボイア

ポセイドンと，メガラ王の娘エウリュノメ Eurynome との間に生まれたベレロフォン Belerophon は，あやまって兄を殺したので，リュキアの王プロイトスのところへ逃げて，かくまってもらった．

ところが，プロイトスの后ステネボイア Stheneboia は，男らしくすてきなベレロフォンに恋をしてしまった．

彼女はその恋心を，おもいきってベレロフォンにうちあけるのだが，彼はそれを受けいれなかった．

恋に狂ったステネボイアは，逆にベレロフォンが自分を襲ったと，夫のプロイトス王にいいつけ，彼を殺すよう進言した．

王は，自分の客を殺すことはできないといって，ステネボイアの父イオバテスにそのことをたのむことにした．そして，ベレロフォンを殺すことを依頼した手紙を，なんと本人のベレロフォンにもたせて届けさせたのだ．

王イオバテスは，ベレロフォンに怪獣キマイラ Chimaira を退治するよう命じた．

キマイラは，山羊のからだに，ライオンの頭と，蛇のしっぽをもち，口から火焔を吐くという，恐しい怪獣である．このキマイラに，ベレロフォンを殺させようというのが，王の計画だった．

しかし，ベレロフォンには，強い味方がいた．それはペイレネの泉で水を飲むところを捕えた天馬ペガソスである．

彼は天馬の助けをかりて，キマイラをうちとってしまった．

一方，ステネボイアは，自分の犯した罪からのがれようと，海に身を投げて自殺した．

*

ペガソスは，神話の中ではあくまで主役ではなく，脇役であり，小道具にすぎない．したがって，ペガソスが活躍する場は，どうしてもこまぎれになってしまう．

ペガソスの主な仕事は，天の大神ゼウスのいかずち(雷)を運ぶことであった．

ベレロフォンは，のちにペガソスにまたがって天に登ろうとするが，そのおもいあがりに腹をたてたゼウスは，ペガソスに命じて，彼を海にふりおとさせてしまったともいう．

怪獣キマイラ

ライオン ヤギ ヘビ

●ペガソスと馬の泉

ピエロス Pieros の娘たちと，ムーサ Musa（文芸，音楽，ダンス，哲学，天文などと，あらゆる知的活動をつかさどる九人の女神たちのこと，Music とか Museum の語源と考えられる）が，歌を競ったとき，ヘリコン山 Helikon（高さ1750 m）があまりの楽しさにふくれあがり，とうとう天に届いてしまった．

これ以上ふくれると天がこわれてしまう．そこで，ゼウスはペガソスに山をひっこめるよう命じた．ペガソスが，山の頂上を前足の蹄で打ちつけると，山はしだいに低くなってもとの大きさにもどった．蹄に打たれてできた割れ目から，水が涌きでて泉（馬の泉）ができたという．

*

古代ギリシャ人は，ペガソスと水源をむすびつけている．

伝説のペガソスが，怪物メドッサの血が滴った岩のわれめから，涌きでるように生まれたことに起因するといわれる．

おもしろいことに，ペガスス座のちかくに，水に関係のある星座があつまっている．

頭の下（南）の"みずがめ座"の水は，きっと"馬の泉"から汲んだのだろう．

みずがめからこぼれた水をうけるのは"みなみのうお座"で，左下の"うお座"は馬の泉で泳ぐ二匹の魚にみえる．

西の"やぎ座"は下半身が魚になっているし，東には"くじら座"がいる．

ここに水に関する星座があつまったのは，ここを通る太陽の位置と，雨季の洪水に関係があるにちがいないのだが，さてそれと天馬とをどう結びつけたものか？

●天馬ペガソスの出生の秘密

ペガソスが生まれたのは，勇士ペルセウス Perseus が，怪物メドッサ Medusa の首をはねたときのことだ．

ほとばしりでた血が，近くの大き

な岩にかかり，その割れ目にしみこんだ．と突然，岩の間から湧きでるように一頭の馬がとびだした．

銀色に輝く翼をもつ白馬である．

眼光は鋭く，怒ると口から火を噴くという，逞しい体と荒々しい気性をもつ天馬で，ペガソス Pegasos（星座名はラテン読みなのでペガスス Pegasus）と呼ばれた．

ペガソスの母メドゥサは，ゴルゴン Gorgon と呼ばれる三人姉妹の一人だが，頭髪は生きた100匹の蛇，歯は鋭くとがり，黄金の翼をもつ．

もっとも恐ろしいのは，彼女の目を見たものをすべて石にしてしまう魔力をもっていたことだ．

人はおろか，神々までも彼女を怖がって近づこうとしなかったが，ひとり，海と泉の支配者ポセイドンだけはメドゥサを愛した．

したがって，ペガソスはポセイドン Poseidon とメドゥサの子ということになる．

ペガソスが水源と関係づけられるのは，海と泉の神ポセイドンの血をひくせいだろう．

ポセイドンは，天の神ゼウスの弟で，海や泉や大地，そして大地をゆさぶる地震をつかさどる神となったが，なぜか馬の神としても知られている．

敵に追われて，身の危険を感じたとき，馬に姿をかえて難をのがれたとか，人目を忍ぶ恋をしたとき，馬になってデートをかさねたとか，馬とポセイドンを関連づける話がいくつかある．

海の神ネプチューン（ギリシャ神話のポセイドン）

四角星いろいろ

※秋の星空の メインストリート

秋の四辺形は，まわりの星空巡りの道しるべとして役に立つ．

① 西辺を $\alpha \to \beta \to$ とのばすと，その先に北極星がある．

② 東辺を $\gamma \to \alpha$ (アンドロメダ) → とのばすと，30°先にカシオペヤ座の β があり，更に30°先に，なんと北極星がある．南辺より北辺のほうがせまいので，東辺，西辺共に北にのばすと，ほぼ北極星付近でまじわるのだ．

③ 西辺を $\beta \to \alpha \to$ と南下すると，みなみのうお座の主星フォマルハウトがある．

④ 東辺を南下すると，途中で春分点(赤経 0^h 赤緯 $0°$)を通って，くじら座のしっぽ (β) デネブカイトスにとどく．

⑤ 東辺はほぼ本初子午線（赤経 0^h の線）と一致するので，東辺が南中したら，その土地の地方恒星時は0時ということだ．

⑥ 南(下)辺を $\gamma \to \alpha$ の 2倍だけのばすと，いるか座の菱形がある．

⑦ 四辺形に柄をつけて"ひしゃくぼし"にすると，柄のつけねからアンドロメダ座の $\alpha, \delta, \beta, \gamma$ がつづき，そして，その先にある輝星がペルセウス座の主星 α．

⑧ 南辺 $\alpha \to \gamma$ をほぼ同じくらい左（東）にのばすと，うお座の η 星がみつかる．

こんなふうに，星図をひろげていろいろコースを考えてみるのはどうだろう．人の知らない自分だけの散歩コースや穴場を発見するのもけっこう楽しい．星を楽しむ法も，いろいろあっていいとおもうのだがいかが？

※半身不明の 天馬ペガスス

ペガススの前半分だけが星になって，うしろ半分がないのはなぜだろう？ 子どもたちにはこんな素朴な疑問がある．

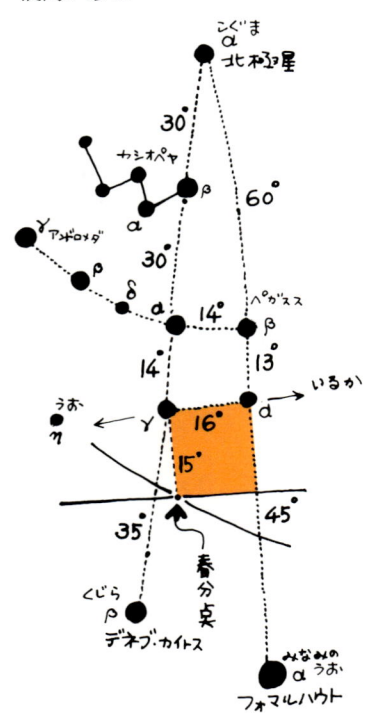

四角星いろいろ

1. 神様がペガススを星にしようとおもったとき、たまたまうしろ半分が雲にかくれていたからだ。
2. ベレロフォンをのせて、怪獣キマイラと戦ったとき、うっかり下半身をガブリとたべられてしまった。
3. ペガススは自分がいかに速く空を飛べるかが自慢であった。それを聞いた光が、ある日ペガススに速さ比べをしようと挑戦した。

むろんペガススは光に勝つことはできなかった。うしろ半分が消えたのは、あまりのスピードにうしろ半分がついてこられなかったからだ。

もちろん、これらは真説ではなくて、いずれも珍説。

あまりの速さに、進行方向に対して短縮してみえるのだ、と解釈すると、相対性理論とうまく一致して、これまたおもしろい。

さて、その真相は？

ペガスス座をうしろ半分までつくると、あまりに大きく場所をとりすぎるので、半分でやめて別の星座をつくった、といったところではないだろうか？

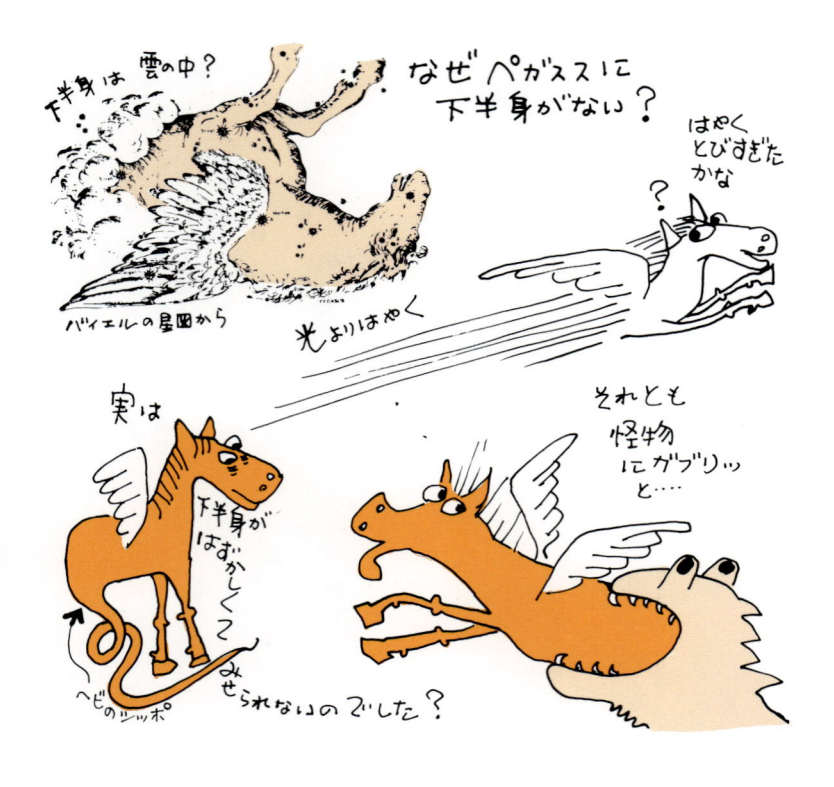

なぜペガススに下半身がない？

下半身は雲の中？

バイエルの星図から

はやくとびすぎたかな

光よりはやく

実は下半身がはずかしくてみせられないのでした？

ヘビのシッポ

それとも怪物にガブリッと……

★★★★ 四角星いろいろ ★★★★

✱四角星の呼名いろいろ

ペガスス座の四辺形は、人の目をひきやすいので、いくつかの呼名がある.

日本では"よつまぼし（四隅星）""しぼし（四星）""ますがたぼし（桝形星）"がある.

"ますがたぼし"からのびたアンドロメダ座の $\alpha-\delta-\beta-\gamma$ は、"とかきぼし（斗掻き星）"と呼ばれたらしいが、マスに入れた米をならすのに、この大きな斗掻き棒をつかったわけだ.

中国では右（西）辺を"室宿（しつしゅく）"、左（東）辺を"壁宿（へきしゅく）"と名付け、室宿付近の τ, υ や μ, λ, o, η, などを"離宮"と呼んでいる. ここを大邸宅にみたてたのだろう.

アラビアにも中国同様に28宿があった. アラビア28宿では、右辺と左辺がそれぞれ"空虚の先""空虚の後"となっている. 四辺形を大きな"がらんどう"にみたてたのだ.

この大きな空虚を"大空の天窓"といった人がいる. 天頂ちかくにのぼる秋の四辺形にふさわしい呼名だと大へん気にいっている.

四辺形にアンドロメダ座の斗掻き星をくっつけると、大きなニセ北斗七星ができあがる. 本物の北斗が北極星のま下にきて姿をかくすころ、天高くニセ物がのぼるわけだ. とてつもなく大きなこのヒシャクで、い

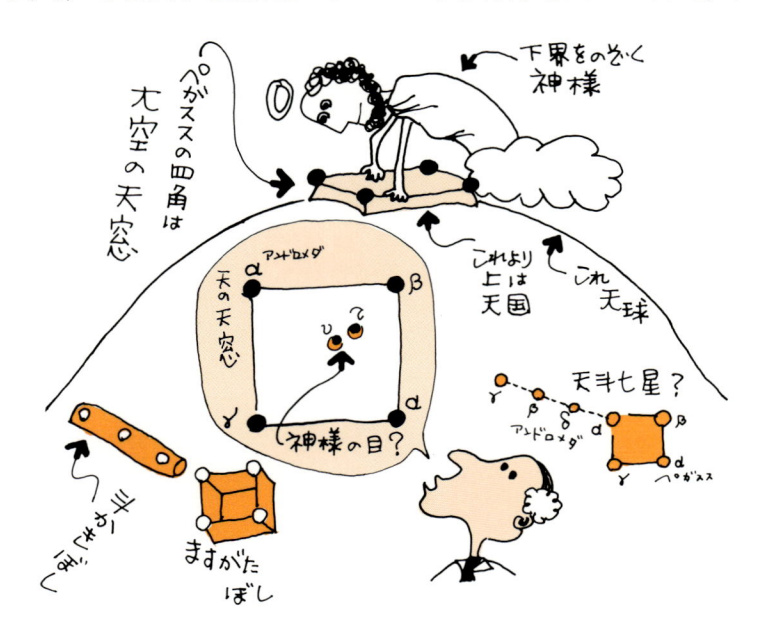

☆☆☆ ★四角星いろいろ★ ☆☆☆

ったい何を汲もうというのだろう？

北天の北斗七星に対して，天頂の七つ星は"天斗七星"と呼ぶことにしよう．

★死角の中の星

ペガススの四角形の中に，あなたの目でいくつ星がかぞえられるだろうか？

大きな四角だが，おもったより少なく，2個かぞえられたらまずまずで，5〜6個かぞえられれば上等．

どうにか5等星と呼べる5〜6個をのぞくと，あとは6等星以下の微光星ばかりだから，肉眼でかぞえるのはかなりむずかしい．

昔，ギリシャのアテネで，なんと102個数えたという話がある．昔のギリシャ人はメッポウいい目をしていたのか，それとも大ウソツキだったのか？　とおもったら，なんと，日本で108個数えた人がいた．

みえる人にはみえるものらしい．

自信のある人は肉眼で，ない人は双眼鏡で，挑戦してみてはいかが？

ペガススの死角の中にいくつかぞえられるかな？

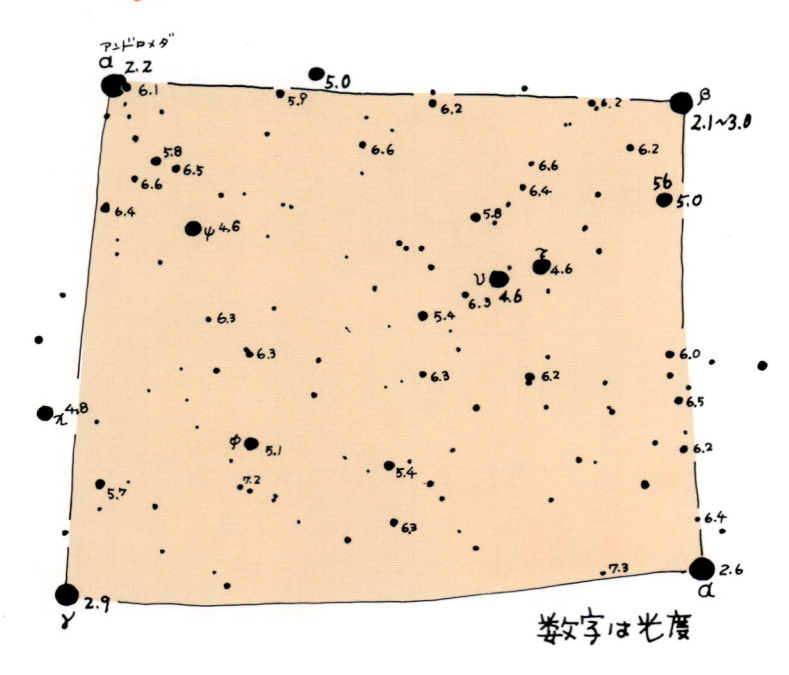

数字は光度

★★★★ 四角星いろいろ ★★★★

星図を片手に、みえた星をチェックしてみよう。

✳ ゆがんだ正方形？

一見正方形の"ペガススの四辺形"だが、実はちがう。

みかけの星と星の間隔は角度であらわすが、四辺形の各辺は、西辺が13°、東辺と北辺が14°、そして南辺が16°と、ほんのすこしだけゆがんでいる。

南辺と北辺の 2°のちがいのせいで、東辺と西辺を北へのばした線が、1点で交わってしまう。そして、なんとそこに北極星がある。大自然のイタズラにしては、すこしできすぎの感じだが…。

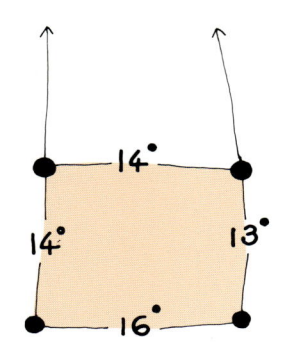

北極星へ

14° 14° 13° 16°

すこし ゆがんだ
ペガススの 四辺形

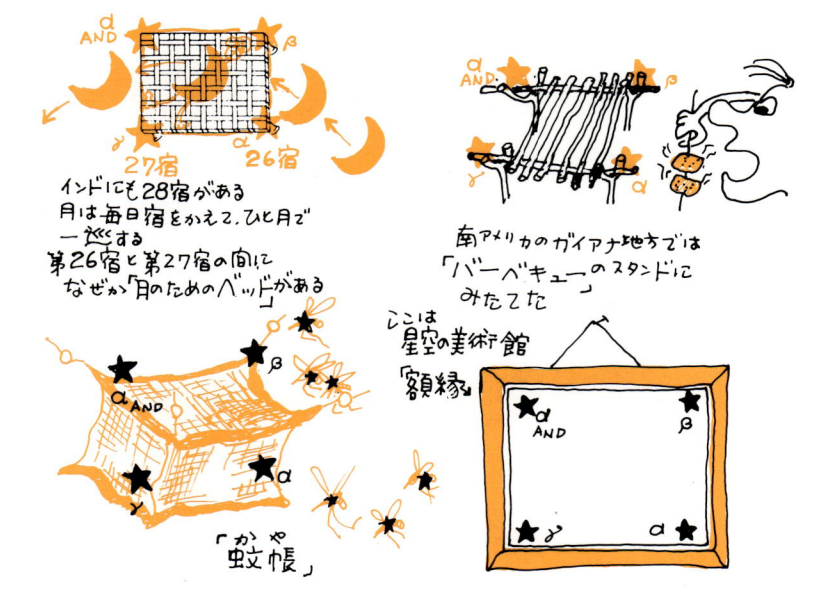

27宿 26宿

インドにも28宿がある
月は毎日宿をかえて、ひと月で一巡する
第26宿と第27宿の間になぜか「月のためのベッド」がある

南アメリカのガイアナ地方では
「バーベキューのスタンド」に
みたてた

ここは
星空の美術館
「額縁」

「蚊帳」

ペガスス座の見どころガイド

天馬のはな息か？ M15

はなづらのε星のすぐ先に M15 というかわいい球状星団がある．

すこし冷たさが感じられる晩秋の空で，天馬のはないきが白くみえたようでもある．"秋のプレセペ（かいばおけ）星団"と名付けてもおもしろいとおもうのだが….

θからεにむかってまっすぐ，約4°先へすすむと6等星がある．M15はその約1/3°西に並んでいる．

双眼鏡でなら，カチッとした6等星と，ボンヤリしたM15の光点との差がはっきり認められるだろう．

< M15, 球状星団, 6.0等, 視直径12′
距離49500光年 >

望遠鏡でみたペガススのはないき (M15)

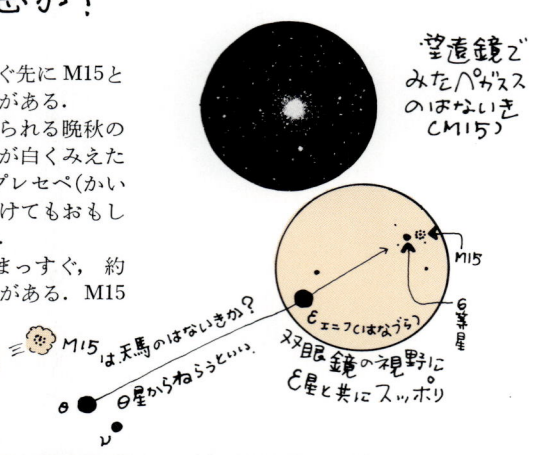

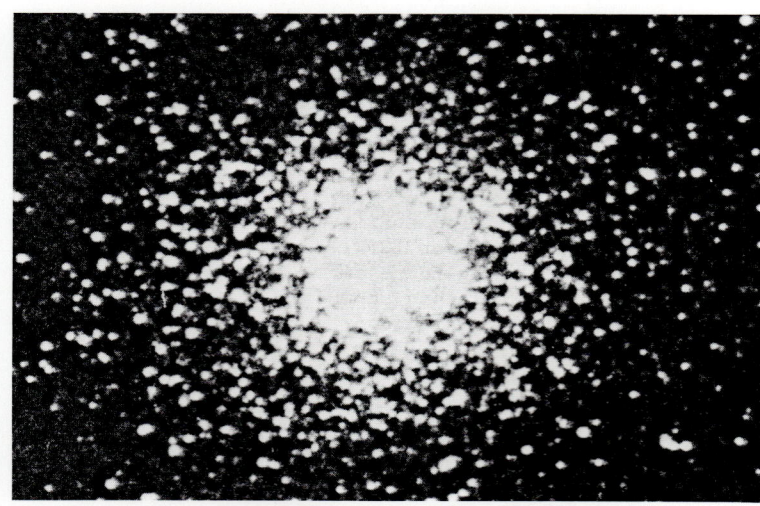

M15は天馬のはないきか？
θ−ε星からねらうといい．

ε＝つら（はなづら）

双眼鏡の視野にε星と共にスッポリ

6等星

M15 (Burnham's Celestial Handbook)

● 星座絵のある星図 ●

みごとな銅版画
ヘベリウスの星図

　ヘベリウス Johannes Hevelius (1611—1687) はグダニスク（ダンチヒ）生まれの天文学者で，ポーランド王ヤン三世のもとで観測をつづけた．彼の私設天文台は当時ヨーロッパでもっとも立派な設備をととのえていたらしい．

　1690年，彼の死後に発行された著作「ソビエスキーの天空 Firmamentum Sobiescianum Sive Uranographia」の星図にえがかれた星座絵はみごとな銅版画で，いまでもそのファンは多い．

　ヘベリウスはこの星図で10星座を新設したが，現在はその内3星座が姿を消した（やまねこ座，ろくぶんぎ座，りょうけん座，こじし座，たて座，こぎつね座，とかげ座の7星座が生き残り，ケルベルス座，しょうさんかく座，マエナルスさん座の3星座がなくなった）．

　ヘベリウスの新設星座は，大星座にはさまれた空白をうめるためのもので，いずれも輝星がなく目だたない．

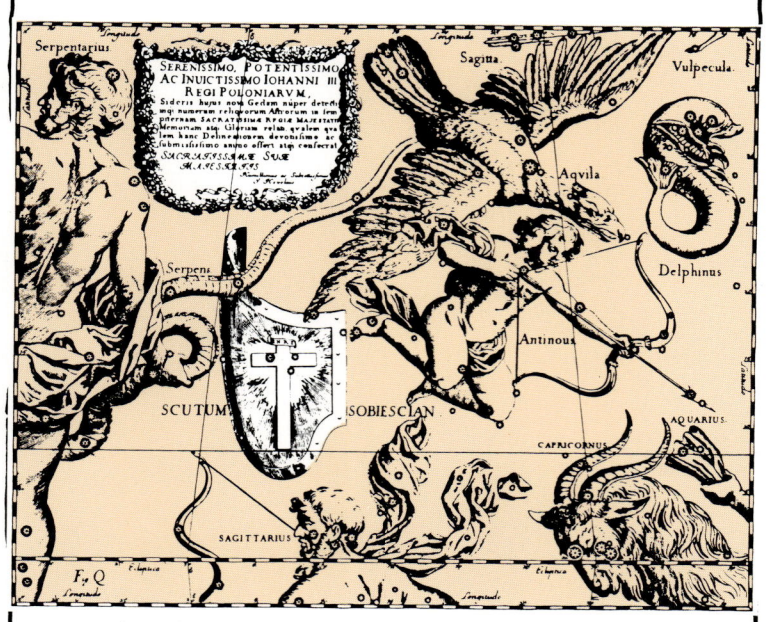

天球を外側からみたように裏がえしにえがかれたヘベリウス星図

6 うお座（日本名）
PISCES（学名）
ピスケス

うお座の みりょく

2匹の魚がたがいのシッポを紐で結んでいる。

ペガススの四辺形の下（南）と左（東）の微光星をつないだサークルが，それぞれ2匹の魚にあたる。下のサークルは卵形に結べるが，左のサークルはむずかしい。くねくねと曲った棒になるか，しぼんだ風船みたいによれよれになる。これじゃ2匹の魚といっても金魚とドジョウといった組合せになってしまう。

伝説のうお座は，美の女神アフロディテ（ビーナス）と，その子，愛の神エロス（キューピッド）が魚になったという。エロスの金魚はいいとして，アフロディテのドジョウはちょっとばかり気の毒だ。

アンドロメダ座の $\beta-\pi-\delta-\zeta-\eta$ をかりて大きなサークルをつくり，この大魚から美の女神アフロディテのゆたかな肉体をおもうことにしよう。

風船？
ドジョウとキンギョ

★あなたにとって
「うお座」は
なに？

ナメクジ
カタツムリ

美の女神
アフロディーテ
（ビーナス）

アンドロメダ座の星をすこしかりると
もうすこしいい形の魚が
できるのだが……

北の魚

PISCES
うお
the Fishes

サクランボ

西の魚

残念だが暗すぎ……

アルリスカ（ひも）

母が子どもをはぐれさせないように
たがいのからだを
むすびつけた愛情のひも

春分の太陽はここで輝く
（春分点）

★伝説のうお座は
ビーナスとキューピッドが
怪物からのがれるために
魚になった、という。

愛の神エロス
（キューピッド）

🌏 星占いでは
うお座生まれの人は
心やさしく神秘的芸術的なものに
ひかれる。二面的な性格をもち
神の心と悪魔の欲望をあわせもち感情の
落差は大きい。
芸術家・俳優・デザイナー・貿易業
水商売にむくとか……

うお座の星々

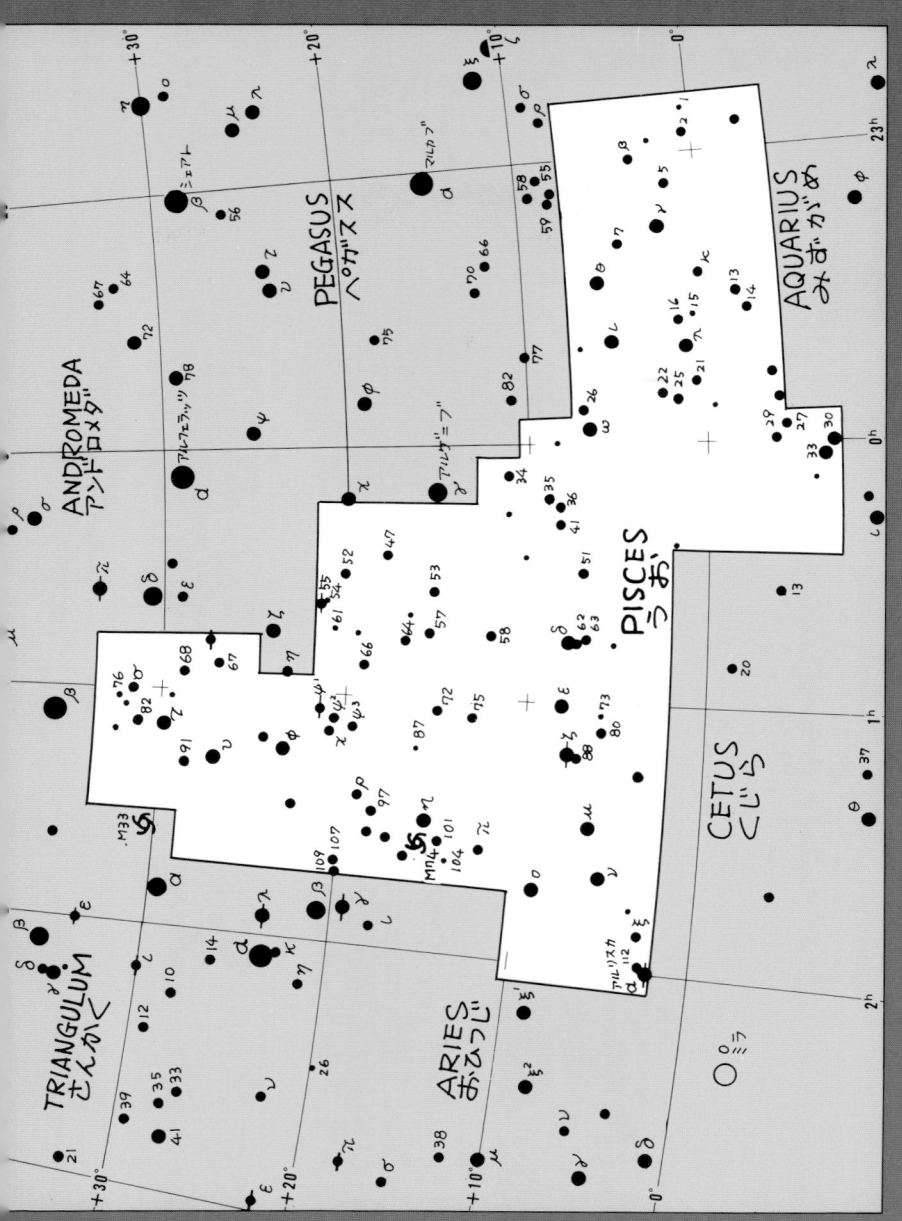

うお座の星図

うお座の みつけかた

どこに魚がひそんでいるのか，なにしろ，主星 α が 3.9 等星で，最輝星の η 星も 3.7 等だ．上等な目と上等な空のたすけがなければとうていみつからない．

魚はペガスス座の四辺形のふちに1匹ずつかくれているが，下(南)側の魚のほうがまとまりがよく見つけやすいはず．

一匹見つけたらくねくねと続くひもをたぐればもう一匹にたどりつく．

星図と首っぴきで，双眼鏡片手にひとつずつたどるのも，けっこう楽しいものだ．

「ウム，これが α か，とするとこれが ο だろう．じゃこの先に並んでいるのが η だな？」というように…．

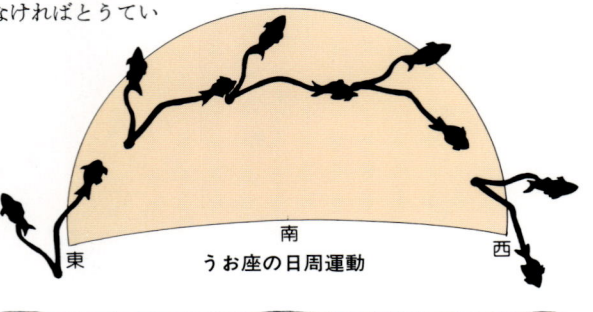

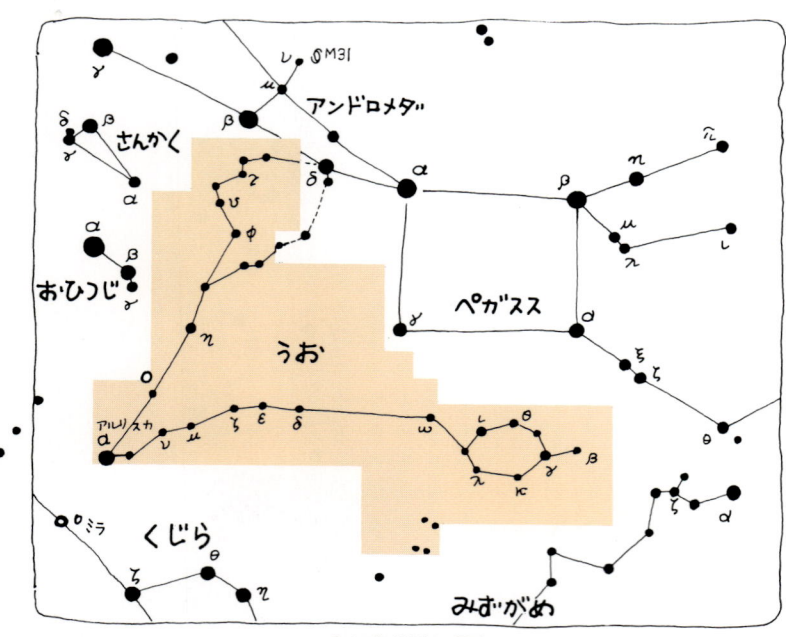

うお座の日周運動

うお座付近の星座

うお座を見るには(表対照)

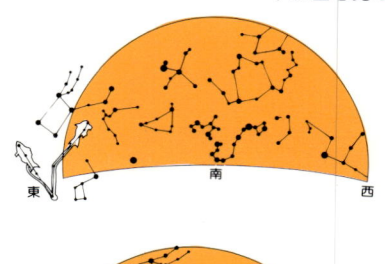

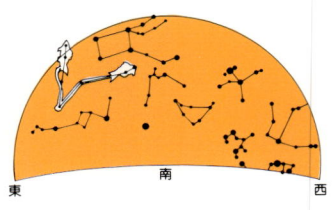

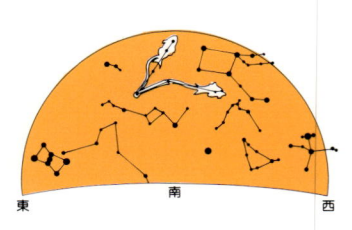

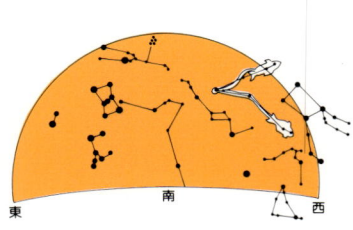

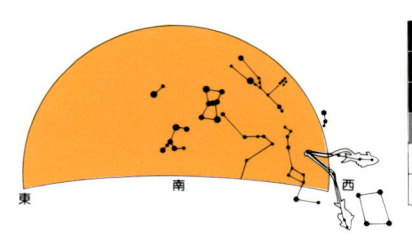

1月1日ごろ	12時	7月1日ごろ	0時
2月1日ごろ	10時	8月1日ごろ	22時
3月1日ごろ	8時	9月1日ごろ	20時
4月1日ごろ	6時	10月1日ごろ	18時
5月1日ごろ	4時	11月1日ごろ	16時
6月1日ごろ	2時	12月1日ごろ	14時

■は夜, ▨は薄明, □は昼.

1月1日ごろ	15時	7月1日ごろ	3時
2月1日ごろ	13時	8月1日ごろ	1時
3月1日ごろ	11時	9月1日ごろ	23時
4月1日ごろ	9時	10月1日ごろ	21時
5月1日ごろ	7時	11月1日ごろ	19時
6月1日ごろ	5時	12月1日ごろ	17時

1月1日ごろ	18時	7月1日ごろ	6時
2月1日ごろ	16時	8月1日ごろ	4時
3月1日ごろ	14時	9月1日ごろ	2時
4月1日ごろ	12時	10月1日ごろ	0時
5月1日ごろ	10時	11月1日ごろ	22時
6月1日ごろ	8時	12月1日ごろ	20時

1月1日ごろ	21時	7月1日ごろ	9時
2月1日ごろ	19時	8月1日ごろ	7時
3月1日ごろ	17時	9月1日ごろ	5時
4月1日ごろ	15時	10月1日ごろ	3時
5月1日ごろ	13時	11月1日ごろ	1時
6月1日ごろ	11時	12月1日ごろ	23時

1月1日ごろ	0時	7月1日ごろ	12時
2月1日ごろ	22時	8月1日ごろ	10時
3月1日ごろ	20時	9月1日ごろ	8時
4月1日ごろ	18時	10月1日ごろ	6時
5月1日ごろ	16時	11月1日ごろ	4時
6月1日ごろ	14時	12月1日ごろ	2時

東経137°, 北緯35°

うお座の歴史

古代バビロニアの頃からあった古い星座だが、当時は"人魚"と"ツバメ魚？（下半身が魚になったツバメ）"がひもでつながれていたらしい.

ギリシャ時代には、"北の魚と西の魚"をひもで結んだ双魚になった。これに"南の魚（みなみのうお座）"を加えると、"東の魚"だけがどこかへ行方不明ということになる.

星図をひろげて「東の魚やーい」とさがしてみると、くじら座のあたま（くじら座の $\alpha—\gamma—\nu—\xi^2—\mu—\lambda$）をつくるサークルが"東の魚"ではなかったかという気がする。そうすると、うお座の主星 α（アルファ）を中心に東西南北4匹の魚がうまく配置されることになる.

うお座は黄道12星座の第12番目にあってシンガリをつとめたのだが、地球の首振り（歳差）は、なんとこのうお座をトップの座にすえてしまっ

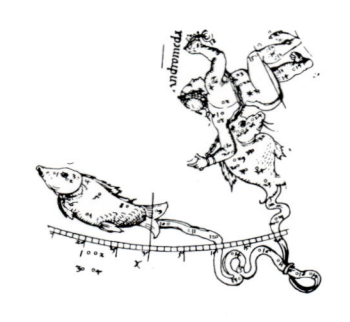

デューラー星図の「うお座」

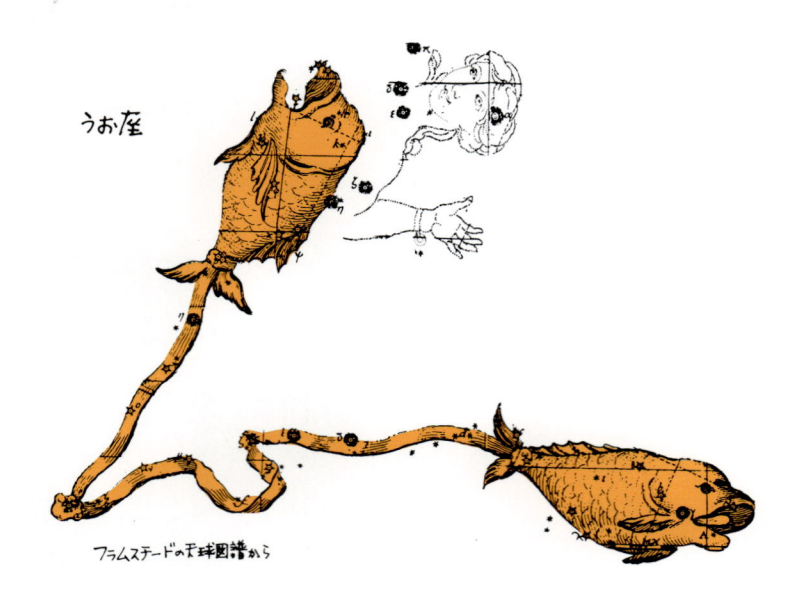

うお座

フラムステードの天球図譜から

B.C.3000
古代バビロニア時代には
ツバメ魚?と人魚がひもで
むすばれていたらしい

魚の神の后

た．2000年ほど昔，春分点はとなりのおひつじ座にあったのだが，現在春分点は西の魚のしっぽ(ω オメガ)のすぐ下（南）にある．といってももちろん見えるわけではない．

太陽はこの春分点から一年間の星空の旅にでる．天文学的な時も暦も，現在はすべてこのうお座からスタートする．

春分点は黄道上を毎年50″（角度）ずつ移動して，26世紀には，みずがめ座に移ってしまう．

化粧するビーナス（Venus）

中国の空 うお座

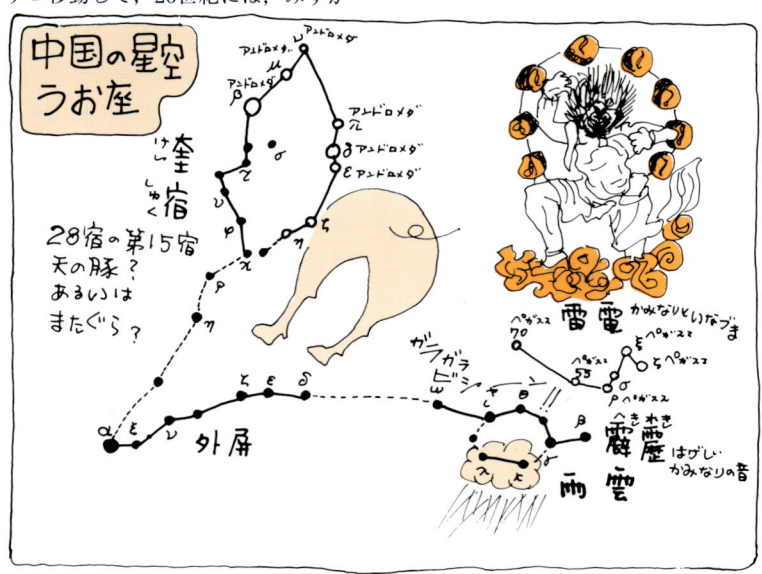

奎宿
28宿の第15宿
天の豚？
あるいは
またぐら？

外屏

ガラガラ
ピシャーン!!

雷電 かみなりといなづま

霹靂 はげしいかみなりの音

雨

うお座の星と名前

✻ α アルファ
アルリスカ
(ひも)

2匹の魚のしっぽをそれぞれひもで結び，その2本のひもの結び目にこのα星がある．αを基点に右(西)と上(北)にのびるひもは，肉眼でたどるのはかなりほねがおれる．視力に自信がある人はぜひこの愛のひもに挑戦してみてほしい．
<　　3.9等　　A2型　>

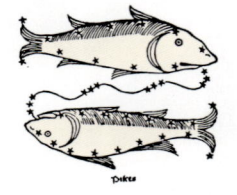

✻ β ベータ
フマル・サマカ
(魚の口)

ペガスス座の四辺形の右(西)辺 β→α→を下にのばすと，魚の口フマル・サマカ Fumal Samakah につきあたり，さらにのばすと，みなみのうお座の口(フォマルハウト)につきあたる．

"西の魚"のサークルからつきでた魚の口(β)は，みずがめ座の水流にむかっている．
<　　4.6等　　B5型　>

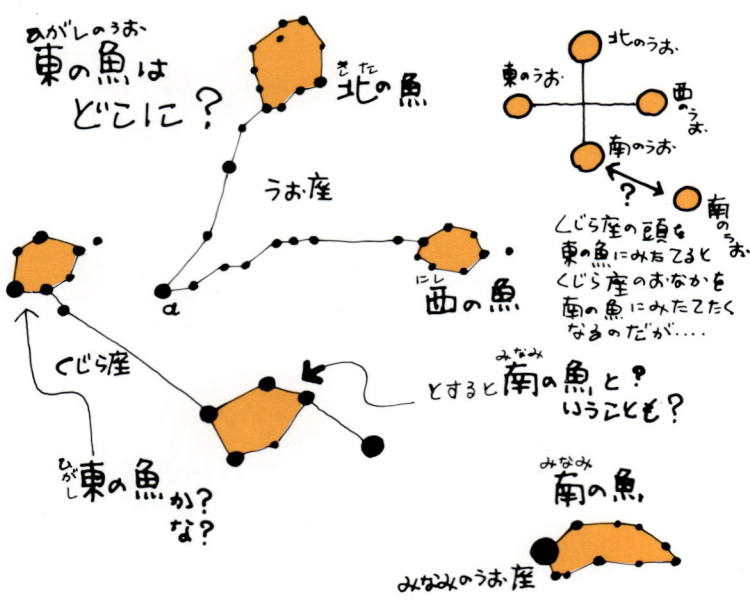

東の魚はどこに？

北の魚

うお座

西の魚

α

くじら座

東の魚かな？

北のうお　東のうお　西のうお　南のうお

くじら座の頭を東の魚にみたてると
くじら座のおなかを南の魚にみたてくなるのだが…

とすると南の魚と？いうことも？

南の魚
みなみのうお座

✳Circlet
サークリット
(小円)

γを基点に θ→ι→λ→κ→γ と結んでできる小円は"西の魚"をあらわしている.

サークリットから突きでた β 星から想像できる魚は, 口を突きだした"テッポウウオ"といったところだ. 天馬ペガススにむらがるアブに, 水を吹きつけてつかまえようというのだろう.

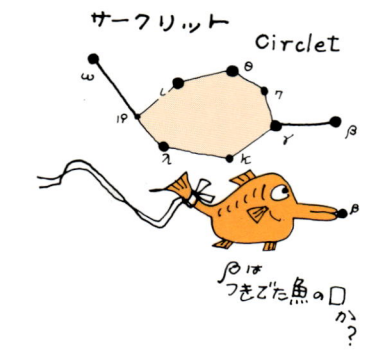

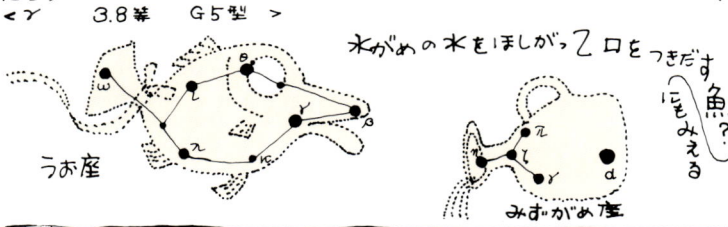

< γ　3.8等　G5型 >

サークリット Circlet

βはつきでた魚の口か？

水がめの水をほしがって口をつきだす魚？にもみえる

うお座

みずがめ座

アンドロメダと重なったうお座(も)……アラビア星図

うお座の伝説

● 魚になったビーナス親子

　ギリシャの神々がにが手としたテュフォン Typhon という怪物がいた．大きな肩に竜の頭が100個もくっついている奇妙な怪物だ．

　美の女神アフロディテ Aphrodite（英名ビーナス，ローマ神話のウェヌス）と，その子,愛の神エロスEros（英名キューピッド，ローマ神話のクピド）が川べりを散歩中，テュフォンに出合った．恐しい姿に驚いた二人はあわてて川にとびこんで魚になった．　　　　　　　（ギリシャ）

*

　二匹を結びつける紐は，母親がわが子とはぐれないために，おたがいのしっぽをむすんだものだ．親子の愛情を表現したこのひもは，もともとどんな意味をもっていたのだろうか？

　星占いでは，魚座生まれの人は二面的な性格をそなえていて，清浄と汚濁，神聖と肉欲（ロゴスとエロス）というように精神と肉体，神の心と悪魔の欲望を同時にもっているという．もっともそれは魚座生まれの人にかぎらないのだが，二匹の魚からの発想だろう．

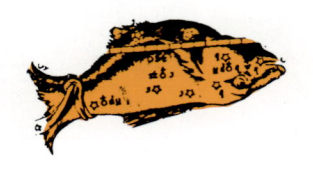

うお座の見どころガイド

＊M74に挑戦しますか

　たいへん見にくい天体に挑戦してみよう。武器は三脚に固定した双眼鏡。肉眼ではとても歯がたたない。

　M74はうお座で唯一のM（エム，メシエ）天体だが，非常に暗くて昔は球状星団では？と思われたこともある。ところが実は，銀河系外の立派な渦状星雲であった。

　η星と105番星をみつけたら，その二星の間をさがすといい。

　ηから東へ1.5°，北へ0.5°のところに，ごくささやかな淡い光のしみがみつかったら"ご立派，あなたの視力は一流"ということになる。この場合の視力は，"双眼鏡による観測能力"というべきで，普通の視力とはちがう。

　どうしても見つからなかったら，もっとやさしく見える天体をいくつかたどってから，再び挑戦してみるといい。そのうちきっと見つかるにちがいない。しらない間にあなたの観測能力が向上するからだ。

　この能力は，火星の表面の淡いもようを認めたり，木星の表面の微妙な変化をみのがさない能力と同種のものだ。

＜M74，系外星雲，10.2等，視直径8'×8'，距離2600万光年＞

M74

PISCES うお

なかなかでごわい

コルデンブッシュの星座絵から

M74

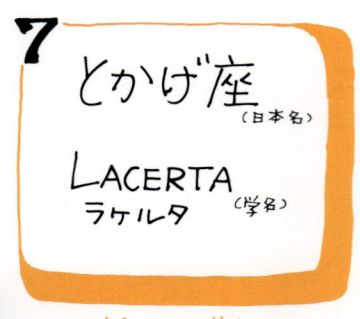

7 とかげ座 (日本名)
LACERTA (学名)
ラケルタ

とかげ座のみりょく

「とかげ座なんてあったかな？」という人と、「とかげ座って南方の星座でしょ」という人がほとんどだろう．

実は、天馬ペガススの前足のひづめの下に、小さなトカゲがかくれている．

夏の天の川の東岸で、4～5等星がにぎわっているあたり、つづら折れに並んだ星列があるのだが、暗くてはっきりしない．

馬のひづめに踏みつぶされて、日ぼしになったトカゲ、といったふうにもうけとれるし、ひづめの音に気がついて、そそくさと川岸の草むらにかくれたトカゲのようでもある．

いずれにしても、南方の大トカゲが想像できる星座ではない．

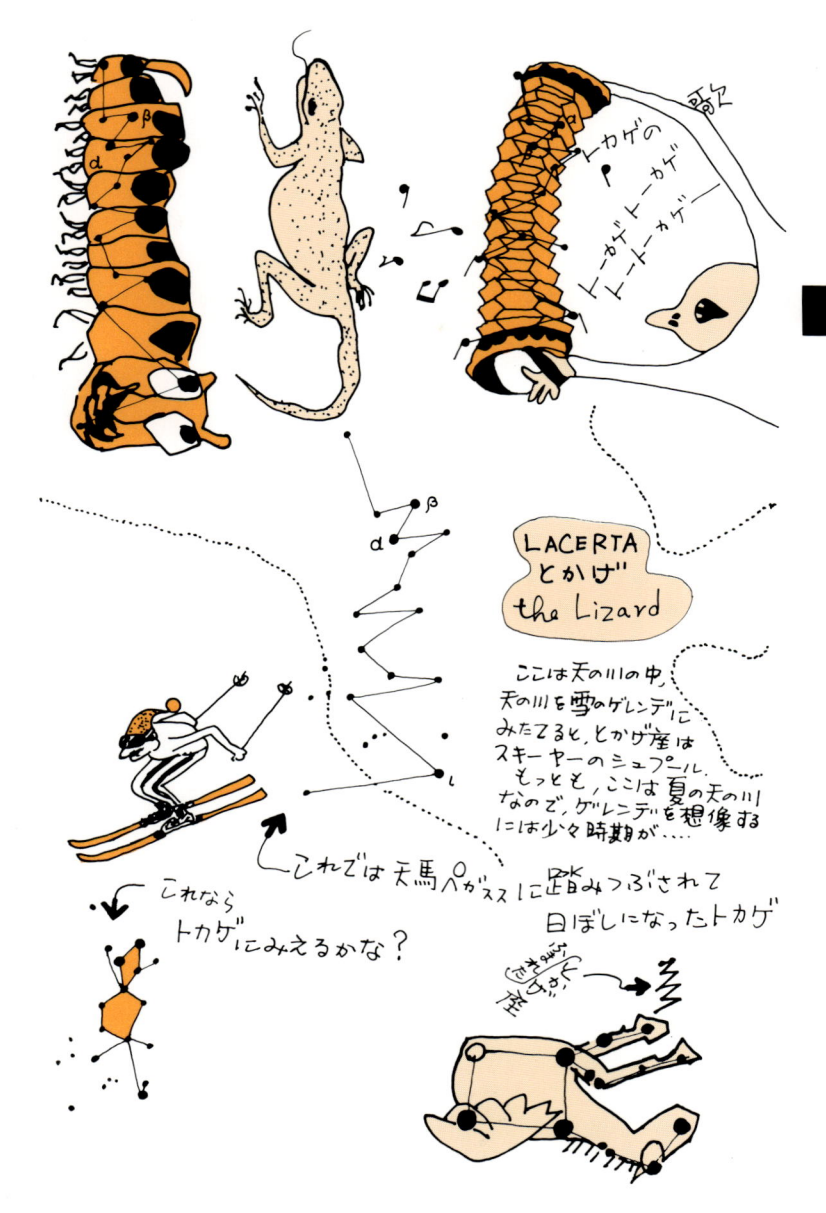

LACERTA
とかげ
the Lizard

ここは天の川の中。
天の川を雪のゲレンデに
みたてると、とかげ座は
スキーヤーのシュプール。
もっとも、ここは夏の天の川
なので、ゲレンデを想像する
には少々時期が……

トカゲのトカゲ
トーカゲトーカゲ
トーカゲートカゲ

↑これでは天馬ペガススに踏みつぶされて
　　　　　　　　　日ぼしになったトカゲ

←これなら
トカゲにみえるかな？

とかげ座の星々

とかげ座の星図

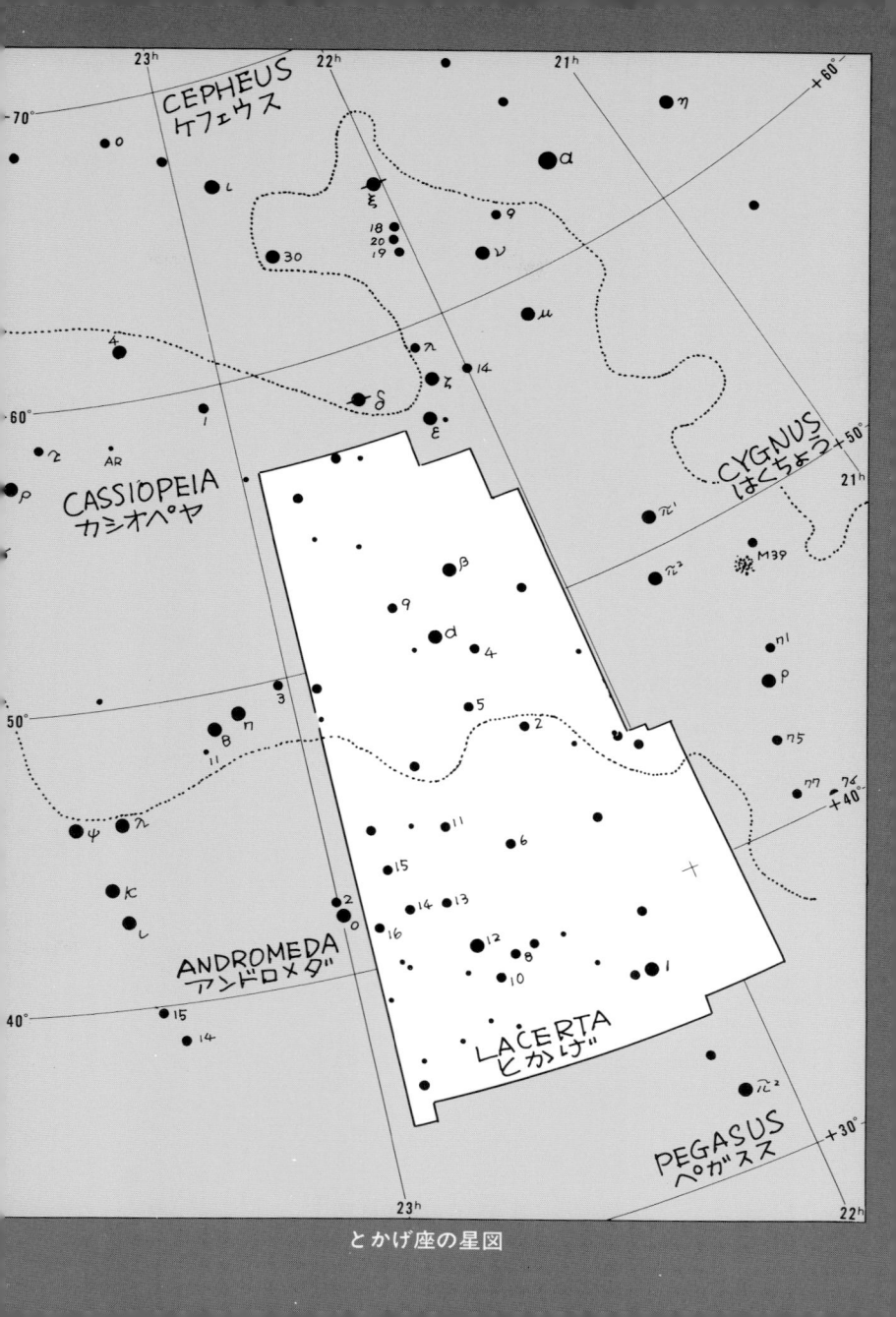

とかげ座の みつけかた

なにしろ主星のαですら4等星というかすかな星座だから、星を結んでトカゲの姿をみようなんて、だいそれたことを考えるべきではないのかもしれない.

それでもぜひにという人は、ペガススの足と、ハクチョウのしっぽを手がかりに双眼鏡をむけてみよう.

ここは天の川の一部だから、微光星でけっこうにぎわっている. $β—α—4—5—2—6—1$ とたどってできるWとVをつないだつづら折れの星列にトカゲの姿をオーバーラップさせるのだ. 肉眼でも、暗夜に目をこらすと、それらしき感じがしないでもない.

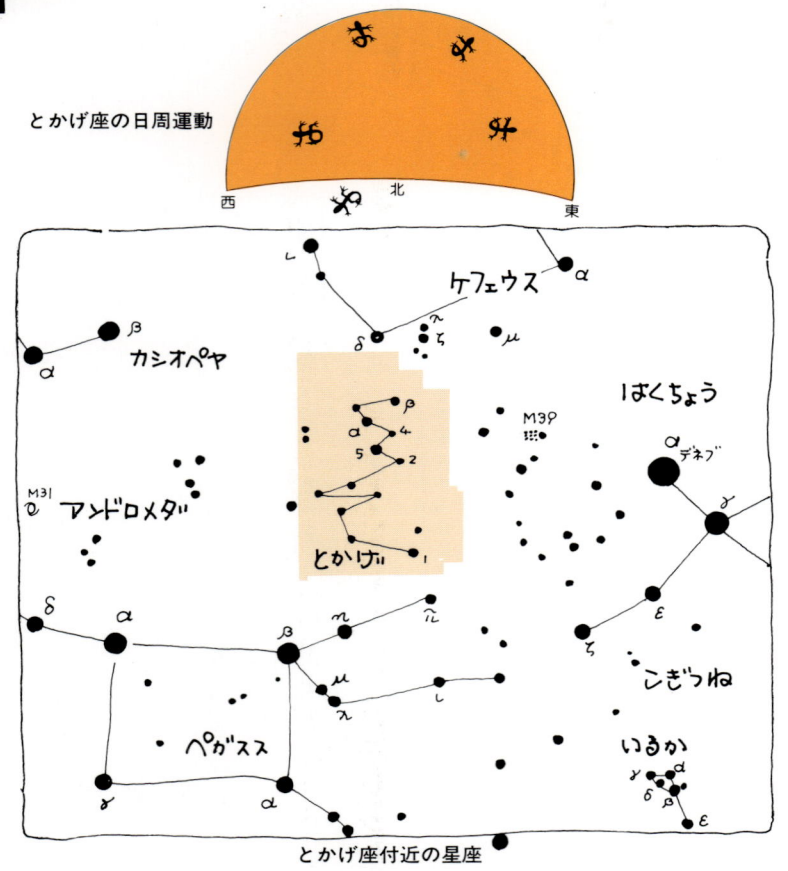

とかげ座の日周運動

とかげ座付近の星座

とかげ座を見るには（表対照）

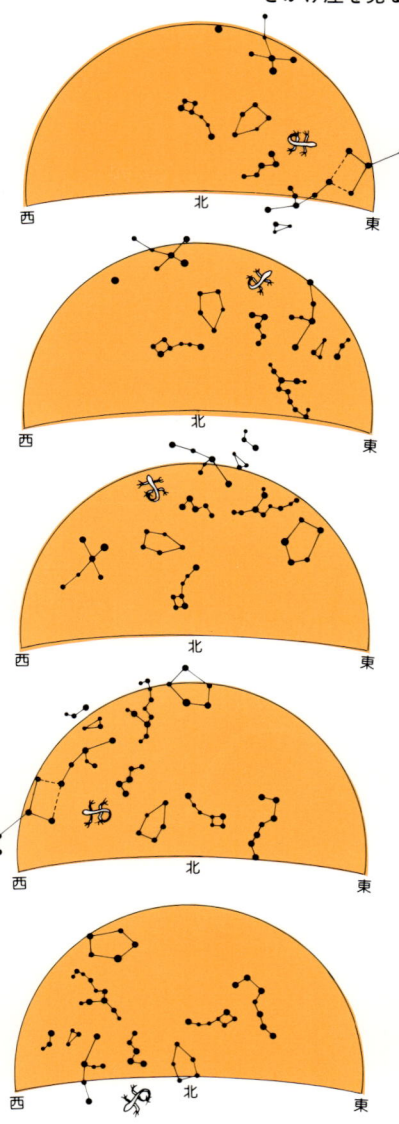

1月1日ごろ	10時	7月1日ごろ	22時
2月1日ごろ	8時	8月1日ごろ	20時
3月1日ごろ	6時	9月1日ごろ	18時
4月1日ごろ	4時	10月1日ごろ	16時
5月1日ごろ	2時	11月1日ごろ	14時
6月1日ごろ	0時	12月1日ごろ	12時

■は夜，▨は薄明，□は昼．

1月1日ごろ	14時	7月1日ごろ	2時
2月1日ごろ	12時	8月1日ごろ	0時
3月1日ごろ	10時	9月1日ごろ	22時
4月1日ごろ	8時	10月1日ごろ	20時
5月1日ごろ	6時	11月1日ごろ	18時
6月1日ごろ	4時	12月1日ごろ	16時

1月1日ごろ	18時	7月1日ごろ	6時
2月1日ごろ	16時	8月1日ごろ	4時
3月1日ごろ	14時	9月1日ごろ	2時
4月1日ごろ	12時	10月1日ごろ	0時
5月1日ごろ	10時	11月1日ごろ	22時
6月1日ごろ	8時	12月1日ごろ	20時

1月1日ごろ	22時	7月1日ごろ	10時
2月1日ごろ	20時	8月1日ごろ	8時
3月1日ごろ	18時	9月1日ごろ	6時
4月1日ごろ	16時	10月1日ごろ	4時
5月1日ごろ	14時	11月1日ごろ	2時
6月1日ごろ	12時	12月1日ごろ	0時

1月1日ごろ	2時	7月1日ごろ	14時
2月1日ごろ	0時	8月1日ごろ	12時
3月1日ごろ	22時	9月1日ごろ	10時
4月1日ごろ	20時	10月1日ごろ	8時
5月1日ごろ	18時	11月1日ごろ	6時
6月1日ごろ	16時	12月1日ごろ	4時

東経137°，北緯35°

とかげ座の歴史

1687年にドイツの天文学者ヘベリウスが追加した新星座のひとつだ.

従来の大星座にはさまれた空白部分をうめるためにつくられた星座で, 当時彼は10星座を新設し, そのうち7星座が生きのこっている.

りょうけん, やまねこ, こじし, こぎつね, ろくぶんぎ, たて, とかげ, といずれも明るい星のない目だたない星座ばかりだ.

ヘベリウスは, ここにトカゲのほかにイモリ座の名も考えたらしい. いったい彼はなぜここに気味の悪い爬虫類をえらんだのだろう?

昭和11年6月, この星座に新星があらわれ, 明るいときは2等星にまでなった. 発見者は日本の五味一明さん.

五味新星はいま, すっかりしぼんでしまった. 光度15等以下なので双眼鏡をつかってもその姿はみとめられない. いつかある日, また突然爆発して再び元気な姿をみせることがあるだろう.

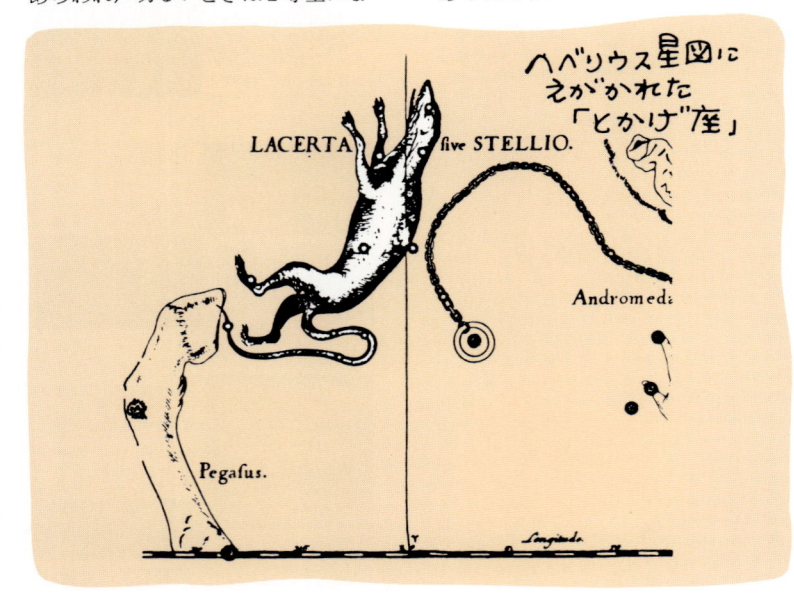

「こうもり座」?

ヘベリウス星図にえがかれた「とかげ座」

LACERTA sive STELLIO.

Pegasus.　Andromeda

幻の星座シリーズ

フレデリックのえいよ座
FREDERICI HONORES

カシオペヤ座, ケフェウス座, とかげ座, アンドロメダ座にかこまれている.

プロシアの国王フレデリック大王の死後, 天文学者ボーデ Bode が王の栄誉をたたえてつくった星座である.

ボーデは, 王のなくなった1786年にベルリン天文台の台長になった. その翌年, この星座をとかげ座のちかくにつくった.

ボーデはそのほかにも, 三つの星座を新設したが, いずれも現在の星空に生き残ることはできなかった.

消えた三つは, でんききかい座, いんさつしつ座, そくていさく座, である.

電気機械 Machina Electrica は, 実験室でよくみられる摩擦発電機がえがかれた. 印刷室は活版印刷術の発明が, 当時の文明に大きな影響をあたえたことのメモリーとしてとりあげたのだろう. 測程索座は, 船の速度を測る測程儀を, 船から海中に放りこんで引っぱる綱を星座にしたものだ.

ボーデ星図の「フレデリックのえいよ座」, 右どなりは「とかげ座」

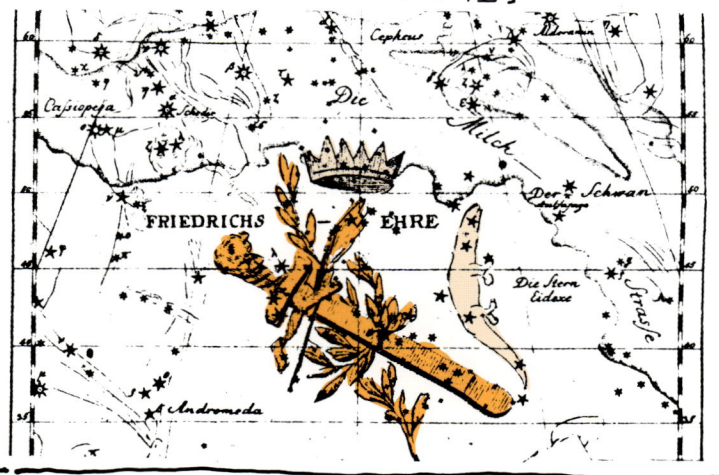

8 アンドロメダ座（日本名）

ANDROMEDA
アンドロメダ"（学名）

アンドロメダ座のみりょく

132

高くのぼったペガススの四辺形から，東のほうへポンポンポンと星を三つつなぐと，とても大きなひしゃくができる．

もちろん北斗七星ではない．

ちょうど本物の北斗が北の地平線にからだ半分沈めるころ，にせものの大びしゃくが天頂にのぼる．

名付けて天斗七星というのはどうだろう．

天斗七星の柄にあたる，ゆるやかなカーブをえがく星が，美しいアンドロメダ姫の姿を想像させたのだろう．柄のつけねが彼女の頭だ．

彼女の腰紐の先にアンドロメダの大銀河がある．いったい誰が，このすばらしいアクセサリーを贈ったのだろうか？

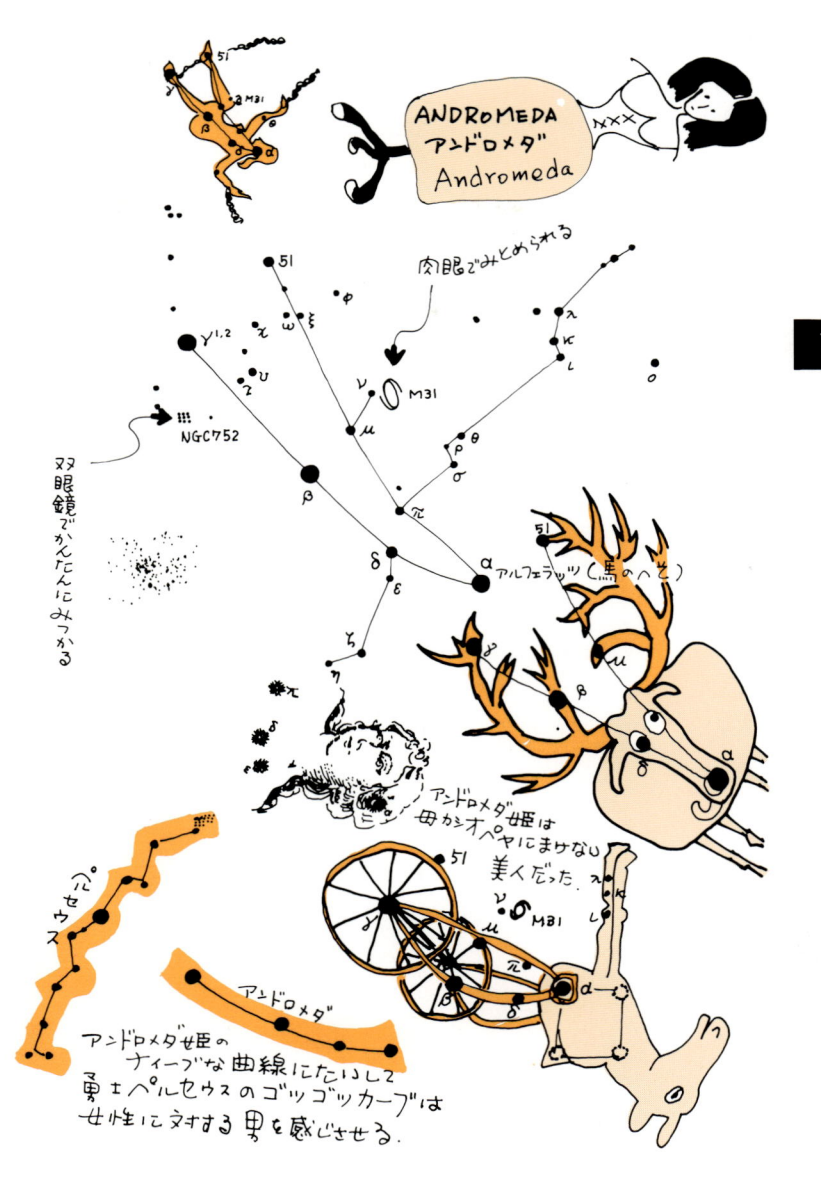

ANDROMEDA
アンドロメダ
Andromeda

51
M31
γ1,2
ω ξ
τ
υ
ν
μ
M31 肉眼でみとめられる
λ
κ
ι
ο
θ
ρ
σ
NGC752
β
π
δ
α アルフェラッツ(馬のへそ)
ε
ζ
η

双眼鏡でかんたんにみつかる

ペルセウス

アンドロメダ

アンドロメダ姫は
母カシオペヤにまさない
美人だった。

アンドロメダ姫の
ナイーブな曲線にたいして
勇士ペルセウスのゴッゴッカーブは
女性に対する男を感じさせる。

アンドロメダ座の星々

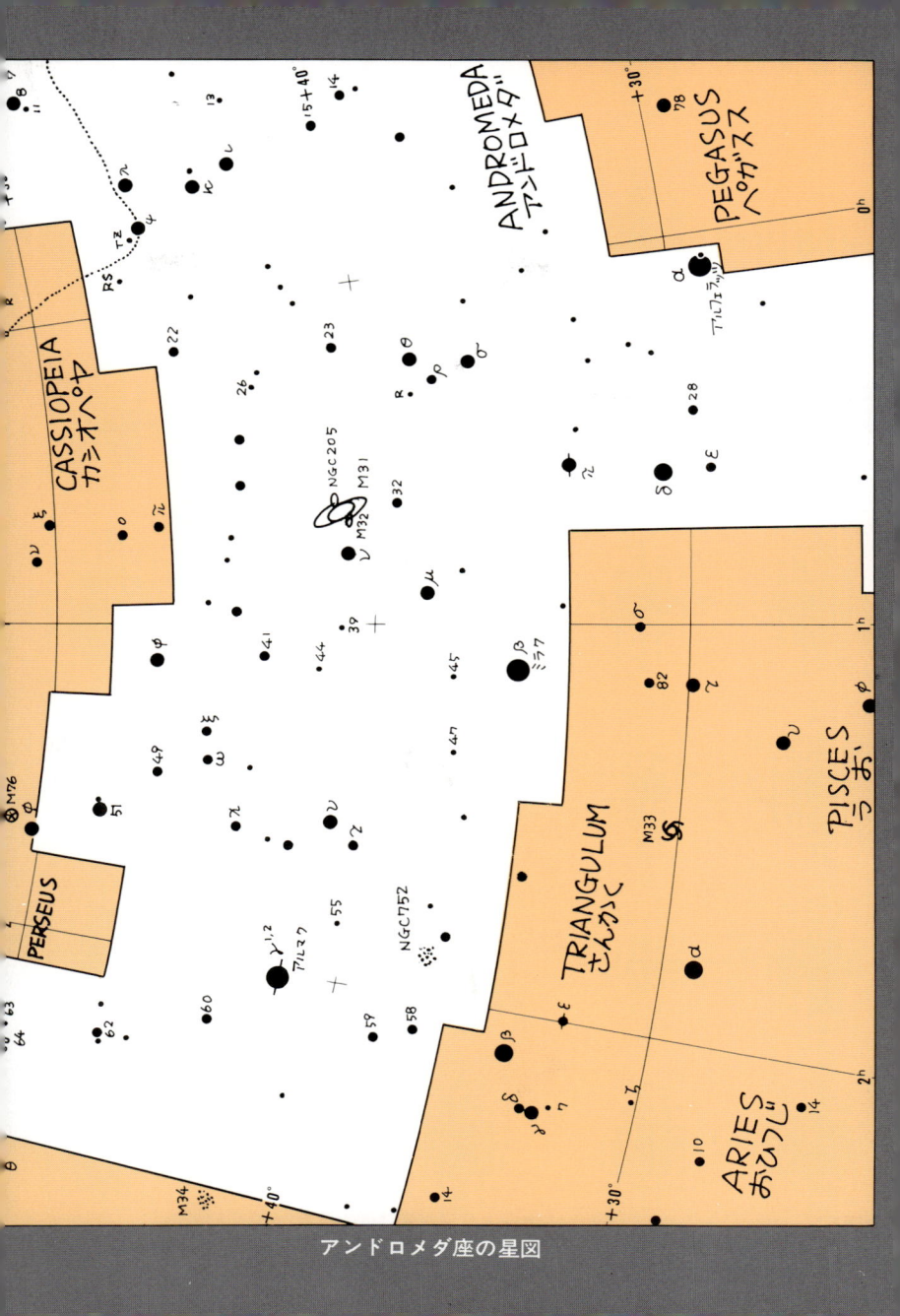

アンドロメダ座の星図

アンドロメダ座の みつけかた

ペガスス座の四辺形がみつかったら，その中の北東の一角が，アンドロメダ座の主星 α だ．

かつてこの星は，天馬ペガススのへそ（ペガスス座 δ）だったのだが，いまはアンドロメダ姫の頭にゆずってしまった．

α が頭，δ が胸，β が腰，γ が足といったところだ．

α—δ—β—γ がつくるゆるやかな曲線に，α—π—μ—51 をつなぐと，ふくよかな女性らしいAラインがみえてくる．

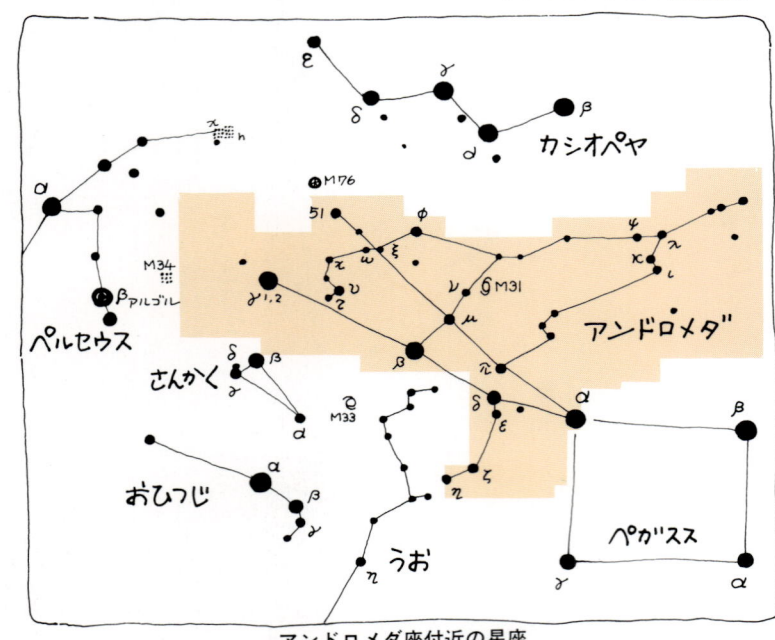

アンドロメダ座の日周運動

アンドロメダ座付近の星座

アンドロメダ座を見るには（表対照）

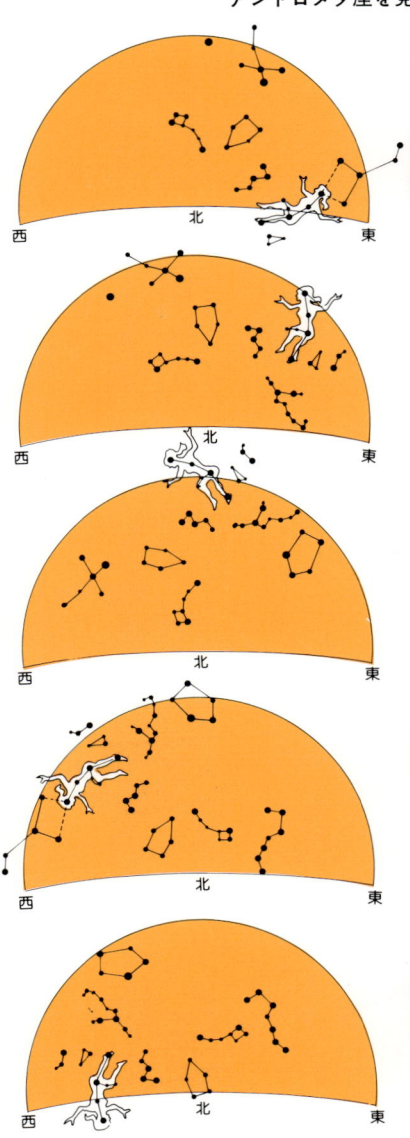

1月1日ごろ	10時	7月1日ごろ	22時
2月1日ごろ	8時	8月1日ごろ	20時
3月1日ごろ	6時	9月1日ごろ	18時
4月1日ごろ	4時	10月1日ごろ	16時
5月1日ごろ	2時	11月1日ごろ	14時
6月1日ごろ	0時	12月1日ごろ	12時

■は夜，▒は薄明，□は昼．

1月1日ごろ	14時	7月1日ごろ	2時
2月1日ごろ	12時	8月1日ごろ	0時
3月1日ごろ	10時	9月1日ごろ	22時
4月1日ごろ	8時	10月1日ごろ	20時
5月1日ごろ	6時	11月1日ごろ	18時
6月1日ごろ	4時	12月1日ごろ	16時

1月1日ごろ	18時	7月1日ごろ	6時
2月1日ごろ	16時	8月1日ごろ	4時
3月1日ごろ	14時	9月1日ごろ	2時
4月1日ごろ	12時	10月1日ごろ	0時
5月1日ごろ	10時	11月1日ごろ	22時
6月1日ごろ	8時	12月1日ごろ	20時

1月1日ごろ	22時	7月1日ごろ	10時
2月1日ごろ	20時	8月1日ごろ	8時
3月1日ごろ	18時	9月1日ごろ	6時
4月1日ごろ	16時	10月1日ごろ	4時
5月1日ごろ	14時	11月1日ごろ	2時
6月1日ごろ	12時	12月1日ごろ	0時

1月1日ごろ	2時	7月1日ごろ	14時
2月1日ごろ	0時	8月1日ごろ	12時
3月1日ごろ	22時	9月1日ごろ	10時
4月1日ごろ	20時	10月1日ごろ	8時
5月1日ごろ	18時	11月1日ごろ	6時
6月1日ごろ	16時	12月1日ごろ	4時

東経137°，北緯35°

アンドロメダ座の歴史

アンドロメダ座の星列は，特別に目だつ要素がなく，ペガススの四辺形と結びつけなければ見つけることもむずかしい．

目だたない星列とは別に，アンドロメダ姫の伝説はギリシャ神話になくてはならない．

アンドロメダ座はギリシャ星座のひとつ，もちろんプトレマイオス48星座のひとつでもある古典星座だ．

このあたり，もともとは天馬の下半身ではなかったかと思えるのだが…．

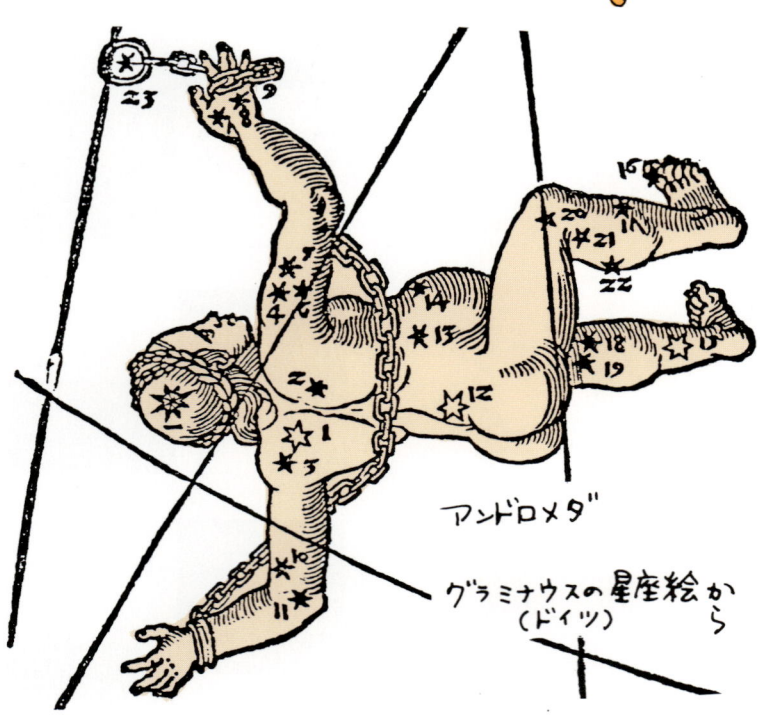

まさかアンドロメダの前身は天馬ペガススの下半身では？

アンドロメダ

グラミナウスの星座絵から
（ドイツ）

アンドロメダ座の星と名前

✳ α アルファ
アルフェラッツ
（馬のへそ）

アルフェラッツ Alpheratz はペガスス座のδ星につけられたのだが，アンドロメダ座のαと同一の星を共用していたため，いまはアンドロメダ座の主星の固有名となってしまった．

いかになんでも，美女の頭を馬のへそと呼ぶのはどうも……という人には，ラス・アルマラ・ムサルサラ（鎖につながれた女の頭）というアラビア名か，英名 Andoromeda's Head（アンドロメダの頭）がある．

< 2.2等　　　B8型 >

魅力的な美女のウエストを"魚の腹"にみるのはどうも……だが

美女の頭を"馬のへそ"とみるのもいただけない「アンドロメダファンクラブ」

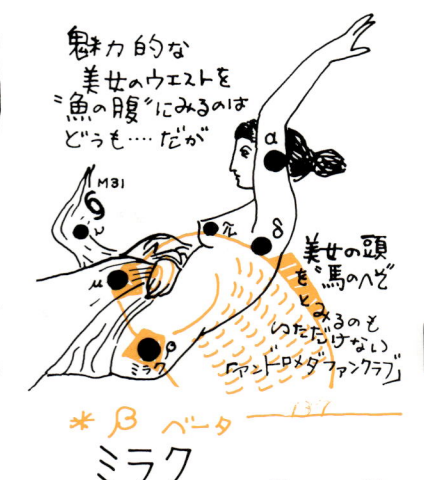

✳ β ベータ
ミラク
（腰，腰帯）

ミラク Mirach はその名のとおりアンドロメダの左腰に輝くが，となりのμ星を右腰にみたてると，姫のひきしまった魅力的な腰が想像できる．その腰にまきつけた腰ひもの先がν星で，すばらしいふさ（アンドロメダの大銀河M31）がついている．

β→μ→ν は，M 31 をみつける重要な道しるべになる．

このあたりは"うお座"の北の魚をえがくとき，魚の一部に無断借用をゆるしているところでもある．したがって，この星にはバトン・アルフト（魚の腹）とか，カルブ・アルフト（魚の心臓）というアラビア名がある．

< 2.4等　　　M0型 >

✳ γ ガンマ
アルマク
（？）

アンドロメダの左足に輝き，51番星（光度3.8等）が右足にあたる．

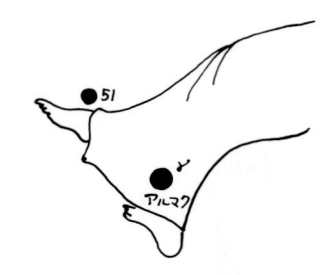

$α-β-γ$と結んだゆるやかな曲線は，アンドロメダ姫の魅力的なスタイルを想像させる．

　この$γ$星は色の美しい重星として有名だ．

　K型の2等星と10″はなれてA型の5等星が並んでいるのだが，残念ながらあなたの優秀な視力をもってしても，二星に分離することはできない．いや双眼鏡でもちょっと倍率不足といったところだろう．口径4〜5cmの小口径望遠鏡なら，2〜30倍程度の倍率があれば，K型星とA型星の色の対照が十分楽しめるのだが…．

　色の感じ方は，人の主観がかなり大きく影響して一定ではない．金色と青色とか，オレンジとグリーン，黄色と白色というように人さまざまだが，美しいと感じることについては，誰もが共通して異存はなさそうだ．

<　$γ^1-γ^2$　2.3等-5.1等
　　K2型-A0型，視距離10″　>

＊δ　デルタ
デルタ

　品がないとおしかりを受けるかもしれないが，$π$（パイ）とならんで姫の胸に輝くので，"アンドロメダのオッパイ"と呼ぶことにしよう．

　伝説のアンドロメダは裸にされて鎖につながれている．

　もちろん，星を結んでアンドロメダのヌードがみえる人は，かなり想像力の豊かな人に限られる．

<　　3.5等　　　K3型　>

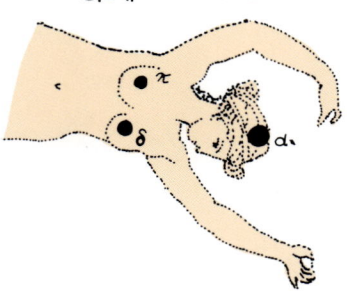

＊α, δ, β, γ
とかきぼし
（斗搔き星）

　ペガススの四辺形から柄のようにつきでた部分 $α-δ-β-γ$ を，日本では"とかきぼし"と呼び，四辺形を"ますがたぼし(桝形星)"といった．

　"斗かき"とは，ますに盛った米などを，ちょうどすりきり一杯にする

のにつかう棒のことだ.
片や, 八頭身美人にみたてられ, 一方ではただの棒とは, ずい分ちがったみかたをされたものだ.

棒になった アンドロメダ姫

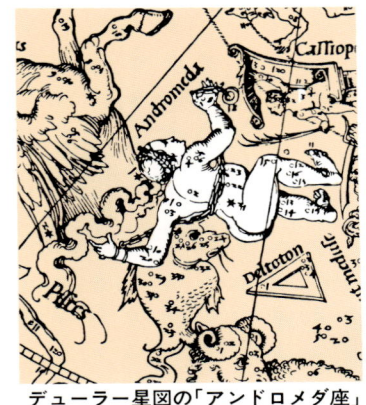

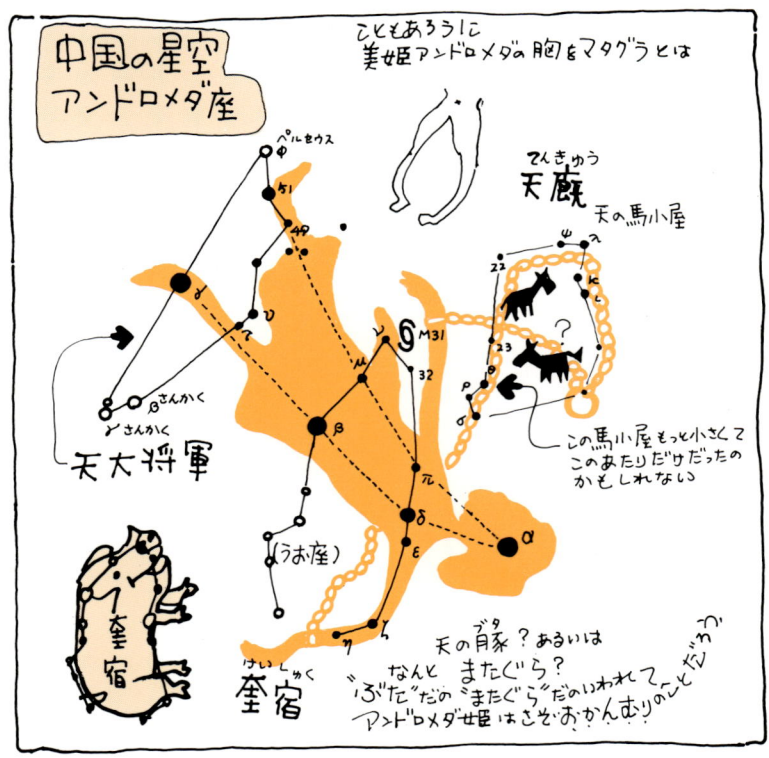

とかき星
手かき棒はますに盛った米をならすのにつかった

ますがた星

デューラー星図の「アンドロメダ座」

中国の星空
アンドロメダ座

ことともあろうに
美姫アンドロメダの胸をマタグラとは

天廐 天の馬小屋

ペルセウス

β さんかく
γ さんかく

天大将軍

(うお座)

この馬小屋もっと小さくてこのあたりだけだったのかもしれない

奎宿
けいしゅく

天のブタ？あるいは
なんと またぐら？
"ぶた"だの"またぐら"だのいわれて
アンドロメダ姫はさぞおかんむりのことだろうが

アンドロメダ座の伝説

●アンドロメダの悲劇
—エチオピア王家の物語

　昔，ギリシャのエーゲ海の底にネレイス Nereis という美しい50人のニンフがいた．

　ネレイスは，海の老人といわれた海神ネレウス Nereus と，水の神オケアノスの娘ドリス Doris との間に生まれた娘達だが，この世でもっとも美しいといわれ，また，自分達もそう信じていた．

　ところが，エチオピアの王妃カシオペヤは，"自分の一人娘アンドロメダ Andoromeda とくらべたら，彼女達の美しさも，たちまち輝きを失うだろう"と自慢をした．

　ネレイス達は，それを知るとたいへんくやしがって，海の神ポセイドンにいいつけ，なんとか仕返しをしてほしいとたのんだ．

　ポセイドンは，海魔にエチオピアの国を襲うことを命じた．

　海魔は，二本足で，まっ黒なからだに海草や貝がらをびっしりつけたクジラの怪物である．

　海魔があばれるので，エチオピアは毎日嵐と津波になやまされた．

　父ケフェウス王と，后カシオペヤは，「このさわぎを静めたければ，アンドロメダを海魔の人身御供としてさしだせ」という神託をうけた．

　王は，やむなく娘を海岸の岩に鎖でしばった．

　やがて，海魔が波をけたててやってきた．アンドロメダ危うし！　運命やいかに？…という場面である．

　このとき，ちょうどエチオピアの上空を通りかかったのが，勇士ペルセウスだ．

　ゴルゴンの怪物三姉妹の一人，メドゥサの首を打ちとって帰る途中だった．（ペルセウス座参照）

　ペルセウスは，岩につながれたアンドロメダ姫を一目みるなり，その魅力のとりことなった．彼はアンドロメダを助けることを約束し，同時に，助けたら自分の妻にくれるようケフェウス王に頼んだ．

　クジラの怪物をやっつけるのは簡単だった．

　ちかづいた海魔の鼻先に，袋からとりだしたメドゥサの首を差しだしたのだ．驚いた海魔のからだは，たちまち石と化して海底深く沈んでしまった．

つながれたアンドロメダ姫

約束通りアンドロメダは、ペルセウスの妻になった。　　（ギリシャ）

*

3000年も昔から、スーパーマンは人々の拍手かっさいを浴びていたわけだ。

お姫さま危うしっ、突然どこからともなく正義の味方スーパーマンの登場！　悪漢共をたちまちけちらして姫を助けたスーパーマンは、人々の感謝とあこがれの視線を背中いっぱいに受けて、一人立去る…。

同じパターンが、いままで何度くりかえされたことか、今後も姿を消す気配はない。

あるときは月光仮面、あるときはウルトラマン、またあるときは鉄人28号といったぐあいに…。

3000年の歴史は、恐しいほど科学技術を進歩させたが、人の心はさほど変えていないようだ。

人の心は進歩していない、ということなのか、それともやさしい人の心はまだまだ失われていない、というべきだろうか。

ペルセウスにたすけられたアンドロメダ姫

くさりにつながれたアンドロメダ

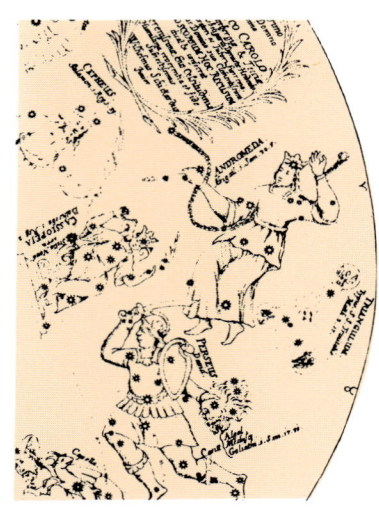

(上) コルデンブッシュの星図
(右) シッカルドの星図

アンドロメダ座の見どころガイド

✳ 泣く子もだまる 大銀河 M31

アンドロメダ大銀河は，まさに The Great Galaxy である．オリオン座の大星雲とともに，肉眼で見られる大ボス天体．暗夜なら肉眼で十分認められるはず．

α→δ→β と三つたどったら，β から直角に曲がって β→μ→ν と三つたどると，ν のすぐ先に淡いガス状の光芒がみつかる．

双眼鏡をつかうと，細長い楕円形の銀河がみられる．口径10cmクラスの望遠鏡では渦巻の腕らしきものも認められるほどだ．

もちろん，天体写真でみるみごとさとはほど遠い姿だが，200万光年ものかなたからやってきた光を，じかにみているのだからその感激というか，興奮というか，じっくり時間をかけて，宇宙の神秘をからだ全体で受けとめてみたい．

M31は，直径10万光年の渦巻銀河で，およそ1千億から2千億という恒星をもつわが銀河系に匹敵する巨大な系外銀河だ．

さすがの大銀河も，明るい都会の空では，極端に貧弱になる．星団とちがって，銀河は明るいバックグラウンドに，その姿がとけこんでしまうからだ．ぜひ，一度は暗黒の空でこの大銀河の大迫力を楽しむチャンスをつくってほしい．

<M31 系外銀河, 4.8等
視直径 160'×40', 距離 230万光年>

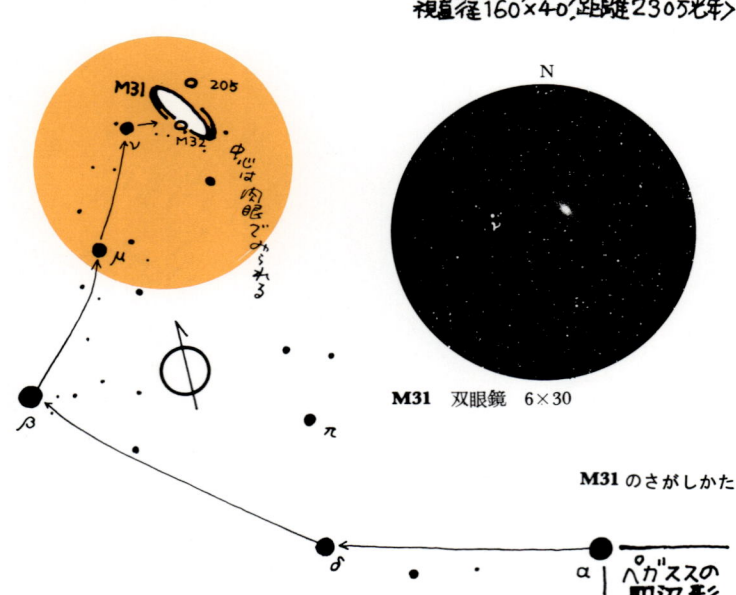

M31　双眼鏡　6×30

M31 のさがしかた

ペガススの四辺形

✴ 大銀河のお伴は M32とNGC205

　さすが大銀河だ．二つの伴銀河をもっている．

　M32は大銀河の中心から25′南にあり，NGC205は45′北西にある．暗くて双眼鏡でみつけるにはむずかしいとおもうが…．

<M32，系外銀河 8.7等，
　視直径 3′×2′, 距離2305光年>
<NGC205，系外銀河，9.4等>

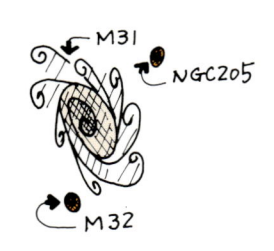

マス眼鏡でもやっぱりムリですナ

ウムー肉眼じゃムリダナ

M32, M31

✷ 大銀河の陰に泣く NGC752

アンドロメダといえば大星雲，だれも散開星団 NGC752 のことをおもいだしてくれない．

暗夜なら，ぼんやりした光のかたまりが肉眼でみえるほど明るい星団なのに，大星雲と同じ星座にあったのが身の不運である．

γ星から 59→58 をさがしたら，その 2°右（西）にあるが，さんかく座のγからβをみとおした先に 56 番星と並んでいるのをみつける手もある．

もちろん，双眼鏡でなら簡単にみつかるが，かなり広範囲にひろがった星雲状にみえるだろう．

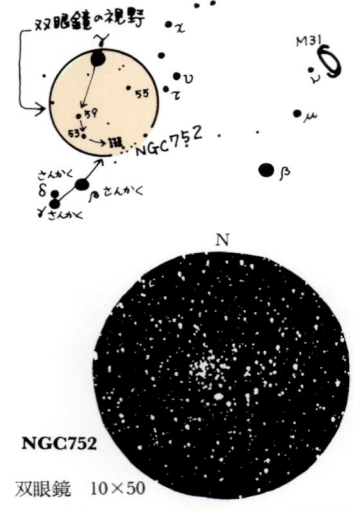

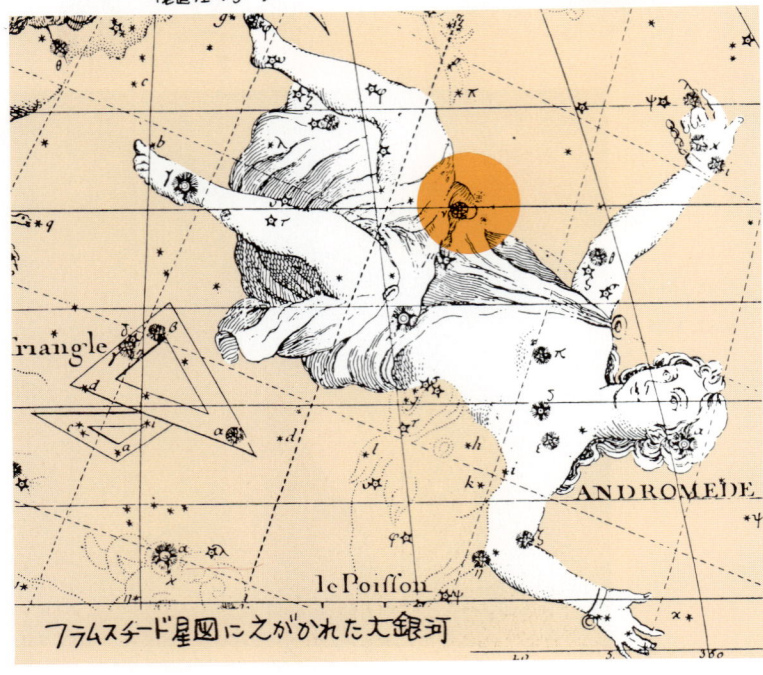

＜NGC752, 散開星団, 7.0等, 視直径 45′＞

NGC752

双眼鏡 10×50

フラムスチード星図にえがかれた大銀河

●星座絵のある星図●
南天星座を加えた バイエルの星図

ドイツ・アウグスブルグの法律家ヨハン・バイエルJohann Bayer (1572—1625)は天文学にも強い関心を持っていた．

バイエルはそれまで星座がなかった南半球の星空に12の新しい星座をつくった．彼が1603年に発行した天球星図「ウラノメトリアUranometria」には，プトレマイオスの48星座と共に60星座がえがかれている．

バイエルを有名にしたのは，12の新星座を加えたことと，もうひとつ各星々に名前（バイエル名 Bayer letters）をつけて整理したことだろう．

星座ごと光度順にギリシャ文字のアルファベットをつけたバイエル名は，肉眼星の呼名として現在もなおつかわれているのだから，その功績は大きいといえよう．

残念なことは，バイエルの新設した南天星座のほとんどが，星を結んだ形を無視していることだ．

バイエル星図の星の位置は，北天についてはティコ・ブラエ，南天の星はカイザー Keyser の観測したものを採用している．もちろんプトレマイオスの星表や自分自身の観測も参考にしているのだが….

楽しい星座絵は，バイエルのオリジナルではなく，ほんの少し前に出版（1600年）されたゲインGheynの星座絵を参考にしたものらしい．

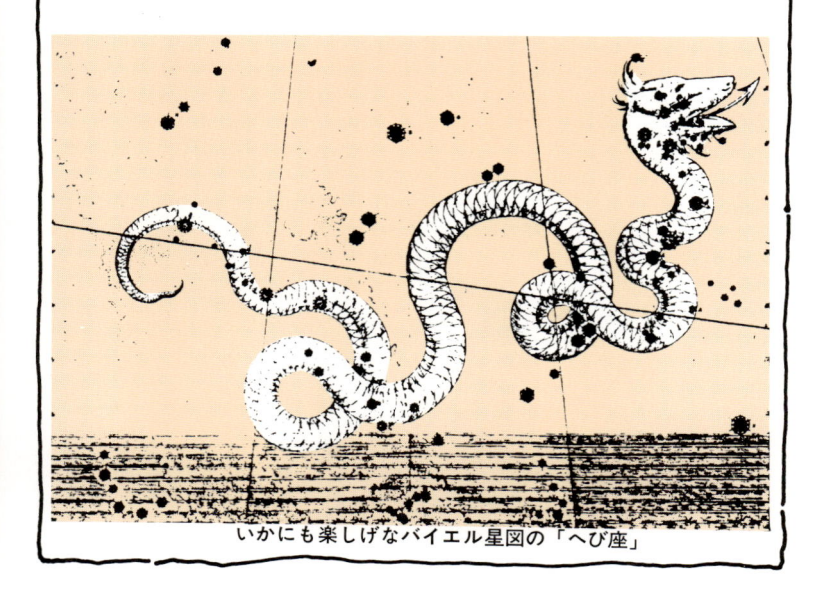

いかにも楽しげなバイエル星図の「へび座」

9 カシオペヤ座 (日本名)

CASSIOPEIA
カシオペイア (学名)

カシオペヤ座の みりょく

11月の声を聞くと，よい空のおおぐま座は，冬眠の準備で北の地平線に首をつっこみ，カシオペヤ座のWが冬の渡り鳥のように舞い上がる．

Wは，北極星の上でさかさまになってMになる．夏が近づくと，身をひるがえして北の国にむかうのだ．

カシオペヤ座は，夏の天の川が，冬の天の川につながるさかいめにある．

双眼鏡でのぞいたカシオペヤのWは，豊富な星々につつまれて暖かそう．

天空の北時計

カシオペヤ星 ←→ 北極星は
本初子午線(0h)だから
カシオペヤ星が南中するときに
その土地の恒星時が 0時だ (0h)

地平線

北極星の上で **Man**
だったカシオペヤは、下へさがると
Woman になるのです。

"ラクダのコブ"
"ピラミッド"

シベリヤ地方では
5頭のトナカイ

あなたには
どっちに見える？

α = シェダル
(むね)

みえない
カシオペヤ

the Lady in her chair
"椅子の女性"と
いう英名がある
W字形の星列を
女王のこしかけに
みたてたわけだ

ケフェウス座のδ星
"いかり" 錨星
"ワニの目"

M52

"どんな音かな？"
"銀河交響曲？"
"カシオペヤ座は銀河の中にあるからね"

"山形星" やまがた
"なんて山？"
"双子山" ふたご

"へんな手？"
"ですねー"

CASSIOPEIA
カシオペヤ
Cassiopeia

散開星団M52のみつけかた。
もちろん 双眼鏡をつかって。

M52は小さな小さな散開星団

カシオペヤ座の星々

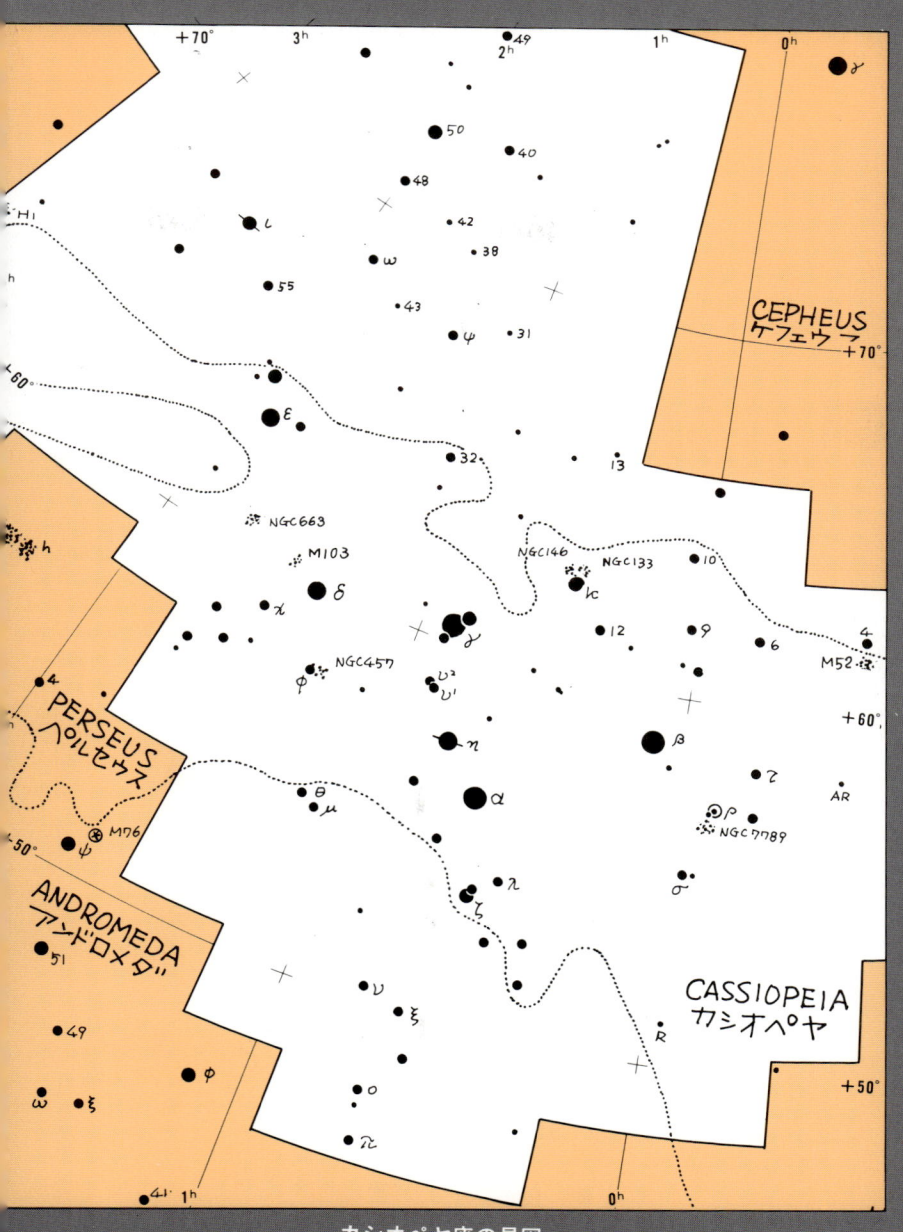

カシオペヤ座の星図

カシオペヤ座の みつけかた

　カシオペヤ座はW字形に並んだ5星がさがしやすい.

　よい空のWは, 秋から冬にかけて北極星の上にのぼりMになる. 北極星とは30°ずつはなれて, おおぐま座の北斗七星とむかいあっている.

　Mがのぼると, 北斗七星が沈み, 北斗七星がのぼると, Wが沈む.

　秋のよい空に, ペガススの四辺形がみつかったら, 東辺を北へのばしてみるといい. 最初にみつかった2等星がWの右はしにあるβ星で, 更にのばしてみつかった2等星は, なんと北極星.

カシオペヤから北極星を

　M字形を山にみたてて, 両サイドの山すそから, それぞれ頂上に向って直線をのばし, 交わった点から火口の中央にあるγ星をつきぬけて, まっすぐ進むと, 北極星につきあたる.

カシオペヤ座の日周運動

カシオペヤ座付近の星座

カシオペヤ座を見るには（表対照）

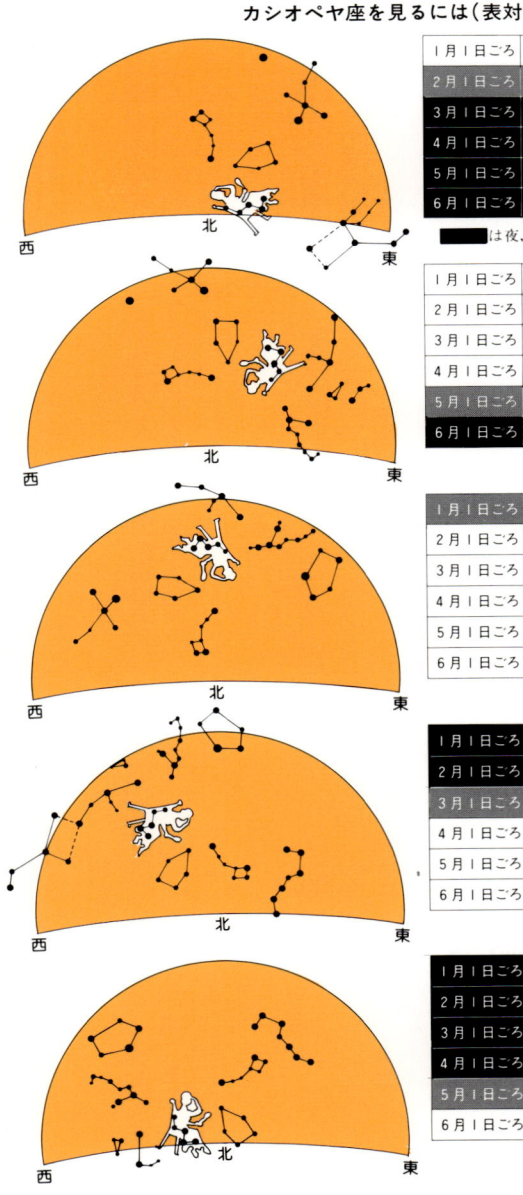

1月1日ごろ	8時	7月1日ごろ	20時
2月1日ごろ	6時	8月1日ごろ	18時
3月1日ごろ	4時	9月1日ごろ	16時
4月1日ごろ	2時	10月1日ごろ	14時
5月1日ごろ	0時	11月1日ごろ	12時
6月1日ごろ	22時	12月1日ごろ	10時

■は夜，▨は薄明，□は昼．

1月1日ごろ	13時	7月1日ごろ	1時
2月1日ごろ	11時	8月1日ごろ	23時
3月1日ごろ	9時	9月1日ごろ	21時
4月1日ごろ	7時	10月1日ごろ	19時
5月1日ごろ	5時	11月1日ごろ	17時
6月1日ごろ	3時	12月1日ごろ	15時

1月1日ごろ	18時	7月1日ごろ	6時
2月1日ごろ	16時	8月1日ごろ	4時
3月1日ごろ	14時	9月1日ごろ	2時
4月1日ごろ	12時	10月1日ごろ	0時
5月1日ごろ	10時	11月1日ごろ	22時
6月1日ごろ	8時	12月1日ごろ	20時

1月1日ごろ	23時	7月1日ごろ	11時
2月1日ごろ	21時	8月1日ごろ	9時
3月1日ごろ	19時	9月1日ごろ	7時
4月1日ごろ	17時	10月1日ごろ	5時
5月1日ごろ	15時	11月1日ごろ	3時
6月1日ごろ	13時	12月1日ごろ	1時

1月1日ごろ	4時	7月1日ごろ	16時
2月1日ごろ	2時	8月1日ごろ	14時
3月1日ごろ	0時	9月1日ごろ	12時
4月1日ごろ	22時	10月1日ごろ	10時
5月1日ごろ	20時	11月1日ごろ	8時
6月1日ごろ	18時	12月1日ごろ	6時

東経137°，北緯35°

カシオペヤ座の歴史

　北天をまわるカシオペヤ座のW字形の星列は、だれの目にもとまりやすく、古くから各民族に注目され親しまれた。したがって、この星座の起源はいまから5000年以上昔にさかのぼることになる。もちろんプトレマイオス48星座のひとつ。

　日本にもM字形から"山形星"、W字形から"錨星"といったおもしろい呼名があったし、アラビアの"ラクダのコブ"、ギリシャの"ラコニアの鍵"などすべてカシオペヤ5星からの連想である。

　不思議なのは $\alpha\beta\gamma\delta\varepsilon$ 5星をバラバラにした中国の星座だ。

　β と α は近くの κ, η, λ と共に春秋時代の名御者"王良"をあらわし、δ 星と ε 星は $\iota-\varepsilon-\delta-\theta-\nu$ と結んで閣道（天帝の通り道）、γ 星は王良のつかった"ムチ"、あるいは附路（閣道がつかえないときつかうバイパス）というように、5星のW字形の星列をまったく無視している。

　中国の人々の目にだけ、5星のまとまりが感じられなかったとはおもえない。中国星座のなりたちに、自然を無視しなければならないお国の事情とやらがあったのだろうか？

各種星座絵にみられるカシオペヤ像いろいろ

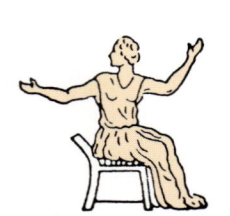

フラムスチード星図の「カシオペヤ座」

カシオペヤ座の星と名前

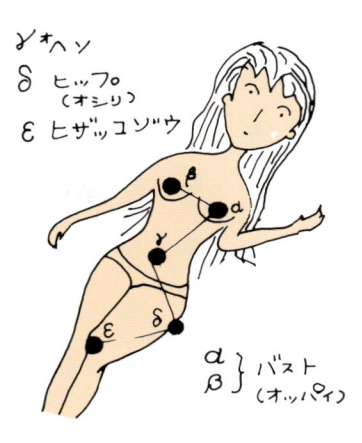

γ オヘソ
δ ヒップ (オシリ)
ε ヒザッコゾウ

α β } バスト (オッパイ)

＊ α アルファ
シェダル （むね）

　Mの左の頂点にあるが，だからといって，二つの山を，王妃カシオペヤの豊まんな胸のふくらみとみるのは考えすぎであろう．もうひとつの頂点δ星はひざと呼ばれている．

<　2.5等　　K0型　　>

＊ β ベータ
カフ （手）

　δ星をひざ，α星をむねとするなら，β星は頭としたいところだが，おそらくこの名は，アラビヤでW5星を手の指先とみた名残りであろう．β星を手にみたてて，むりやりカシオペヤ女王をえがくと，彼女はなぜか両手を上げていることになって，頭がなくなってしまう．

　アラビヤでは"ヘンナの手"といって，ヘンナと呼ぶ草の汁で爪をそめた手が想像されたらしい．

　プレアデス星団からカシオペヤにつながるペルセウス座の星列が，その腕だというのだから，とてつもなくでかい手だ．

＊

　β星と北極星を結んだ線は，ほぼ

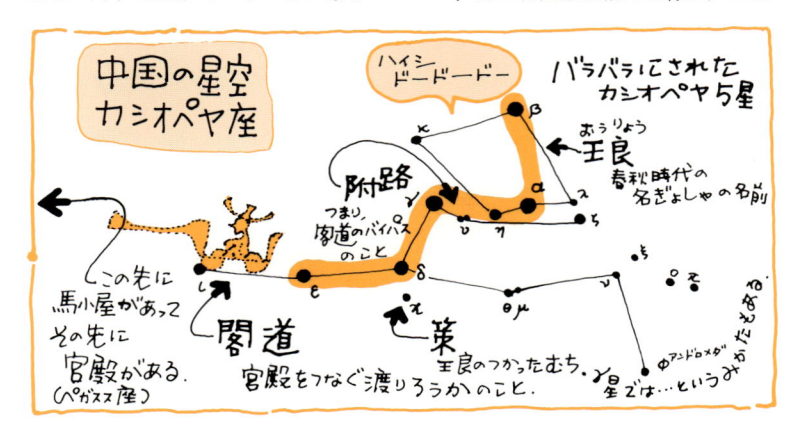

中国の星空 カシオペヤ座

ハイシ ドードードー

バラバラにされた カシオペヤ5星

王良
春秋時代の名ぎょしゃの名前

附路
つまり，閣道のバイパスのこと

この先に馬小屋があってその先に宮殿がある．（ペガスス座）

閣道
宮殿をつなぐ渡りろうかのこと．

策
王良のつかったむち．星では…というみかた

φアンドロメダになる

赤経0時の線（本初子午線）と一致する．つまり，β星が北極星のま上にきたとき，その土地の恒星時が0時ということだ．

　北極星を中心に24時間の目盛り盤をくっつけると，β星は地方恒星時時計の短針になる．文字盤は北極星のま上を0時にして，我々の時計の文字盤と反対（左回り）に目盛ってやればいい．

< 　　2.4等　　　　F2型　　>

＊ γ ガンマ
キィ
（？）

カシオペヤ5星の中央にあって，女王のへそにあたるのだが…．
ところでこのへそ，1.6等から3.0等まで明るさをかえる不規則変光星である．

< 変光1.6等〜3.0等，B0型 >

＊ δ デルタ
ルクバ
（ひざ）

< 　　2.8等　　　　A5型　　>

＊ ε エプシロン
セギン
（？）

δ星がひざなら，ε星は足にあたるのだが…

< 　　3.4等　　　　B3型　　>

＊ β.α.γ.δ.ε
やまがたぼし

カシオペヤ座の象徴であるW字形にならんだ5星は，だれにも認められやすく，多くの呼名が生まれた．
M字形にみて"やまがたぼし"，W字形にみて，まん中のγ星とケフェ

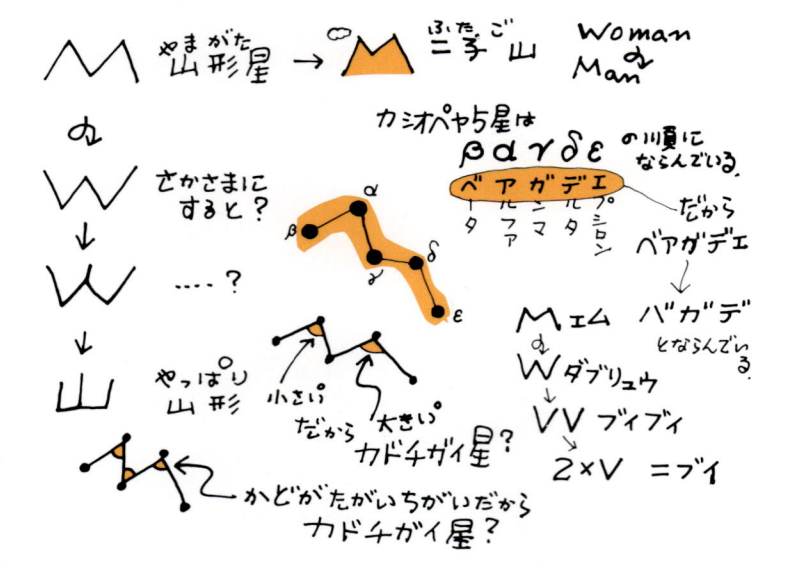

ウス座のγ星を結ぶと"いかりぼし(錨星)"になる.

アラビアの"ラクダのこぶ"もおもしろいが,水面から頭と目だけを出してじっとえものを待つ"ワニの目"というみかたもゆかいだ.

伝説から,英名は"the Lady in her chair(椅子の女性)"あるいは"王妃の椅子"といって,W字形を椅子にみたてた.椅子だけみえて,カシオペヤの姿はみえないというのだ.

カシオペヤは,自分と娘の美しさを自慢するあまり,神の怒りをかって,椅子にしばられたまま寒空にほうり上げられた.彼女ははずかしさのあまり,みずから姿を消してしまったのだという.手を上げたカシオペヤを想像するより,このほうが自然で私は気に入っている.

カシオペヤはエチオピアの王妃なので,はだが黒くて夜はみえないと

いう珍説もある.

5星をMとみたとき,左からβ—α—γ—δ—εと並んでいる.だから"バガデ"とおぼえると忘れない.これくらいおぼえられないと,「バ

シッカルド星図にえがかれた「カシオペヤ」とケフェウス王

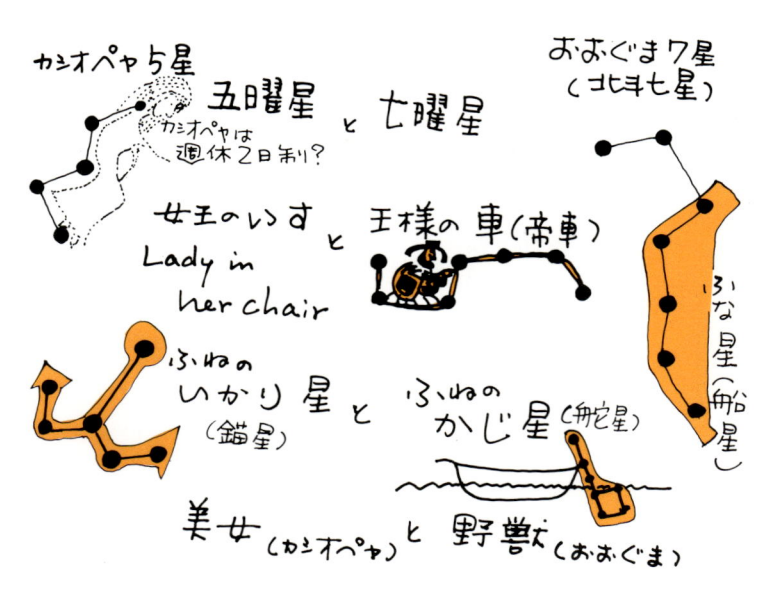

カシオペヤ5星 と 五曜星 (カシオペヤは週休2日制?) と 七曜星　おおぐま7星(北斗七星)

女王のいす Lady in her chair と 王様の車(帝車)

ふねのいかり星(錨星) と ふねのかじ星(舵星)　ふな星(船星)

美女(カシオペヤ) と 野獣(おおぐま)

ガデはないか」とバカにされてもしかたがない．

カシオペヤは女性ではない，という説もある．なぜなら毎日 Woman になったり，Man になったり…．

すこし駄洒落がすぎたようだが，ついでにもう一つ．

「Wがダブリューと読めない子は，半分にわけてごらん，サインはVのブイなら知ってるでしょう．Vが二つ並んでいるからブイブイ，まとめて読むとニブイ，つまり，秋のよい空でカシオペヤ座のダブリューがさがせない子は，ニブイってことになります」

"いかり星"を方言のせいで"いかれ星"と呼ぶ地方があるのもおもしろい．

北斗七星の"七曜の星"に対して"五曜の星"ともいう．

北極星を中心に，七曜の星と五曜の星が相対してにらみあっている．

この勝負，週休2日制が定着しはじめたこの頃，いくらか五曜星に分がありそうだ．

"かどちがい星"は，2つの頂点にあたる星が，片や2等星で，もう一つが3等星と，光度がちがうからだ…と考える人もある．私は角がたがいちがいに並んでいるイメージによるものだと思うのだが…．

最後に"女王のオッパイ"，豊満なバストをほこるグラマーな現代風カシオペヤを想像したものだが，すこし品がなくなったところで，この章はチョン．

カシオペヤ座（都立昭和高校天文班ＯＢ会）

カシオペヤ座の伝説

● 美しすぎた カシオペヤの悲劇

　カシオペヤ（Kassiopeia カシオペイア）は，エチオピア王ケフェウスの妻，そして，アンドロメダ姫の母である．

　母も娘も，とびきり上等の美人で知られていたが，その美しさがわざわいして，娘アンドロメダを海の怪物の人身御供にさしださなければいけないことになる．

　以下，アンドロメダ座，ペルセウス座を参照．

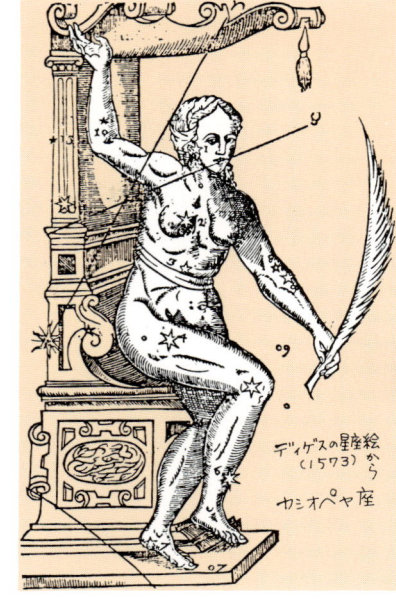

ディゲスの壁絵（1573）から
カシオペヤ座

ヘベリウス星図の「カシオペヤ」

De Gheynの星座絵から

ゲイン星図の「カシオペヤ」

カシオペヤ座の見どころガイド

✲ 足の踏みばもない カシオペヤの散開星団
（銀河星団）

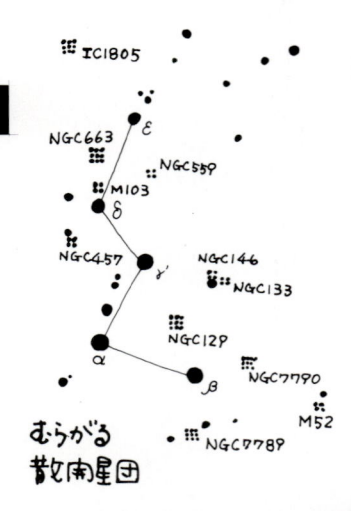

むらがる
散開星団

（星図：IC1805, NGC663, ε, NGC559, M103, δ, NGC457, NGC146, γ, NGC133, NGC129, α, β, NGC7790, M52, NGC7789）

天の川の中にあるカシオペヤ座は散開星団が多い。

しかし、いずれもみかけが小さくこじんまりしているので、豪華けんらんというわけではない。小さくめだたないので、足を踏み入れるとうっかり踏みつぶしてしまいそう。

双眼鏡ではいずれも"ありそうでなさそうでウーン？"といったところだ。このあたりはそういった散開星団を埋もれさせるほど、びっしり敷きつめた天の川の微光星がみごとである。

✲ かわいいM52

小さくまとまったかわいい星団だが、それを味わうには天体望遠鏡が必要。双眼鏡では小さな淡い淡い光のシミにみえる。

＜M52, 散開星団, 7.3等
　視直径 20'×12', 距離 3000光年＞

✲ ちょっと貧弱M103

M52より貧弱というか、たよりない星団といった感じ。

＜M103, 散開星団, 7.4等
　視直径 12'×5', 距離 8500光年＞

✲ もし大望遠鏡があったら

カシオペヤ座には、そのほか、NGC 133, NGC 146, NGC 457, NGC 663, NGC 7789, といくつも埋もれている。なかにはNGC 7789のように、もし大望遠鏡で発掘したら、みごとな大型星団であることがわかるものもあるが、肉眼や双眼鏡では力不足で歯がたたない。

M52（パロマ天文台）

話題

✸カシオペヤ座のスーパー・ノバ

　1572年11月, 今から400年以上も昔, デンマークの天文学者ティコ・ブラエ Tycho Brahe は, 実験室からの帰り道で, カシオペヤ座κ星の近くに, 異状に輝く星を発見した.

　ティコは最初の発見者ではなかったが, 彼がはじめてこの星を観測して発表したことから "ティコの新星 Tycho Brahe's Nova" と呼ばれるようになった.

　彼は突然現われたこの星を "新星 Nova stella" と表現した.

ティコ・ブラエの肖像

ごうかな
ティコ・ブラエの
天文台

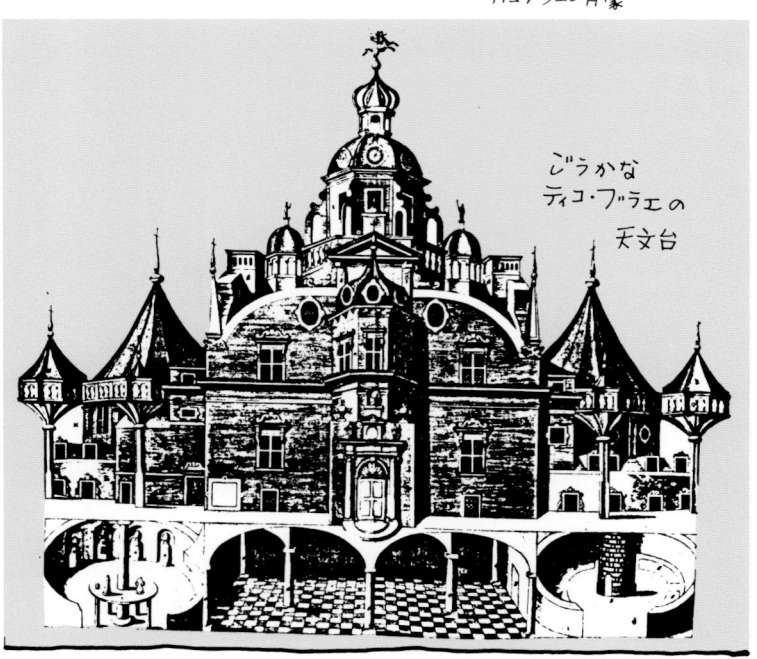

実は末期をむかえた古い星の爆発で，どっちかというと呼名とは逆の現象がおこったのだが，現在でも，この種の星を新星と呼んでいる．できればもうすこし古い星にふさわしい呼名に変更できないものかと思うのだが．

さて，ティコの星は，－4等（1等星の100倍の明るさ）ちかくに増光して，金星をしのぐほどの輝きをみせたという．一時期は昼間みられたらしい．

ティコの星は，ただの Nova ではなく Super Nova（スーパー・ノバ＝超新星）だった．

Nova は，星の一生の一過程として，質量の何％（1万分の1ぐらい）かを爆発的にぬぎさる状態をいうのだが，Super Nova は，これとは比較にならないほどの大爆発で，事実上の星の死である．

内部温度が10億度に達するほどの巨大な星の大爆発は，Nova が2～3千倍に増光するのにたいして，爆発前の100万倍以上に達するほど増光する．最高の光度になったとき，銀河系全体，つまり1千億以上の星が同時に輝くのに匹敵するほど明るく輝くのだ．

＊期待されるスーパーノバ

昼間輝くほどの Super Nova に，一度はお目にかかりたいと思うのだが，そのチャンスは十分あるので期待してほしい．

遠くの銀河系外星雲の中で発見された Super Nova のデータは，数10年に一度の割合いで現われることを示している．

となると，銀河系の場合も同じ割合であらわれると考えていい．ただし，銀河系が円盤状になっているので，銀河面の密集したチリや星にさえぎられて見えないものもあるのだろう，過去の記録はおよそ300年に1回の割合であらわれたことを示している．

もっとも新しい超新星は，ティコの星のあと，1604年にへびつかい座にあらわれたが，以後すでに300年

以上経過している.

ひょっとすると, 今夜にでも, 突然 Super Nova が頭上に輝くかもしれない. その可能性は十分あるからだ. もし, 星の最後をみとどけることができたら, 自分がずい分長生きをしたようにおもえるのではないだろうか.

ティコの観測は, 天文学者が恒星の変化をとらえた最初の記録になっただけでなく, "天は神々のもので永遠に不変, 完全を保つ" と多くの人々が信じてきたアリストテレスの科学にハンマーを打ちこんだことになった.

もっとも, 当のティコ自身はあくまで宇宙の不変を信じ, 恒星は神がまるめてつくった光る玉で, Nova はたまたま不良品の一つがくずれたのだろう…と考えたという. うそかまことか, いずれにしても愉快なはなしだ.

ティコが好むと好まざるとにかかわらず, ティコの星が導火線となって, 天井のふし穴か, 神のつるしたランプか, それとも光るダンゴくらいにおもわれていた恒星に, 天文学者の科学する目をむけさせることになった. その功績は大きい.

その後, 変化する恒星に関する新発見があいついで, 神のつくった光るダンゴは "生きている星" として正体をあばかれた.

天国のティコ・ブラエは, さぞてれくさいおもいをしていることだろう.

ティコの星図 ●星座絵のある星図● 「ティコの星」がかきこまれた星図

ティコは1602年(プラハで)に出版した天文書の中で, かみのけ座を採用した.

プトレマイオスの48星座に初めて新しい星座が加わって, ティコは, はからずも星座新設ブームのトップをきったわけだ. もっとも,「かみのけ座」はプトレマイオス以前のギリシャ星座にあったから, 新設ではなく復元とすべきかもしれないが….

ティコは, すぐれた観測家であった.

カシオペヤ座の超新星の観測はもちろんだが, 長年の惑星の位置観測の記録が, 弟子のケプラーが有名な「ケプラーの法則」を生みだすのになくてはならない貴重な資料となったことも忘れてはならない.

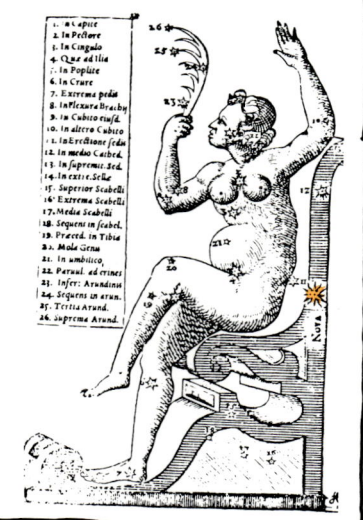

10 くじら座 (日本名)

CETUS (学名)
ケトゥス

くじら座のみりょく

秋も終りにちかづくころ，お化けクジラが南の空にのぼる．

　東むきのお化けクジラは，おうし座につづいてのぼるオリオンが気になるらしい．しきりにオウシをけしかけるのだが，たのみのオウシも，赤い目アルデバランをしょぼつかせて逃げ腰なのだからどうしようもない．

　木枯しの音が，オウシのからだごしにうなるクジラの遠吠えにも聞こえる．

　海の神ポセイドンが連れてあるいた海魔というだけあって，星になったクジラはさすがに大きい．しっぽの先から鼻づらまで全長約50°，全身が子午線を通過するのに3時間はたっぷりかかる大物である．

おうし座

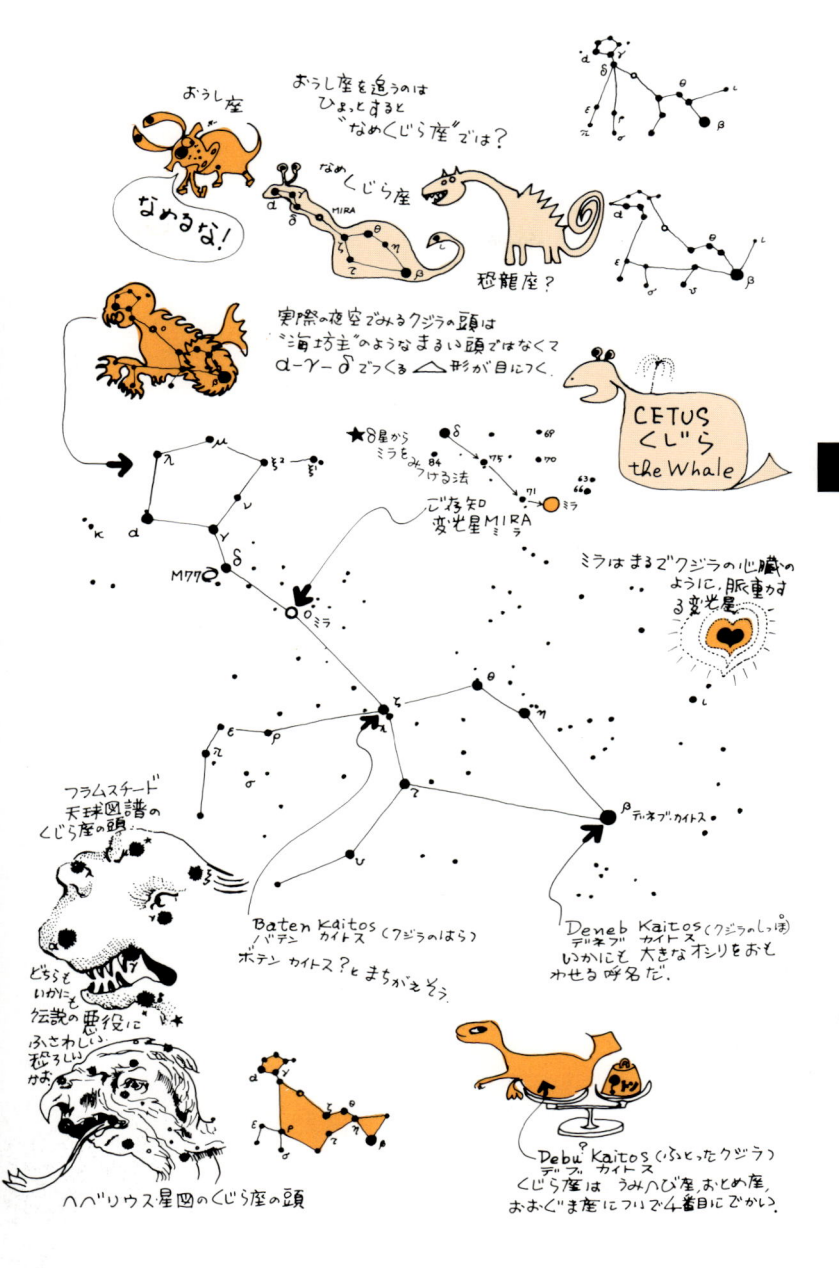

おうし座を追うのは
ひょっとすると
"なめくじら座"では?

なめくじら座

なめるな!

恐龍座?

実際の夜空でみるクジラの頭は
"海坊主"のようなまるい頭ではなくて
α-γ-δ でつくる △ 形が目につく。

CETUS
くじら
the Whale

★δ星からミラをみつける法

ご存知
変光星 MIRA
ミラ

M77

ミラはまるでクジラの心臓の
ように、脈動かす
る変光星

フラムスチード
天球図譜の
くじら座の頭

Baten Kaitos (クジラのはら)
バテン カイトス
ボテン カイトス?とまちがえそう。

Deneb Kaitos (クジラのしっぽ)
デネブ カイトス
いかにも 大きなオシリをおも
わせる呼名だ。

どちらも
いかにも
伝説の悪役に
ふさわしい
恐ろしい
顔

ヘベリウス星図のくじら座の頭

Debu Kaitos (ふとったクジラ)
デブ カイトス
くじら座は うみへび座、おとめ座、
おおぐま座についで 4番目にでかい。

くじら座の星々

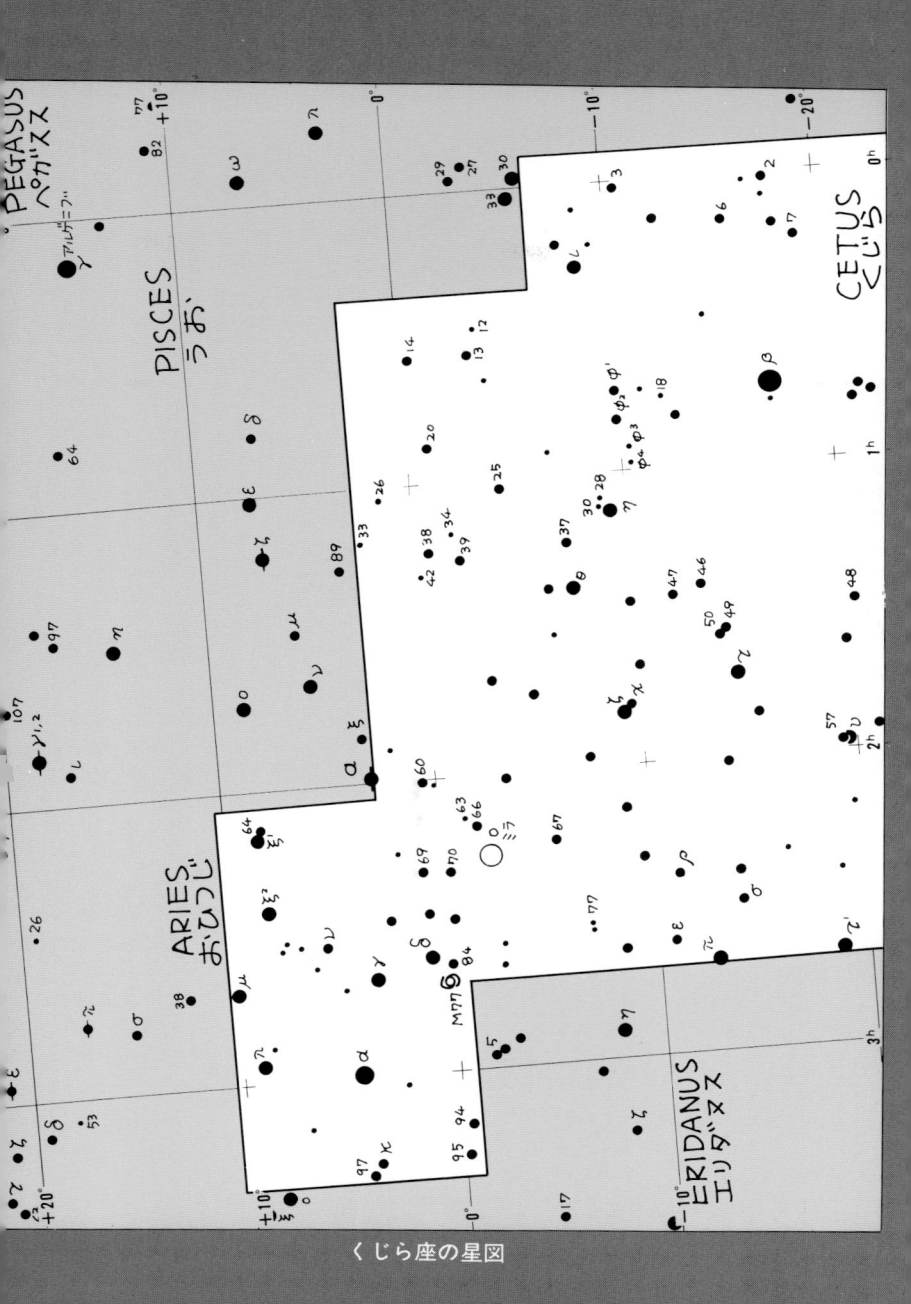

くじら座の星図

くじら座の みつけかた

くじら座は，まずしっぽをさがすといい．

ペガススの四辺形の東辺を下(南)へのばすと，ポツンと2等星が一つだけめだっている．くじら座の最輝星デネブ・カイトス(β)だ．

クジラのしっぽのすこし左(東)に，ζ—θ—η—τ でつくる台形くずれの四辺形がみつかったら，そこはクジラのオシリとタイコ腹を想像したらいい．

頭は，もっと左上の α—γ—δ がつくる小さな三角形付近にあるが，あまりめだたない．

大きすぎる図体をもてあまし，頭かくして尻かくさず，といったくじら座である．

くじら座の日周運動

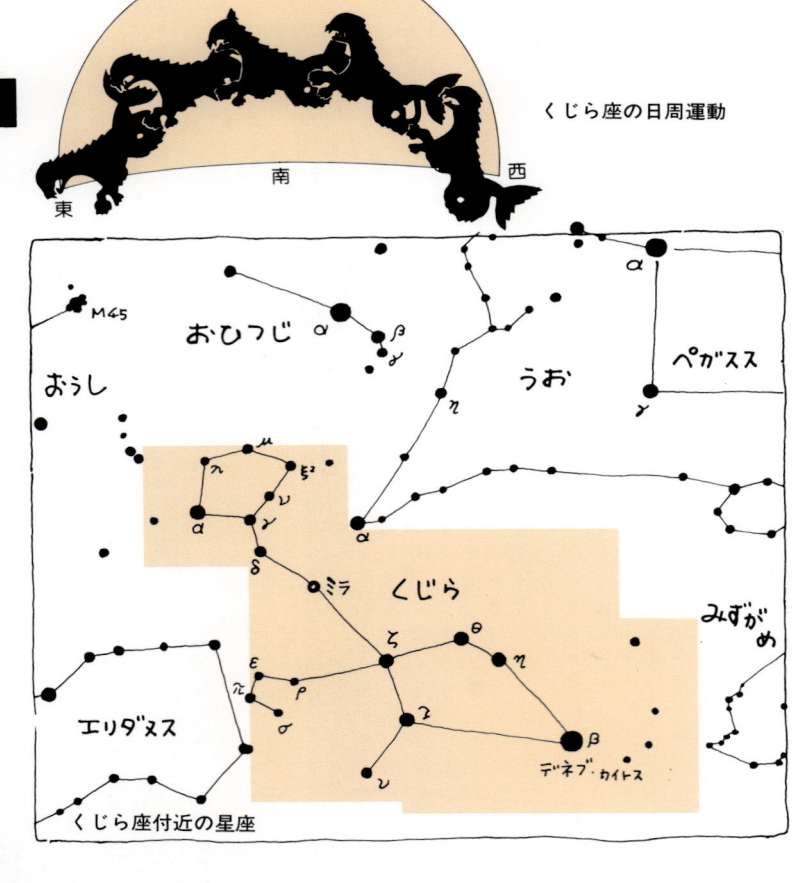

くじら座付近の星座

くじら座を見るには（表対照）

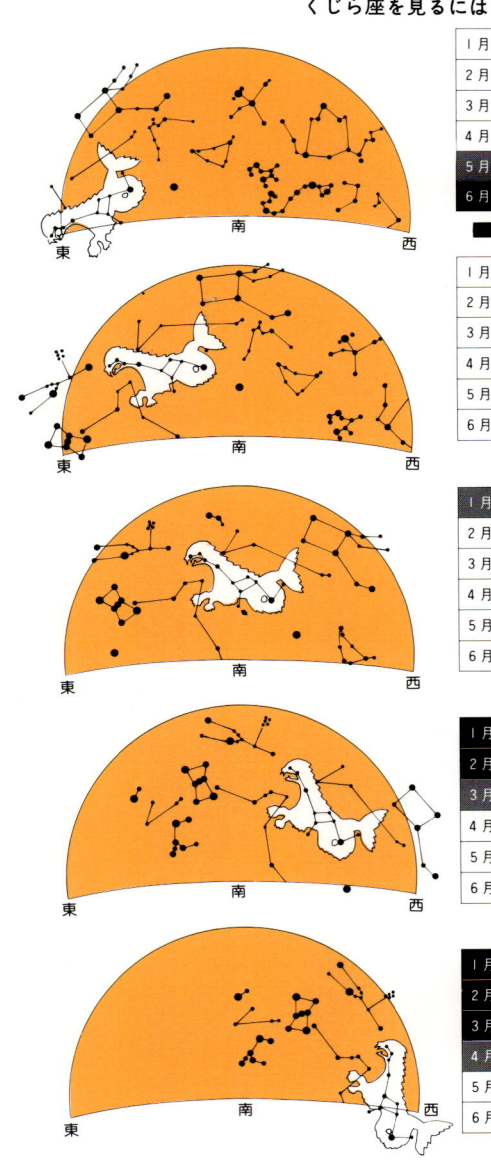

1月1日ごろ	13時	7月1日ごろ	1時
2月1日ごろ	11時	8月1日ごろ	23時
3月1日ごろ	9時	9月1日ごろ	21時
4月1日ごろ	7時	10月1日ごろ	19時
5月1日ごろ	5時	11月1日ごろ	17時
6月1日ごろ	3時	12月1日ごろ	15時

■は夜，▨は薄明，□は昼．

1月1日ごろ	16時	7月1日ごろ	4時
2月1日ごろ	14時	8月1日ごろ	2時
3月1日ごろ	12時	9月1日ごろ	0時
4月1日ごろ	10時	10月1日ごろ	22時
5月1日ごろ	8時	11月1日ごろ	20時
6月1日ごろ	6時	12月1日ごろ	18時

1月1日ごろ	19時	7月1日ごろ	7時
2月1日ごろ	17時	8月1日ごろ	5時
3月1日ごろ	15時	9月1日ごろ	3時
4月1日ごろ	13時	10月1日ごろ	1時
5月1日ごろ	11時	11月1日ごろ	23時
6月1日ごろ	9時	12月1日ごろ	21時

1月1日ごろ	22時	7月1日ごろ	10時
2月1日ごろ	20時	8月1日ごろ	8時
3月1日ごろ	18時	9月1日ごろ	6時
4月1日ごろ	16時	10月1日ごろ	4時
5月1日ごろ	14時	11月1日ごろ	2時
6月1日ごろ	12時	12月1日ごろ	0時

1月1日ごろ	1時	7月1日ごろ	13時
2月1日ごろ	23時	8月1日ごろ	11時
3月1日ごろ	21時	9月1日ごろ	9時
4月1日ごろ	19時	10月1日ごろ	7時
5月1日ごろ	17時	11月1日ごろ	5時
6月1日ごろ	15時	12月1日ごろ	3時

東経137°，北緯35°

くじら座の歴史

　古代バビロニアの時代には，水の守り神であったらしいが，ギリシャ神話では，海の魔物として登場し，大暴れをする．

　この海魔の胸のあたりに，有名な変光星ミラがある．あるときは2等星として輝き，あるときはまったくみえなくなってしまうことから，不思議な星として古くから知られていた．

　海の魔物のシンボルにふさわしい星である．

　海魔の起源は水の神ティアマトと結びつけられる．古代メソポタミアの天地創造神話（バビロニアの天地創造の詩から）では，まず川と淡水の男神アプスと，海と塩水の女神ティアマトの2神がこの世に生まれたとされている．それがなぜかのちの時代に，海の怪物として描かれるようになったのだが，たぶん神話のなかの女神ティアマトが，11匹の巨大な蛇と海の怪物をつかって，太陽の子マルドックと戦ったことに起因しているのだろう．

　ティアマトの夫キングは，運命を支配する死の世界の神であったが，結局彼女はマルドックとの戦いにやぶれて死んだ．マルドックはティアマトを2分して，上半身で星のある空をつくり，下半身の皮をひろげて大地をつくった．

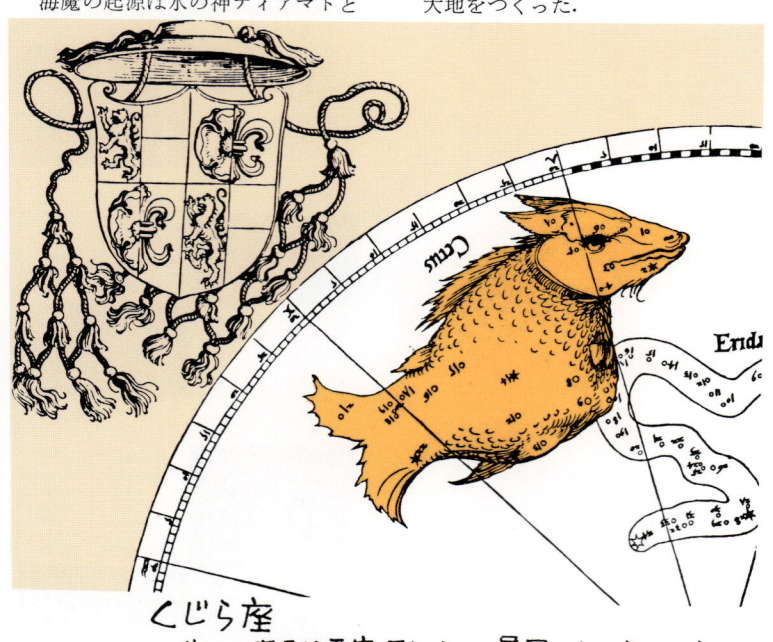

くじら座
ドイツの有名な画家 デューラーの星図 (1515年) から

くじら座の星と名前

* **α** アルファ
* **λ** ラムダ

メンカル （鼻）

怪物クジラのはなづらに輝く.

くじら座の主星としては暗くてさえないが, おうし座のプレアデス星団に向けられた鼻先にあって, 大きな図体を先導している.

```
< α   2.8等   M2型 >
< λ   4.7等   B5型 >
```

* **β** ベータ
* **ι** イオタ

デネブ・カイトス
（クジラのしっぽ）

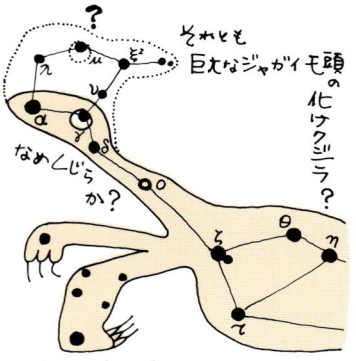

くじら座の最輝星はこの "しっぽ星" である. 秋のよいは, 南の空にデネブ・カイトス Deneb Kaitos と, みなみのうお座のフォマルハウトがよこに並んで目だっている.

別名ディフダ（カエル）は, フォマルハウトの別名でもある. よこに並んだ2星を2匹のカエルにみたてたのだが, それぞれ, うお座とみずが

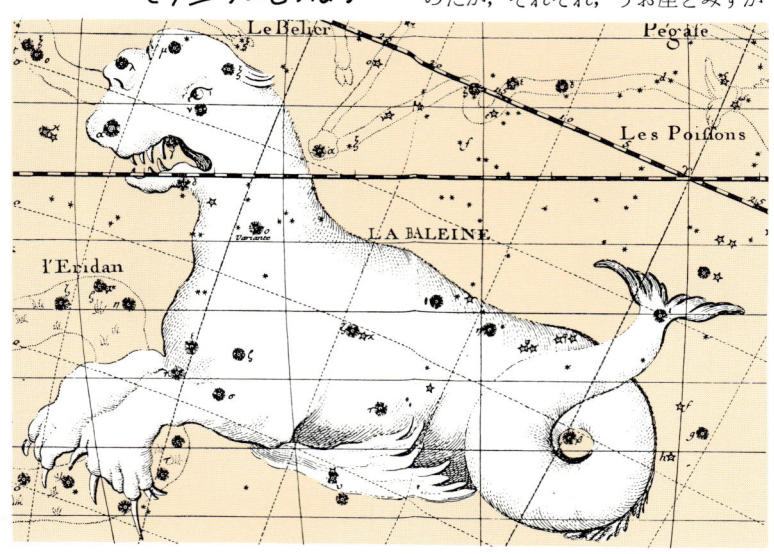

フラムスチード星図の「くじら座」

め座の微光星のつらなりを柳の小枝
にみたててみがまえている.
< β　2.2等　　　　K0型 >
< ι　3.8等　　　　K3型 >

＊γ ガンマ

カファルジドマ
　　　　（クジラの頭）

α―γ―δ でつくる小さな三角形は
比較的さがしやすい.

しかし, この小三角をクジラの頭
にみたてると, 小さな頭で大きな図
体をもてあます低能クジラか, 巨大

バテン・カイトス
BATEN KAITOS
（クジラのはら）

たべすぎかな?した

それとも
ボテン・カイトス?

なナメクジラといった格好になって
しまう.

中国の星空 くじら座

（うお座）外屏
便所のにおいを
さえぎるへい.

（くじら座）

天囷
てんきん
円形の倉
天帝のための
食糧がはいっている.

天溷
てんこん
なんと古代中国の
便所=トイレ.
トイレの下の汲み
とり口付近をか
こんで豚を
かったという. なんと
このあたりの
星の結びは
少々あやしい.

土司空
どしくう
水利をつかさどる
ところ

天倉
てんそう
ι―κ―λ―θ―ζ―μ―ν
方形の倉

中国では
くじら座の腹のあたりを
天の穀物倉にみたてた.

頭と

倉の扉の
つもりかな?

もうすこし目をこらして，三角の上に $\alpha-\gamma-\nu-\xi^2-\mu-\lambda-\alpha$ と結ぶと，一見できのわるいジャガイモ風の坊主頭がえがける．化けクジラの頭としてはこのほうがふさわしい．

< 　3.6等　　　A2型＋F7型 >

＊ζ ゼータ
バテン・カイトス
(クジラの腹)

$\zeta-\theta-\eta-\tau$ でつくるゆがんだ4辺形が，ふくれあがって不格好なたいご腹を想像させ，こんな怪物に美しいアンドロメダ姫をわたしてなるものかと，ペルセウスでなくても考えてしまう．

< 　3.9等　　　K0型　　>

フッド星図の「くじら座」

翼のある化けもの　　竜魚　　ライオン魚？(アラビア)

ジャガー(ブラジル)　　馬魚　　犬魚

象魚

くじら座いろいろ

くじら座の οオミクロン星
ミラ Mira = Miracle Star
　　　　　　ミラクル　スター　= Wonderful Star

奇跡の星
驚異の星

あるときは
くじら座の主星のごとく輝き
あるときは
その影すらみせない
不思議な星ミラ

＊ ο オミクロン

ミラ （不思議な星）

　あるときは2等星として輝き，あるときは10等にまで減光して，夜空から姿を消してしまう，お化けクジラにふさわしい不思議な変光星である．

　ミラ Mira という名前は，この星の観測をつづけたヘベリウスがステラ・ミラ Stella Mira（不思議な星）と称したのがはじまりだといわれる．ちょうどクジラの胸のあたりにあるので，ミラの変光を，脈打つクジラの心臓にみたてて，コル・カイトス（クジラの心臓）と呼びたいところだ．さすがにクジラの心臓らしく，およそ332日という長周期で大きく脈をうつ．

　くじら座のミラクル・スター Miracle Star は，δ星から75→71→ミラとたどるとさがしやすい．もちろん光度の極大期に．

＜変光 2等～10等，M6型
周期 331.6日，長周期変光星＞

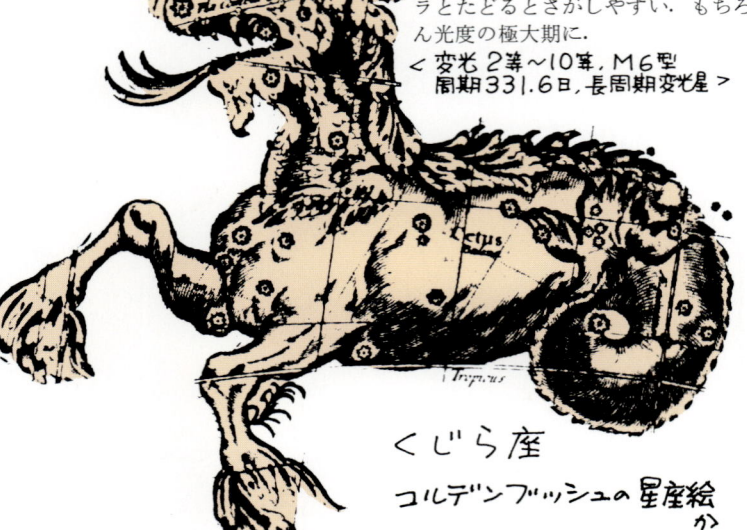

くじら座

コルデンブッシュの星座絵から

話題

★くじら座τ(タウ)に宇宙人が?

τはクジラの下腹にあたる4等星だが、太陽によく似た黄色の星(G型星)であること、太陽と同じようにゆっくり自転していること、大きさも似ていることなどから、ひょっとすると、この星のまわりに地球に似た惑星があって、知的生物がいるかもしれないと考えられた.

太陽によく似たいくつかの星のなかから、地球に近いこのくじら座のτとエリダヌス座εがオズマ計画の目標に選ばれた。この計画は、アメリカのグリーンバンクにある電波望遠鏡をつかって、宇宙人からの通信を受けようという夢いっぱいの楽しい計画で、"オズの魔法使い"にちなんでオズマ計画と呼ばれた。

万にひとつの可能性を求めたこの計画は、1960年5月から7月にかけておよそ150時間、直径28メートルのパラボラアンテナを二つの星に向けたのだが、残念ながら期待した成果はなかった。しかし、宇宙人との交信計画はあきらめたわけではない。現在はもっともっと巨大な計画が着々と進められている。いつかかならず、地球以外の星に住む高等生物の声を聞く日があるにちがいない。

τ星はごく平凡な4等星に過ぎないが、この大計画の第1歩に選ばれた記念すべき星である。空想の国オズの名をこの星の固有名に与えたいと思う。

<τ(タウ) 光度3.7等 G4型 距離11.9光年>

くじら座の伝説

●化けクジラの大失敗

ペルセウスはメデュウサ退治をしたのち、その首をもって帰路についたのだが、ちょうどエチオピアの国の上空を飛んだとき、美しいアンドロメダ姫が海魔におそわれようとしていた。(アンドロメダ座、ペルセウス座参照)

海魔は海の神ポセイドンの命をうけてエチオピアの国を襲うのだが、海草と貝殻をびっしりつけたグロテスクな怪物である。

人身ごくうとして、海岸の絶壁にくさりでつながれたアンドロメダは海魔の恐ろしい姿をみて気を失ってしまった。

あと一息で、美しい姫を一呑みにできるところまでせまった海魔の前に、突然一人の若者が立ちふさがった。

美しい彼女に一目ぼれしたペルセウスは、彼女のために必死になって戦った。

肩といわず腹といわず剣をつき刺したが、海魔はその傷にますますたけり狂って襲いかかった。

ペルセウスは飛行ぐつをうまく操縦してひらりひらりと体をかわしながらたたかったが、ついに海魔が鼻の穴からふきだす海水で飛行ぐつをぬらしてしまった。

不覚にも海中に墜落したペルセウスの運命は風前の灯。

ふと、彼は自分の持っているメデュウサの首のことをおもいだした。とっさに袋の中からこの首をとりだして、いままさに彼を一呑みにしようと大口をあけた海魔の目の前に突きだした。

悲鳴をあげた海魔は、みるみるうちに石になって海中深くしずんでしまった。

ペルセウスはアンドロメダ姫の鎖をといてやさしく助けあげた。

（ギリシャ）

海魔はクジラの怪物とされているが、猪の頭をした怪物にペルセウスが石を投げて戦っている古い壺絵もある。アンドロメダはペルセウスに石を手わたして協力している。

ところでこの海魔、メデュウサの顔をみて恐ろしさのあまり石と化したというのだが、怪物が怪物をみて驚くというのは、いったいどういうことなのだろう？　わが身のみにくさに気づかず、とかく他人に注文をつけたがるダレカサンへの風刺と受けとりたい。

岩になってブクブク海にしずんだ化けクジラ

くじら座の見どころガイド

＊M77はむりかな？

くじら座には明るい星雲や星団がない．たったひとつのM天体（メシエ天体）も，光度9等で暗すぎるし，6′×5′（明るい中心核は3′）とみかけも小さい．はたしてあなたの大型

M77（パロマ天文台）

双眼鏡でも認められるかどうか？
δ（4.1等）の東南東約1°にある．

幻の星座シリーズ

でんききかい座
MACHINA ELECTRICA

1800年，ドイツのボーデが「くじら座」の下に新設した星座である．

ボーデ星図にえがかれた電気機械は，実験室でつかわれる発電機と放電実験器具らしい．

プトレマイオスの48星座（2世紀）は，16世紀までそのまま生きつづけたが，16世紀のなかばを過ぎるころから，つぎつぎと新設星座が姿をあらわしはじめた．星座新設ブームは18世紀末までつづき，プトレマイオス48星座の空白と南天のすべてを埋めつくしてしまった．

ボーデJohann Elert Bodeの新設星座は，そうしたブームの最後に登場して，そして消えた．

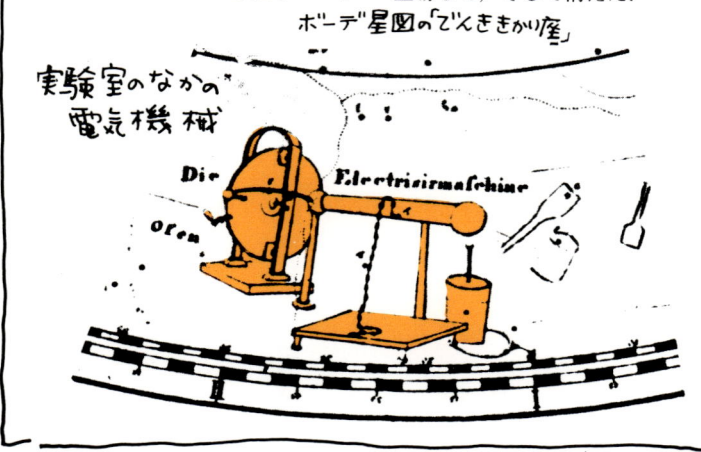

ボーデ星図の「でんききかい座」

実験室のなかの電気機械

Die Electrisirmaschine
ofen

ところで、このM77はみかけのみすばらしさに反して、実は直径17万光年というわが銀河系（直径10万光年）をはるかにしのぐ大渦巻銀河らしい．5200万光年ものかなたにあるものだから、さすがの大銀河もしょぼくれてしまうのだ．

<M77, 系外銀河, 8.9等, 5200万光年>

✻ ミラのふしぎ

くじら座といえばミラ Mira, というほど有名な変光星だ．それもそのはず、最初に発見された周期変光星で、博物館にでも入れておきたい歴史的栄誉に輝く星である．

1596年、ドイツの牧師ファブリチウス David Fabricius が、はじめてミラの変光を発見した．8月13日の夜、彼は水星の位置を観測しようとして、偶然えらんだ近くの3等星が、これまでの星図にかきこまれていないことに気がついた．ファブリチウスは、以後この不思議な星に注目した．

その星は8月末に2等星になったが、そのあとどんどん暗くなって10月には姿を消してしまった．

もし、当時望遠鏡があれば、消えたのではなく、暗くなっただけで、再び明るくなることも確められたであろう．当時は肉眼で観測をしたので、結局ファブリチウスはこの星が周期変光星であることには気がつかなかった．彼の天文の先生であったティコ・ブラエ Tycho Brahe が1572年に観測した新星と同じものだろうと考えた．

ミラが周期変光星であることは、1600年代になってから、多くの人が何度もくりかえして観測し、やっと確認されたのだ．

*

1603年、ドイツのバイエル Bayer が発行した星図"ウラノメトリア・ノバ Uranometria Nova（新天体図絵）"には4等星として記載され、バイエル名はοとなっている．

ファブリチウス自身も、1609年に

ミラに挑戦してみますか？

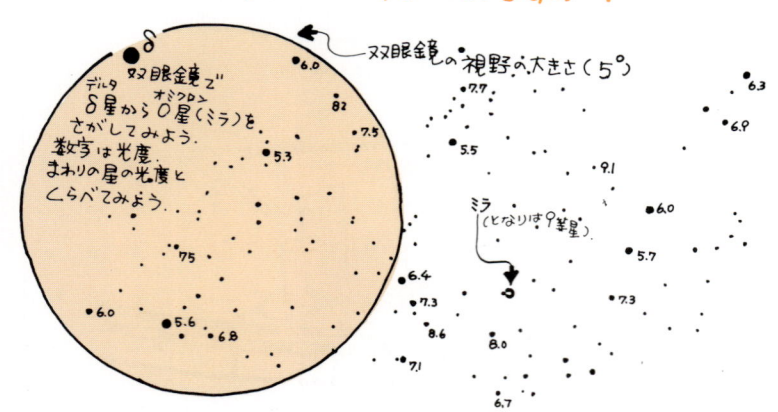

双眼鏡の視野の大きさ（5°）

双眼鏡でδ星からο星（ミラ）をさがしてみよう．数字は光度．まわりの星の光度とくらべてみよう．

ミラ（となりは9等星）

ミラの変光

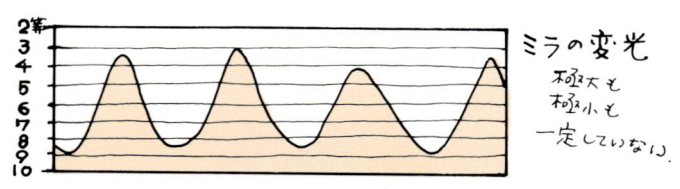

極大も
極小も
一定していない.

ミラの変光は 周期も 光度変化も かなり不規則

消えたはずの星と再び対面することができた. ミラ(ふしぎな星)の名付け親になったヘベリウスも, この星を熱心に観測した一人だった.

*

ところで, ミラの発見者ファブリチウスは, 星占いにこって5月9日が自分の大凶の日と信じていたが, はからずも, 彼は自分が予言した日に殺されてしまったとか….

このはなし, 真偽のほどはとにかく, ふしぎな星の発見者にふさわしい, ふしぎな話だ.

巨星の苦しい息づかい

1572年のチコの超新星, 1596年のミラの発見, そして1604年にケプラーが観測した超新星, こうした一連の変化する星の発見は, "天空は不変である"というアリストテレスの科学を打ちやぶるもので, 生きている星や宇宙の正体に挑戦する, 新しい天文学の幕明けになくてはならない重要な役割りをはたしたようだ.

ミラは331.6日(平均)という非常に長い周期で変光する. そして, 明るいときは2等星, 暗いときは10等星と, 驚くほど大きく変光する赤色巨星(太陽の直径の400倍以上)である. この長周期変光星第1号は, 脈動変光星の一種で, 星自身が半径方向の脈動(膨脹と収縮)をくりかえして明るさをかえる. 星の一生の末期をむかえた赤色巨星で, この種の長周期変光星をミラ型変光星とよんでいる.

死期のちかづいた巨大な星の, いかにも苦しげな息づかいをみるようで痛ましい.

ところで, ぜひこのふしぎな巨星のあがきをみたいという, 野次馬根性のおうせいな人は, 双眼鏡の助けをかりてこの星の変光するようすを観察してみるといい.

巨大な気まぐれ変光星

ミラ型変光星のように長い変光周期をもつ低温の脈動変光星は, 変光の大きさも, 周期も不規則になりがちで, かならずいつも極大時に2等星となって輝くとはかぎらないし, 極小時にかならず10等星になるわけでもない.

極大時に, おうし座のアルデバラン(1.1等)ほど輝いたこともあるらしいし, 5等星にしかならなかったこともある.

星の内部からエネルギーを外に運びだすとき, 輻射によるものと, 水素やヘリウムの対流によるものが考えられる. そして, 低温度星ほどその対流層の広がりが大きくて, 層内

の乱流の影響が星の脈動に作用しやすく、それが不規則変光の原因となっているのだろう．

ミラ型変光星は現在4500以上登録されている．

✺大スター「ミラ」の素顔

いずれにしても，ミラは肉眼でみられるときがあるのだから，一度本物をみてほしい．

ただし，くじら座と太陽位置の関係から，ミラがみられるのは7月の明け方から翌年3月の夕方までの9か月間に限られてしまう．したがって肉眼でみられる極大期がこの9か月からはずれた年は姿をみせない．

さすがに話題のスターだ，おいそれと簡単に顔をみせてくれない．毎年発行される天文関係の年表や年鑑で，予想極大日を調べて見当をつけるといい．もちろん，予想日が1か月ぐらいずれることは覚悟しなければいけない．大スターは気まぐれなのだ．

ところで，この大スターのかたわらに，白色に輝くかわいい10等星が恋人のようによりそっていることがわかった．さすがの大スターも大きな体をさらに赤くして（M6型星）てれくさがっている．

わずか0.8″しかはなれていないので，残念ながら双眼鏡ぐらいではその可愛い恋人をみることはできない．

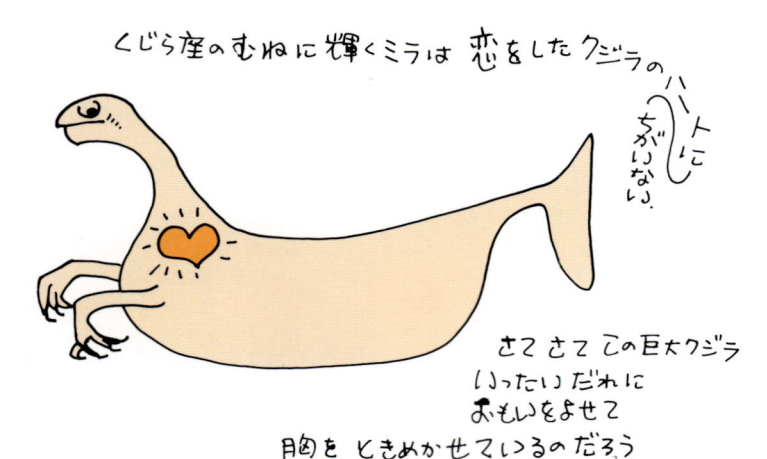

くじら座のむねに輝くミラは 恋をしたクジラのハートにちがいない．

さてさて この巨大クジラ いったいだれに おもいをよせて 胸を ときめかせているのだろうか？

話題

✸巨大クジラの缶づめの味は？

βをのぞくと，あとは3等星以下ばかりというめだたないくじら座だが，図体はさすがにでっかい．大きさでは88の全星座中第4位とがんばっている．

左右50°，天地35°という広がりは標準レンズの画面からはみだしてしまうほどだ．

参考のために，巨大星座のベスト5（ファイブ）をあげてみると，
 1位 "うみへび座（1302平方度）"
 2位 "おとめ座（1294平方度）"
 3位 "おおぐま座（1280平方度）"
 4位 "くじら座（1231平方度）"
 5位 "ヘルクレス座（1225平方度）"
となる．ついでに極小ベスト5は，
 1位 "みなみじゅうじ座（68平方度）"
 2位 "こうま座（72平方度）"
 3位 "や座（80平方度）"
 4位 "コンパス座（93平方度）"
 5位 "たて座（109平方度）"

この巨大なクジラを缶づめにしたら，ずいぶんたくさんの缶ずめができるだろう．大きいだけで身のひきしまっていないこのクジラ，味のほうはあまり期待しないほうがよさそうだ．

11 ほうおう座（日本名）
PHOENIX（学名）フォエニクス
ろ座
FORNAX フォルナクス
ちょうこくしつ座
SCULPTOR スクルプトル

ほうおう座のみりょく

晩秋のよいに，ほうおう座がみられる．

ほうおう座の学名（ラテン名）はPhoenix フォエニクス（通称フェニックス）．火の中からよみがえる伝説上の不死鳥のことだ．

日本名"ほうおう"もまた，想像上の幻の霊鳥である．

さて，このえんぎのいい火の鳥フェニックスがうまくみつかったら，ひょっとすると，霊鳥のご利益で，わが家の家計が火の車の中から華麗によみがえるかも？…というのは，少々むしがよすぎるだろうか？

ともあれ，今年のサイフのなかみの安泰を期待して，ほうおう座をさがしてみよう．

The Bride's Magazin Nov. 1969 より

パラダイスへ行く
フェニックス号

古代中国うまれの
ほうおう(鳳凰)の
いろいろ

PHOENIX
ほうおう
Phoenix
フェニックス

中国六朝時代

シベリヤ

韓国 高麗時代

日本 鎌倉時代

日本 室町時代

ZAURAK
ザウラク
(舟尾の星)

地平線スレスレを通るフェニックス
火の鳥

まぼろしの鳥・鳳凰は、鳳はオス
凰はメス、一対の霊鳥である

ほうおう座・ちょうこくしつ座の星々

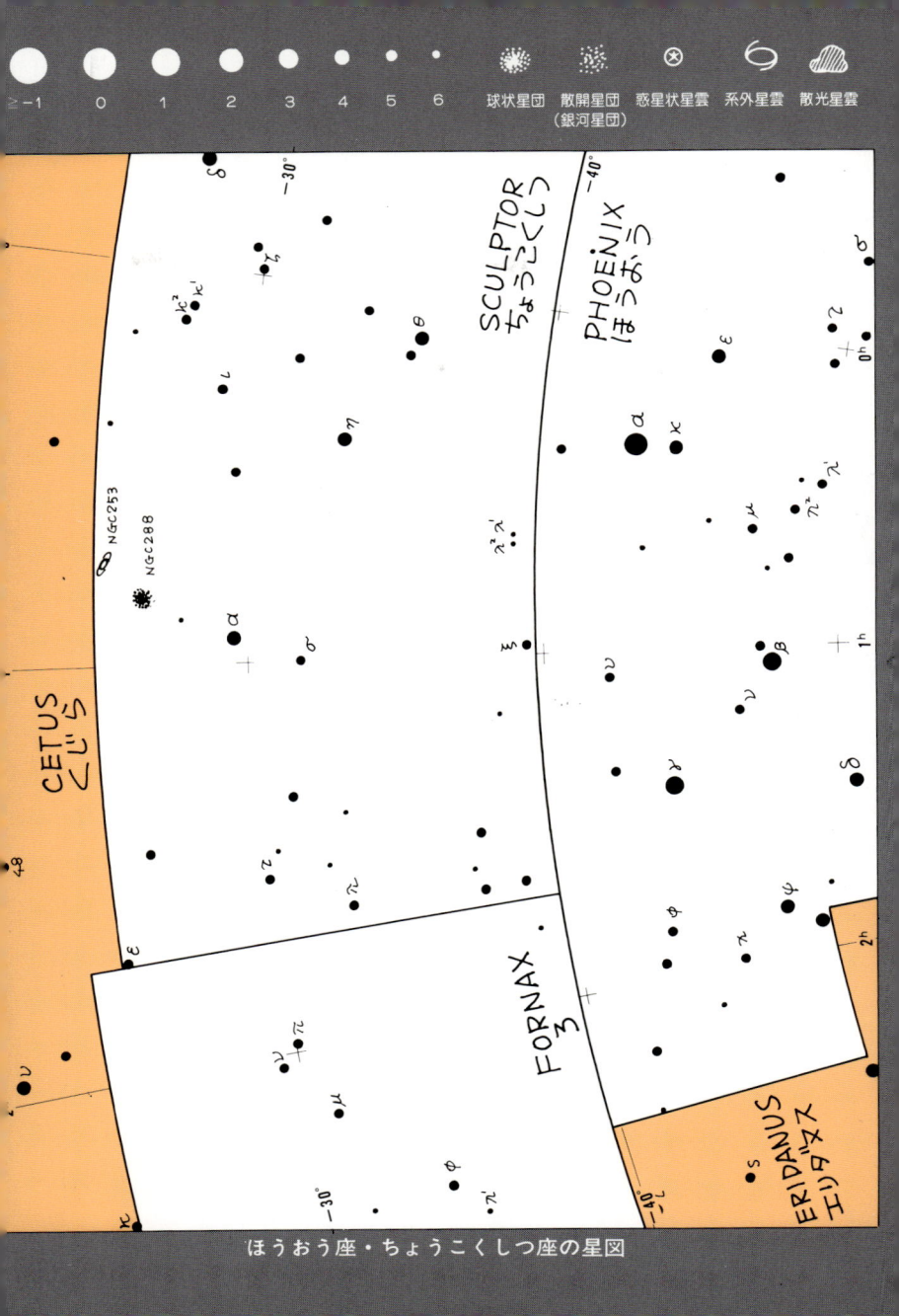

ほうおう座・ちょうこくしつ座の星図

ほうおう座 ろ座 ちょうこくしつ座の みつけかた

くじら座のβ星（デネブ・カイトス）が南中するころ，そのま下に2等星がもう一つある．ほうおう座の主星αだ．

さて，このα星，東京の南中高度がわずか12°そこそこという低さである．さすがの不死鳥フェニックスも低空飛行で精彩がない．

おそらく，あなたの目にうつるホウオウは，公害と光害にむせびながら，ホウホウのていで地平線の下へ逃げこむ"死にかけた不死鳥？"にちがいない．

精かんな不死鳥や，華麗なホウオウの姿をのぞむなら，ぜひ南の島へ旅をすることをおすすめする．

ほうおう座とくじら座にはさまれたあたりは"ちょうこくしつ座"，そして，その東側には"ろ座"．

どちらも輝星がなく，なんともさえない星座だが…．

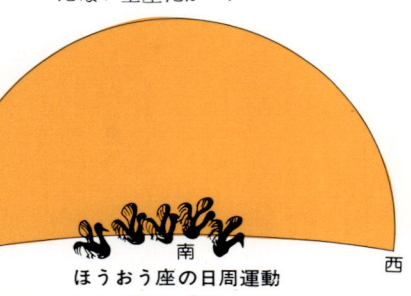

ほうおう座の日周運動

ろ座・ほうおう座・ちょうこくしつ座付近の星座

ほうおう座を見るには(表対照)

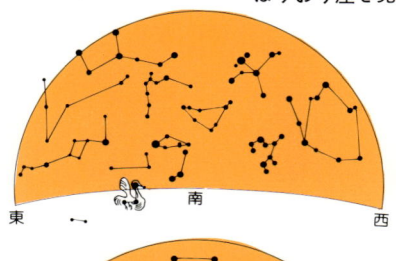

1月1日ごろ	15時	7月1日ごろ	3時
2月1日ごろ	13時	8月1日ごろ	1時
3月1日ごろ	11時	9月1日ごろ	23時
4月1日ごろ	9時	10月1日ごろ	21時
5月1日ごろ	7時	11月1日ごろ	19時
6月1日ごろ	5時	12月1日ごろ	17時

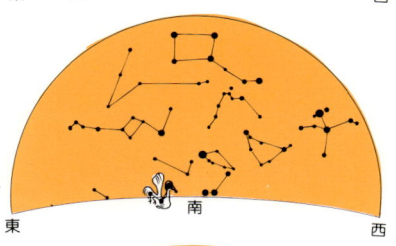

■は夜,▨は薄明,□は昼.

1月1日ごろ	17時	7月1日ごろ	5時
2月1日ごろ	15時	8月1日ごろ	3時
3月1日ごろ	13時	9月1日ごろ	1時
4月1日ごろ	11時	10月1日ごろ	23時
5月1日ごろ	9時	11月1日ごろ	21時
6月1日ごろ	7時	12月1日ごろ	19時

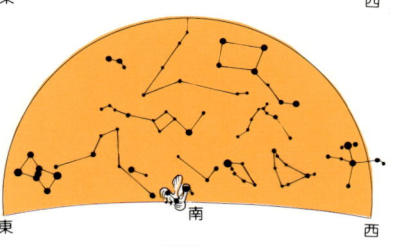

1月1日ごろ	18時	7月1日ごろ	6時
2月1日ごろ	16時	8月1日ごろ	4時
3月1日ごろ	14時	9月1日ごろ	2時
4月1日ごろ	12時	10月1日ごろ	0時
5月1日ごろ	10時	11月1日ごろ	22時
6月1日ごろ	8時	12月1日ごろ	20時

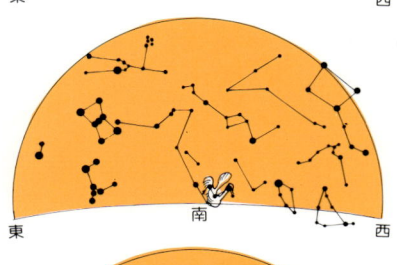

1月1日ごろ	20時	7月1日ごろ	8時
2月1日ごろ	18時	8月1日ごろ	6時
3月1日ごろ	16時	9月1日ごろ	4時
4月1日ごろ	14時	10月1日ごろ	2時
5月1日ごろ	12時	11月1日ごろ	0時
6月1日ごろ	10時	12月1日ごろ	22時

1月1日ごろ	21時	7月1日ごろ	9時
2月1日ごろ	19時	8月1日ごろ	7時
3月1日ごろ	17時	9月1日ごろ	5時
4月1日ごろ	15時	10月1日ごろ	3時
5月1日ごろ	13時	11月1日ごろ	1時
6月1日ごろ	11時	12月1日ごろ	23時

東経137°,北緯35°

ほうおう座の歴史

　1603年，ドイツのバイエルが新設した12星座のひとつである．
　Phoenix フォエニクス（通称フェニックス）は，伝説上の霊鳥で，火の中からよみがえる不死鳥である．
　もともと，古代エジプトの人々の想像の胎内から生まれたベンヌという霊鳥だった．ベンヌは不滅の太陽を象徴する"太陽の鳥"で，そのギリシャ語名が，フォエニクスだという．
　西に沈んで死んだ太陽が，朝，ふたたび東からよみがえることから，太陽信仰が生まれ，フェニックスはその再生する太陽の象徴として考えられたものらしい．
　日本の訳名ほうおう（鳳凰）は，フェニックスとちがって，古代中国の伝説に登場する幻の霊鳥で，平和な世界を象徴させた一対の鳥を想像したものだ．

ちょうこくしつ座 ろ座の歴史

　ちょうこくしつ座は，1763年にフランスのラカーユが"彫刻家のアトリエ"と名付けて新設した星座である．となりの"ろ座"も同じラカーユのつくったものだ．

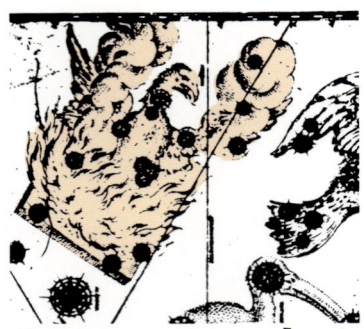

星図にえがかれた火の鳥フェニックス「ほうおう座」
バイエルの星図から

ラカーユ（ラカイユ）星図の「ろ座」「ちょうこくしつ座」

ラカーユ Lacaille は，18世紀の代表的な天文学者の一人だが，1750年から5年ほど，アフリカのケープタウンで南天の星を観測した．

彼の死後，1763年に南天の恒星カタログが出版されたが，同じく彼の絵入り星図も発表された．その中に14の新設星座がみられる．

ラカーユのつくった南天の14星座はいずれも現在つかわれている．

ろ座は，炉の上に化学実験器具がのっている絵がえがかれた．したがって"化学実験炉"とか，"化学実験器具"と呼ばれたこともあったようだ．

いずれにしても，ラカーユの星座は，星を結んだ形を無視してつくられたので，夜空でみつけて楽しいという星座ではない．

ほうおう座の星と名前

＊ α アルファ
ザウラク（舟船の星）

アラビアで船の星と呼んだのは，このあたりの星を結んで船の形を想像したからだといわれる．

α（2.4等）から κ（3.9等）―μ（4.7等）―β（3.4等）―γ（3.4等）と結ぶと，小さな半円ができて，海にうかんだ小舟にみえるが，はたして，アラビアの人々がみた船がこの小舟であったかどうかはわからない．

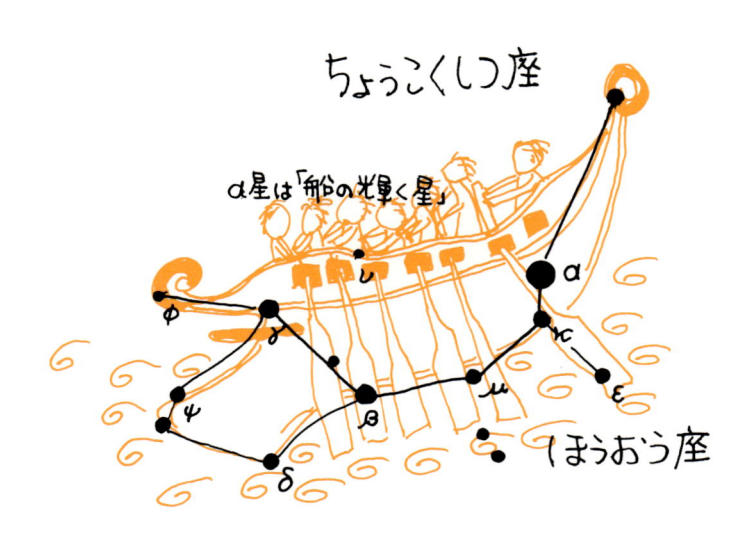

< 2.4等　G5型 >

ほうおう座の伝説

●火の鳥フェニックス

エジプトの太陽信仰の象徴として生まれたフェニックスは、ギリシャをはじめ、古代ローマ、アラビア、インドなどの伝説にも登場する.

フェニックスは、紅色と金色に輝く翼と、美しい鳴き声をもった霊鳥で、香りのいい木の枝で巣をつくって500年も生きつづけるという.

500年の寿命がつきると、自分の巣に火をはなって、自ずからもえてしまう. そして、その燃えさかる火の中から、あるいは燃えのこった灰の中から、ふたたび新しいフェニックスが誕生する.

古代エジプト人は、火の鳥フェニックスはアラビアに住み、500年に一度、太陽神の都ヘリオポリスに姿をあらわす不死鳥だと信じた.

*

不死鳥フェニックスといい、鳳凰といい、えんぎのいい東西の霊鳥の名をもらった"ほうおう座"は、少々名前負けといった感じがしないでもない. 主星αが2等星である以外は、目ぼしい星がないからだ.

●幻の霊鳥ホウオウ

日本名のホウオウは、古代中国の人々の想像から生まれた幻の霊鳥.

鳳(ほう)はオス、凰(おう)はメスの鳥で、仲のいい鳳凰は、かならず一対でアオギリの木に巣をつくるという.

五色の羽毛と五音の不思議な鳴き声をもつ鳳凰は、えんぎのいい鳥だとされた. めでたいことの象徴としてよくこの鳥の絵がつかわれる.

「火の鳥」の誕生

ちょうこくしつ座の見どころガイド

✴彫刻室の穴場

　ちょっとさがしにくいが、くじら座のβ星から南へ、ちょうこくしつ座の主星α（4.4等）の上に、球状星団 NGC 288 と、系外銀河 NGC 253 がたてに並んでいる.

　両者は約 1.5°ほど離れているだけなので、双眼鏡の同視野の中で、ならんでしまう.

　双眼鏡では、共に非常に淡い光点にしかみえないが、どちらも小望遠鏡でなら、意外によくみえる穴場である.

　NGC 288 はみごとな球状星団だし、NGC 253 はアンドロメダの大銀河のように細長い形が認められる系外銀河だ.

　星座そのものがみのがされがちなのだから、おそらくほとんどの人に見のがされているにちがいない. 彫刻室の片すみにある、誰も知らない秘密の穴場をのぞいて、密かな楽しみを味わうことにしよう.

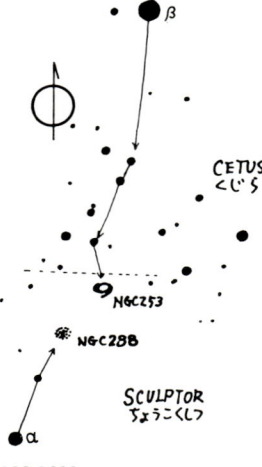

NGC288, 253 のさがしかた

＜NGC288, 球状星団, 7.2等, 視直径10′＞
＜NGC253, 系外銀河, 8.9等, 視直径25′×5′＞

NGC288（上）とNGC253（下）（撮影・村岡健治）

12 おひつじ座 (日本名)
ARIES (学名) アリエス
さんかく座
TRIANGULUM トリアングルム

おひつじ座の みりょく

黄道12星座中，第1番目にすわる最重要星座である．

にもかかわらず，おごることもなく目だちたがらないのは，羊のようにおとなしくというのだろうか，それとも羊の皮をきた狼ということなのだろうか．

2等星のαと，3等星のβと，4等星のγがつくる，いまにもつぶれそうな三角形以外，めぼしい星はみあたらない．

いまから2000年ほど昔，春分の太陽がこの星座で輝いたのだが，歳差が春分点をうお座に移動させてしまった．

実質的なトップの座をおりて，過去の栄光の重みに押しつぶされた，あわれなおひつじ座といったふうでもある．

空翔ぶ羊 金毛の

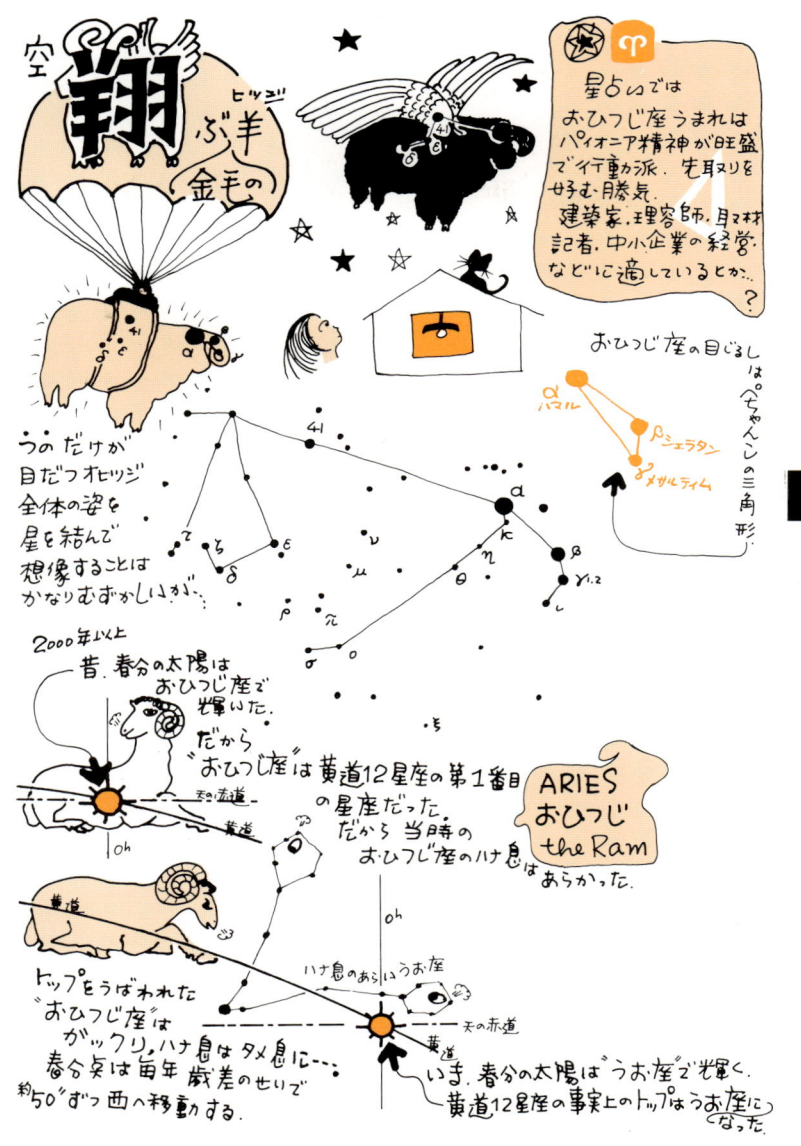

星占いでは
おひつじ座うまれは
パイオニア精神が旺盛で
イテ動力派・先取りを
好む・勝気
建築家・理容師・取材
記者・中小企業の経営
などに適しているとか…?

おひつじ座の目じるしは〈ちゃんこの三角形〉
α ハマル
β シェラタン
γ メサルティム

うのだけが
目だつオヒツジ
全体の姿を
星を結んで
想像することは
かなりむずかしいが…

2000年以上
昔.春分の太陽は
おひつじ座で
輝いた.
だから
"おひつじ座"は黄道12星座の第1番目
の星座だった.
だから当時の
おひつじ座のハナ息はあらかった.

ARIES
おひつじ
the Ram

トップをうばわれた
"おひつじ座"は
がっくり.ハナ息はタメ息に….
春分点は毎年 歳差のせいで
約50″ずつ西へ移動する.

ハナ息のあらいうお座

いま.春分の太陽は"うお座"で輝く.
黄道12星座の事実上のトップはうお座になった.

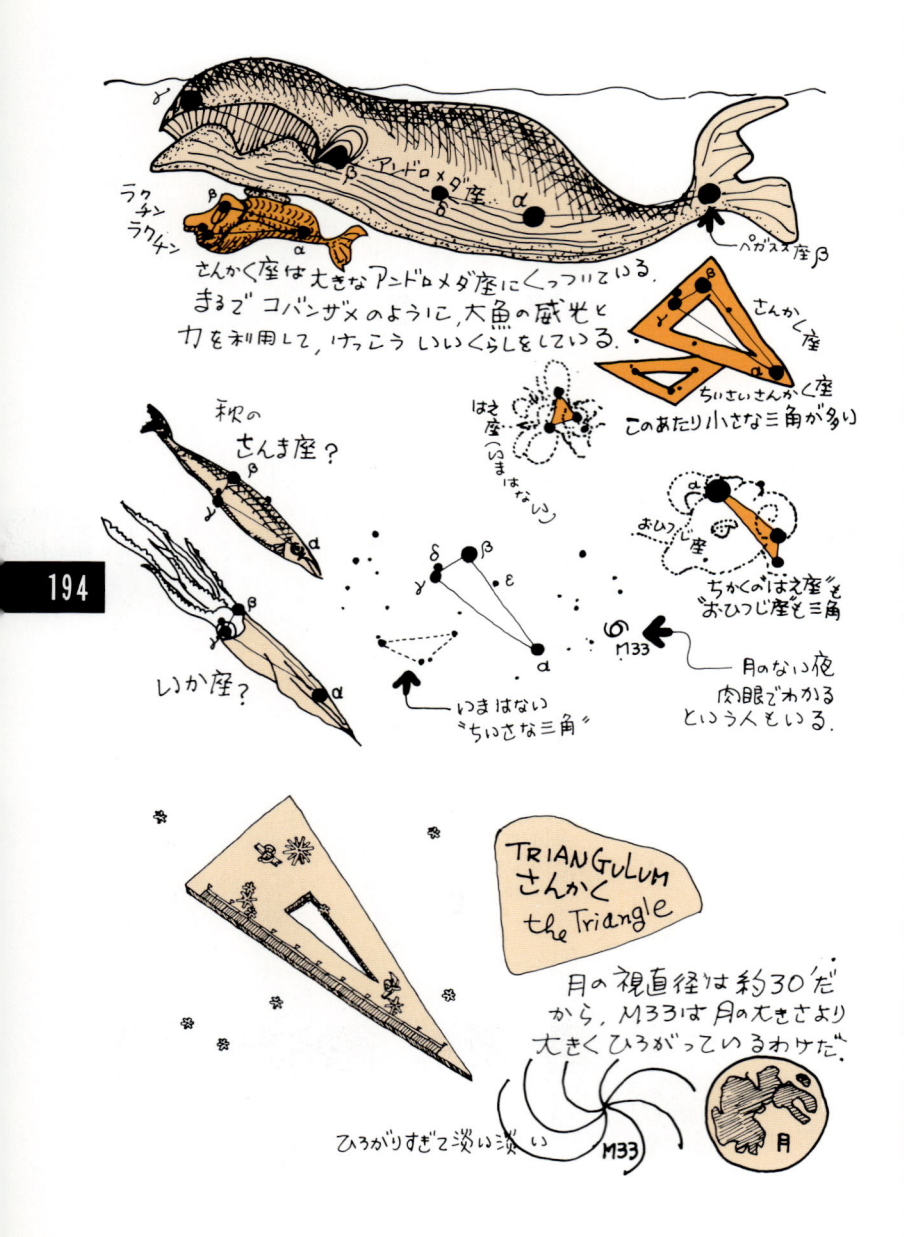

アンドロメダ座
ラクチンラクチン
ペガスス座β

さんかく座は大きなアンドロメダ座にくっついている。
まるでコバンザメのように、大魚の威光と
力を利用して、けっこう いいくらしをしている。

さんかく座
ちいさいさんかく座
このあたり小さな三角が多い

秋の
さんま座?

はえ座
(いまはない)

おひつじ座
ちかくの"はえ座"と
おひつじ座と三角

いか座?

いまはない
"ちいさな三角"

M33
月のない夜
肉眼でわかる
という人もいる。

TRIANGULUM
さんかく
the Triangle

月の視直径は約30'だ
から、M33は月の大きさより
大きくひろがっているわけだ。

ひろがりすぎて淡い淡い   M33   月

さんかく座のみりょく

　星を三つ結んだら，どれでも三角星になるのだが，バランスのいい三角星らしさが感じられるものと，そうでないものがある．

　アンドロメダ座とおひつじ座にはさまれた細長い二等辺三角形は，星が暗いわりに人目をひく．

　大星座アンドロメダの腹にぴったりくっついた小さな"さんかく座"を，大魚に吸いつく小判ザメのようだという人もある．

　まことにそのとおり，大きくもなく，明るくもなく，かくべつおもしろい形をしているわけでもないのにそれでも目につきやすいのは，大魚の威光をうまく利用したせいにちがいない．

　さんかく座には，M33という巨大な渦巻き星雲がある．偶然とはいえこの三角座，よくよく3に縁があるようだ．ついでのことに，小判ザメというよりサンマにみたてることにしよう．

　晩秋の宵空高く，油がのっておいしそうな"さんま座"がのぼる．

さんかく座の有名な渦巻星雲M33

おひつじ座・さんかく座の星々

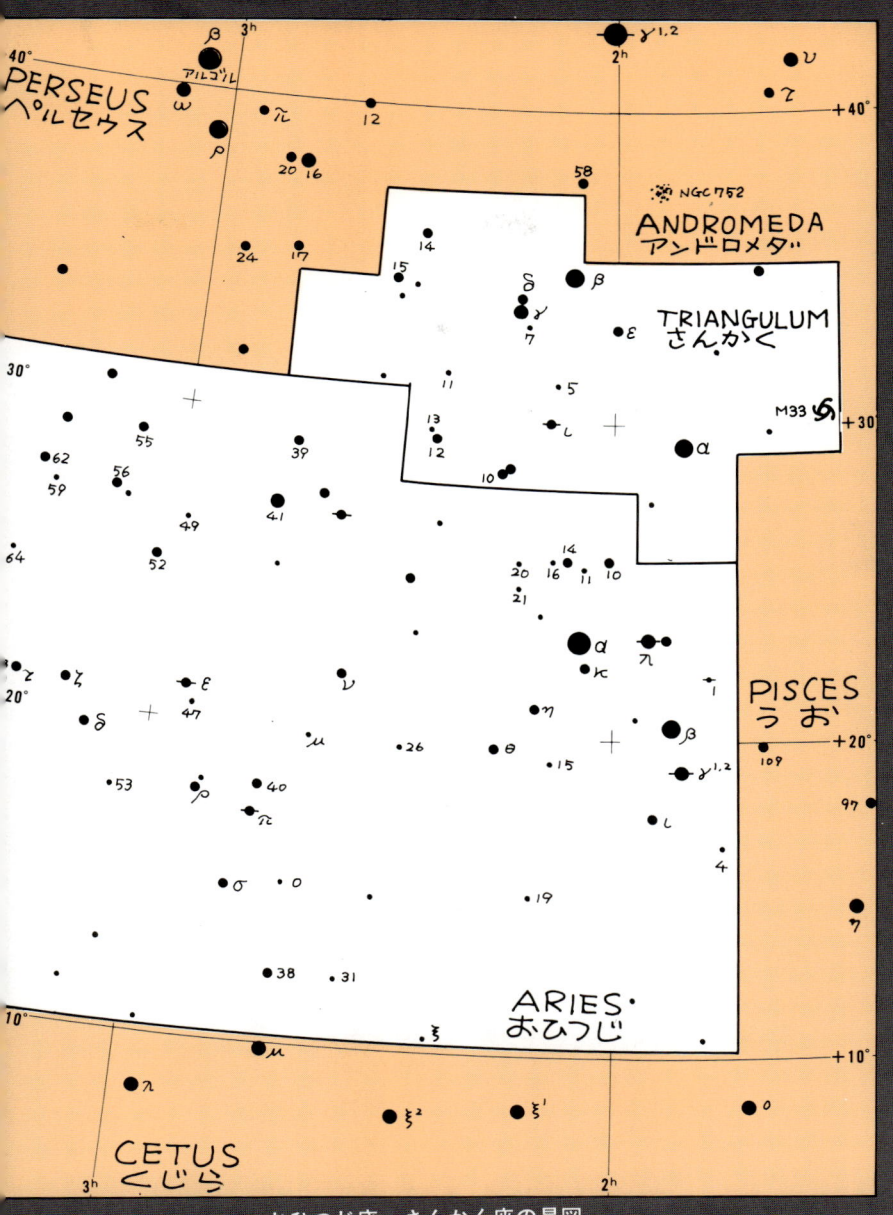

おひつじ座・さんかく座の星図

おひつじ座 さんかく座の みつけかた

　ペガススの四辺形と，プレアデス星団にはさまれた空間で，もっとも明るい星が，おひつじ座の主星ハマル(α)だ．このあたり唯一の2等星なので，簡単にみつかるだろう．

　$\alpha—\beta—\gamma$ がつくる鈍角三角形も，すこし目をこらせばわけなくみつかる．ここにうしろをふりかえったヒツジの頭と角をえがくと，プレアデス星団までの空白が，オヒツジのからだということになる．

　目ぼしい星はなく，オヒツジの姿をえがくことはできない．草むらにひそみ，角だけをちらつかせるオヒツジの性格は，日頃おとなしくてめだたないが，実はしっかりものということなのだろう．

*

　アンドロメダ座の足(γ)のすぐ南に，細長い二等辺三角形がある．

　北にアンドロメダ座，南におひつじ座，東はペルセウス座，そして，西にうお座と，4つの大きな星座にかこまれた小さなさんかく座は，ドイツ，イタリア，フランス，オーストリアにかこまれた小さなスイスににている．

　ペガススの四辺形がみつかったら北辺 $\beta \to \alpha$ And→を約1.5倍ほどのばしてもみつかるし，おうし座のヒヤデス星団とプレアデス星団をむすんで約1.5倍西にのばしてみつける手もある．

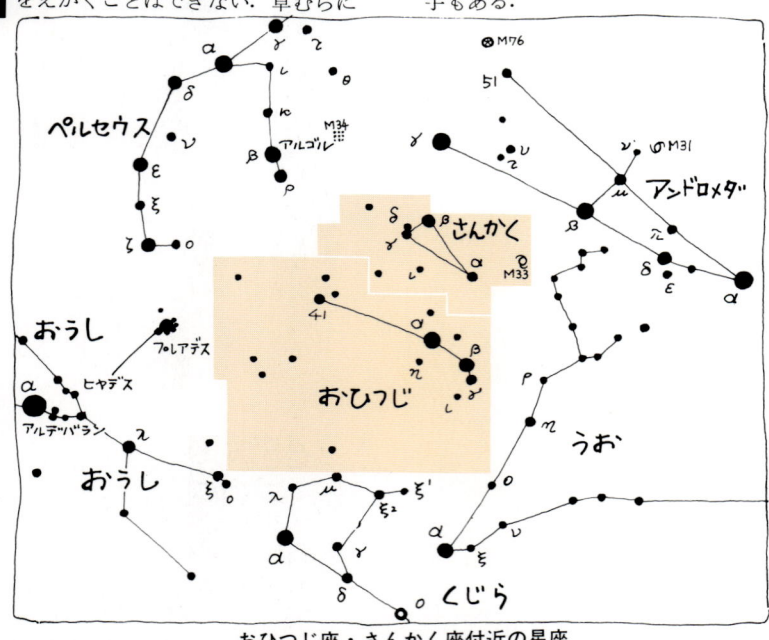

おひつじ座・さんかく座付近の星座

おひつじ座・さんかく座を見るには（表対照）

1月1日ごろ	12時	7月1日ごろ	0時
2月1日ごろ	10時	8月1日ごろ	22時
3月1日ごろ	8時	9月1日ごろ	20時
4月1日ごろ	6時	10月1日ごろ	18時
5月1日ごろ	4時	11月1日ごろ	16時
6月1日ごろ	2時	12月1日ごろ	14時

■は夜，▩は薄明，□は昼．

1月1日ごろ	15時30分	7月1日ごろ	3時30分
2月1日ごろ	13時30分	8月1日ごろ	1時30分
3月1日ごろ	11時30分	9月1日ごろ	23時30分
4月1日ごろ	9時30分	10月1日ごろ	21時30分
5月1日ごろ	7時30分	11月1日ごろ	19時30分
6月1日ごろ	5時30分	12月1日ごろ	17時30分

1月1日ごろ	19時	7月1日ごろ	7時
2月1日ごろ	17時	8月1日ごろ	5時
3月1日ごろ	15時	9月1日ごろ	3時
4月1日ごろ	13時	10月1日ごろ	1時
5月1日ごろ	11時	11月1日ごろ	23時
6月1日ごろ	9時	12月1日ごろ	21時

1月1日ごろ	22時30分	7月1日ごろ	10時30分
2月1日ごろ	20時30分	8月1日ごろ	8時30分
3月1日ごろ	18時30分	9月1日ごろ	6時30分
4月1日ごろ	16時30分	10月1日ごろ	4時30分
5月1日ごろ	14時30分	11月1日ごろ	2時30分
6月1日ごろ	12時30分	12月1日ごろ	0時30分

1月1日ごろ	2時	7月1日ごろ	14時
2月1日ごろ	0時	8月1日ごろ	12時
3月1日ごろ	22時	9月1日ごろ	10時
4月1日ごろ	20時	10月1日ごろ	8時
5月1日ごろ	18時	11月1日ごろ	6時
6月1日ごろ	16時	12月1日ごろ	4時

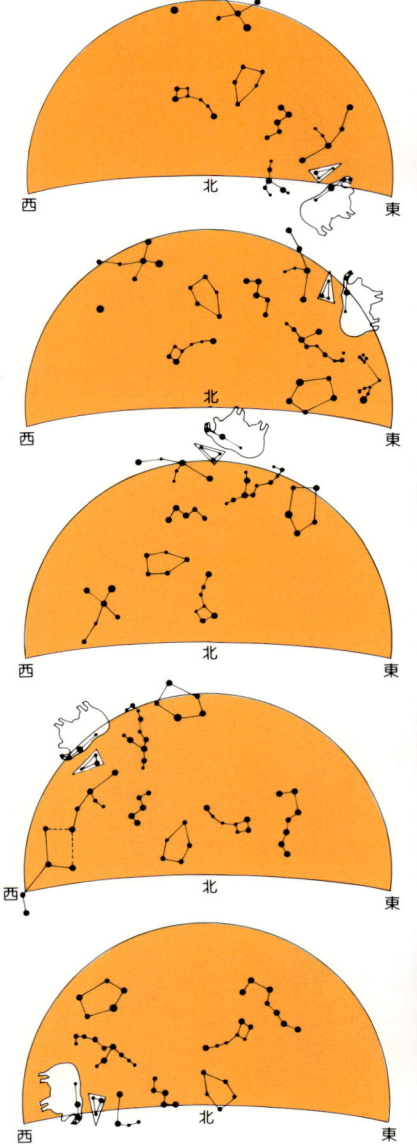

東経137°，北緯35°

おひつじ座の歴史

目だった星列がないのに,古くから主要な星座のひとつとなっていたのは,黄道上にあることと,2000年ほど昔は,ここに春分点があって,太陽の出発点となっていたせいだろう.

おまけに,星座の起源が,メソポタミア地方の牧羊民族カルデア人であったこと,かれらが星々を"天の羊"にみたてていたことなどから,羊の星座があるのは当然といえよう.

もっとも,カルデア人の星座が古代バビロニアに伝えられて,バビロニア星座となった頃(いまから 4〜5000年ほど昔),春分点は,現在のおうし座あたりにあって,春分の太陽がおひつじ座にはいったのはギリシャ時代になってからである.

アムモン Ammon は,古くからギリシャ人にも知られた,神託で有名なエジプト神だが,頭に牡羊の角をもった姿がえがかれている.ギリシャ神話には,このアムモンの神託がしばしば登場し,主人公達はそれにさからうことはできない.アンドロメダ姫を,海魔のいけにえにすることを命じたのもこの神だ.

当時,牡羊神の威光が絶大であったのは,春分の太陽がおひつじ座にあったことと,無関係とはおもえない.

さんかく座の歴史

小さくてめだたないが,その歴史は古くギリシャ時代の星座に登場する.当時はギリシャ文字の大文字デルタ Δ にみたてられた"デルタ座"

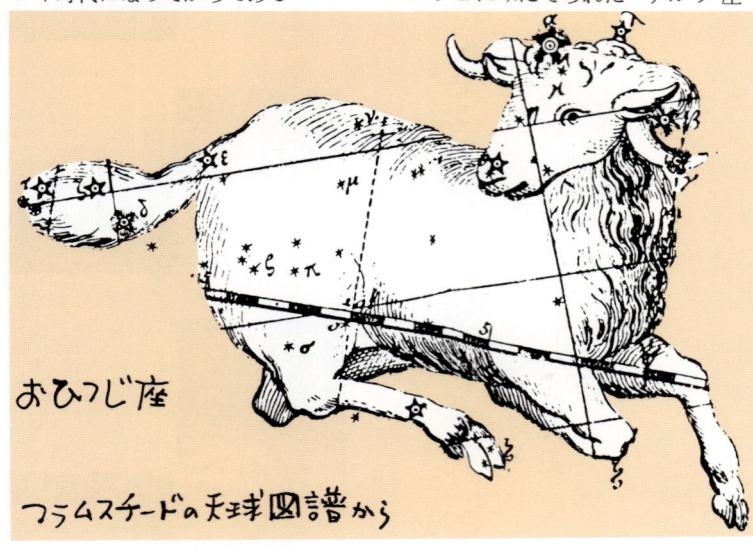

おひつじ座

フラムスチードの天球図譜から

であった．エジプトでも"ナイルのデルタ（三角州）"とよばれたらしい．

小さいながらプトレマイオスの48星座のひとつである．

ドイツのヘベリウスの星図（1687年出版）をみると，この小さな三角の下に，さらに小さな三角がえがかれている．たぶん ι —10—12 と結んだのだろう．いずれも光度5等の微光星である．したがって，さらに小さな三角が"小さな三角座"で，小さな三角？が"大きな三角座"になっている．

この星図をみると，"小さな三角座"のとなりに，もっと小さな三角があって，一匹のハエがえがかれている．それは現在のおひつじ座のオシリのあたりにある39—41—35を結んだものだ．

ヘベリウス星図（逆版）の「おひつじ座」

ブラウBlaeu星図の「おひつじ座」

コルテンブッシュの星図にえがかれた「おひつじ座」「さんかく座」，そして，「小さんかく座」と「ゆりの花座」．

おひつじ座の星と名前

✻ α アルファ
ハマル （羊の頭）

ハマル Hamal は、おひつじ座でただ一つの2等星、そして、最輝星である。

おひつじ座の主星であるこの星の名前は、おひつじ座すべての呼名でもあった。

< 2.2等　　K2型　　>

✻ β ベータ
シェラタン （しるし）

シェラタン Sheratan は、アラビア星座の名前からとったものだ。二十八宿の第1番目の星宿が"二つのしるし"と呼ばれβとγをさしている。

いまから3000年ほど前のことなので、おそらく当時の春分の太陽はこのあたりで輝いたのであろう。"しるし"というのは春分点のしるし、つまり年の初めの太陽の位置をあらわす"しるし"のことだったと考えられる。現在の春分点はうお座に移動してしまった。おひつじ座の"しるし"は今なんの"しるし"になるのだろう？

めだたないオヒツジがツノの先にランタン（β、シェラタン）をぶらさげて「おれはここにいるぞ」としらせているようでもある。

< 2.7等　　A5型　　>

✻ γ ガンマ
メサルティム （大臣？ 召使い？）

"二つのしるし"のもうひとつのしるしはγ星。4.8等と4.7等の二星が8"ほどはなれて並んでいる小望遠鏡向きの二重星である。

だから"二つのしるし"という呼名はこのγ星の名前では？ とうがったみかたもできるが、この重星を肉眼でみわけることは不可能だ。

なんと、望遠鏡で最初にみつかった記念すべき二重星が、このγ星なのだ。発見したのはイギリスのロバート・フック(1664)。

固有名メサルティム Mesartim の意味が"大臣"というのは、リチャード・アレンが Minister（大臣、公使、牧師、救いの神など）と関連があるのでは？ と書いたからで定説ではない。召使という意味もあるのでαやβに仕える召使という意味にとったほうが、この星にふさわしいようにもおもう。

< γ¹-γ²、4.8等-4.7等、
A0型-A0型、視距離 7.9" >

春分点はここですよ

シェラタン
Sheratan

✱ δ デルタ
ボテイン (腹)

いかにも，たべすぎてだぶついた"オヒツジの腹"といった感じの愉快な名前だ．ただし，実際の空でみるδ星は光度4.5等とさえない．だぶついたボテインBotinどころか，やせほそった飢えた羊の腹にしかみえない．

< 4.5等　　K2型 >

「すこしふとったかな？」

ボテイン Botein

幻の星座シリーズ

しょうさんかく座
TRIANGULUM MINOR
小三角

ポーランドの天文学者ヘベリウスがさんかく座とおひつじ座の間に小三角座をつくった．小さな三角（さんかく座）よりもっと小さな三角形だ．小三角座はヘベリウスの星図には姿をみせたが，いつのまにか消えてしまった．おそらく，すぐ下のオヒツジが紙きれとまちがえてたべてしまったのだろう．

ヘベリウスは10星座を新設したがそのうちの3星座が幻の星座になった．

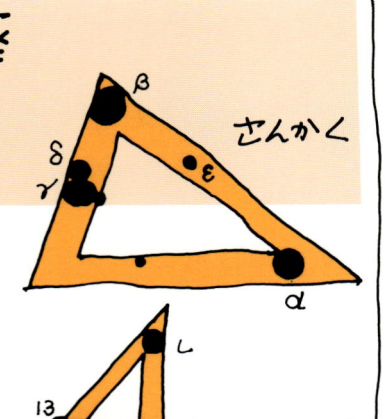

さんかく

しょうさんかく

さんかく座の星と名前

✱ α アルファ
カプト・トリアングリ
（三角のあたま）

その名のとおり，さんかく座の頭に輝く．α星を頂点にβとγを結んでできる二等辺三角形は，細長いピエロの三角帽子をおもわせる．

< 3.6等　　F2型 >

カプト・トリアングリ
Caput Trianguli

✱ β ベータ

三角形のひとつだが，主星αより明るい．

< 3.1等　　A5型 >

✱ γ ガンマ

三角形のひとつ．すぐとなりにδが並んでいる．目だめしのつもりでさがしてみよう．δは5等星．

< 4.1等　　A0型 >

● 星座絵のある星図 ●

メルカトールの星図

メルカトール（Mercator）は，オランダ生まれの有名な地図学者である．彼は地球儀だけでなく天球儀も多くつくった．

1569年に発表した「メルカトール投影法」による世界地図は，彼の名を不朽のものとした．この図法をつかった世界地図は現在も多く用いられている．この図法は航海用として便利だというので，航海図法ともいわれた．

右の星図は，彼の天球儀用にえがかれたものなので，星座が左右逆になっている．　　（1551年）

おひつじ座の伝説

● 空とぶ金毛の羊

伝説の羊は，伝令の神ヘルメスが雲の精ネペレに授けた"空をとぶ金毛の羊"である．

*

テーバイの王アタマス Athamas と雲の精ネペレ Nephele との間に，フリクソス Phrixos とヘレ Helle という男の子と女の子がいた．

ところが，アタマスは海の女神イノ Ino を二人目の妻としてむかえ，イノとの間にもレアルコスとメルケルテスという二人の子どもをつくった．

自分の子どもができると，イノは先妻の子どもを憎みはじめ，いわゆる継子いじめがはじまった．

ついにイノはフリクソスとヘレをなきものにしようと企らんだ．

ある年，彼女は種麦に細工をして芽がでないようにした．そして，アタマス王に神託を伝える使者を買収した．

その年は麦の芽がでないので，いままでにない大凶作となった．

王はさっそく使者をたてて神託をうかがったが，買収された使者は，フリクソスとヘレの兄妹を，ゼウスの犠牲にするように…と，うその神託をつたえた．神託の内容を知った人々は，口々に二人の子どもを犠牲にするようアタマス王に嘆願した．

天上でこのことを知った母のネペレは，ヘルメスから授った金毛の羊を放った．羊は二人の子どもを背中にのせて空中に救いだした．二人をのせた牡羊は，はるかかなた，東のはての国コルキスにむかって猛スピードで飛んだ．

ちょうどギリシャから小アジアにわたろうとするとき，妹のヘレはうっかり下を見て目がくらんでしまった．おもわず手をはなした彼女は，海に落ちて，海中深くしずんでいった．

おもわぬ妹の不幸に，兄フリクソスの心は大いにゆれうごいた．羊はそれ知ってフリクソスに勇気を吹きこんだ．

無事，フリクソスはコルキスの国へ逃げのびることができた．牡羊は大神ゼウスの生にえとしてささげられ，その金毛の毛皮はコルキスの王アイエテスにおくられた．

よろこんだ王アイエテスは，毛皮をアレスの森の樫の木に打ちつけ，夜も昼もねむることのない竜にまもらせた．

フリクソスは，アイエテス王の娘カルキオペ Chalkiope を妻にむかえ一生をコルキスでおくったという．

不幸にも妹ヘレがふりおとされて沈んだ海は，ヘレスポントス Helespontos と名付けられた．現在は古代都市ダルダノスの名をとって"ダルダネルス海峡（地中海と黒海をつなぐ海峡）"と呼んでいる．（ギリシャ）

さんかく座の見どころガイド

＊さんかく座といえば M33

　さんかく座といえば、"M33"という有名な渦巻大銀河がある。

　肉眼で認めることはきわめてむずかしいが、天体写真でみるM33は、渦巻きを正面からみているのでみごとだ。アンドロメダ座の大銀河（M31）とほぼ同距離の、およそ200万光年のかなたにある巨大な系外銀河で、一度はなんとか実物を自分の眼でたしかめてほしい天体のひとつである。

　M33は肉眼でみえる？ みえない？ というのもこの銀河の話題のひとつだが、みえる人にはたしかにみえるらしい？ といったところが結論のようだ。

　いうまでもないが、月のない夜に最高のコンディションでのぞめば、"みえるような気がする"ていどには認められるだろう。眼視等級が6.7等という肉眼の限界に近い明る

大望遠鏡で撮影した M33（パロマ天文台）

さを、55′×40′と、月（30′×30′）より大きく広げて、淡い淡い極く淡い星雲というイメージを頭の中につくりあげてから挑戦してみてほしい。

　都会に近い空とか、月のある夜はあきらめたほうがいい、双眼鏡をつかってもむずかしいだろう。

　"大銀河総身に光がまわりかね"さんかく座の頂点（α）のちかくにあって、低倍率の双眼鏡ならα星と同視野の中にとらえられる。α星からアンドロメダ座βにむかって、約1/3ほどいったところにある。

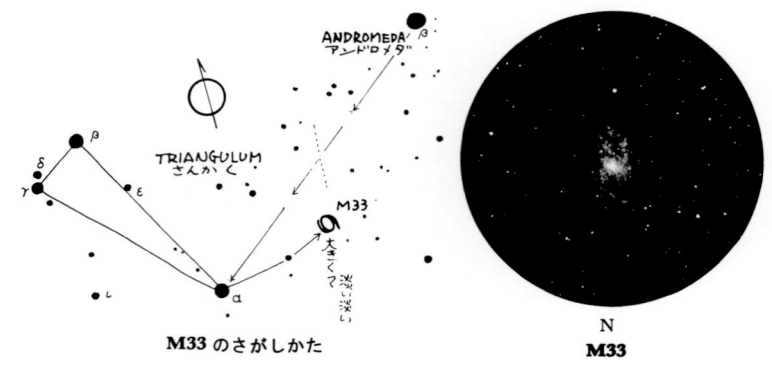

＜M33、天外銀河、6.7等、55′×40′、250万光年＞

M33のさがしかた

N
M33

― 幻の星座シリーズ ―

きたばい座
MUSCA BOREALIS ボレアリス
ムスカ

フラムスチード星図の「北ばい座」

le Triangle

la Mouche

　蠅が一匹，おひつじ座の背中にとまっていた．

　1624年，バルチウス Bartschius の星図に姿をあらわしたハイは，北のハイと呼ばれた．ラカーユの新設した南天のハイ（1763年）と共に，一対のハイが星座になったが，北のハイだけは，寒さと飢えのせい？で生きのびることができなかった．

　南のハイは，いまもなお健在．"はい座 Musca"は，南十字星のちかくで，もみ手をしながら両目をきょろきょろさせておいしいものを物色中である．

　なぜ，あのうるさいハイを星座にしたのだろうか？　しかも，2匹までも…？

　南天のハイは，その昔"インドバイ Musca Indica"とも呼ばれたらしい．そして更に古く，1603年のバイエルの星図には，なんとミツバチ Apis がえがかれている．

　実は，バルチウスの"きたばい座"も，最初は"すずめばち"だったのが"みつばち"に，そして"はい"にかわったのだという．

　なぜ，ハチがハイに変身してしまったのだろう？

　ところで，バルチウスは，4つの新星座（いっかくじゅう座，きりん座，きたばい座，ティグリス座）をつくったが，そのうち"いっかくじゅう座"と"きりん座"の2星座だけが生きのびた．

13 ペルセウス座 (日本名)

PERSEUS
ペルセウス (学名)

ペルセウス座のみりょく

アンドロメダ座のちかくに，ペルセウス座がある．

ペルセウスの星列は，アンドロメダのナイーブな曲線にたいして，すこしゴツゴツした曲線になる．それがいかにも勇士ペルセウスといった感じでいい．

女王カシオペヤと娘アンドロメダにまつわる"エチオピア王家の物語"に終止符をうったのは，主演男優ペルセウスの活躍である．

ペルセウスは，右手で剣をふりあげ，左手に女怪メドゥサの首をぶらさげて"みえ"をきる．このポーズなかなかきまっていて「ヨッ，エチオピ屋！」とおおむこうから声がかかりそうだ．

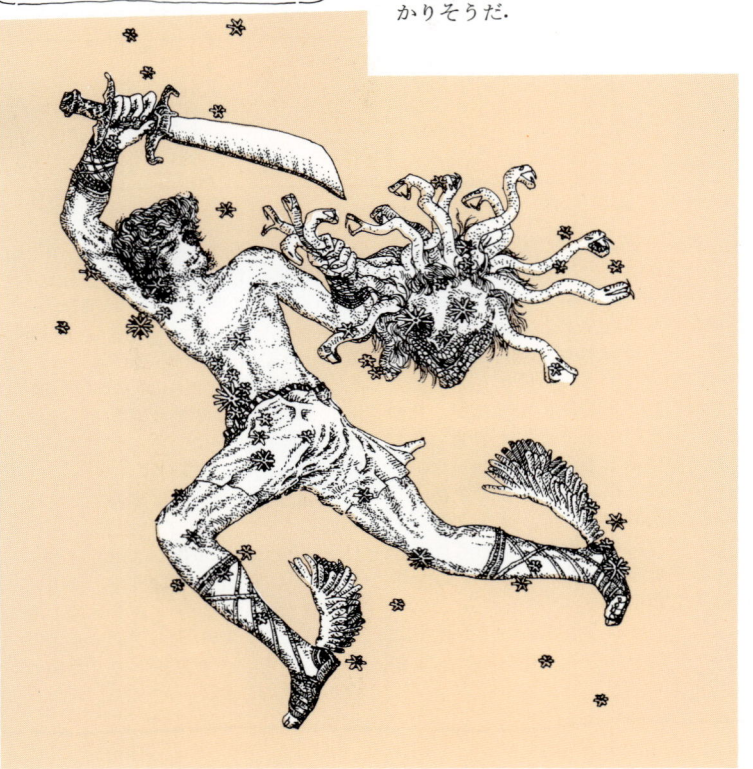

シビレルゥ

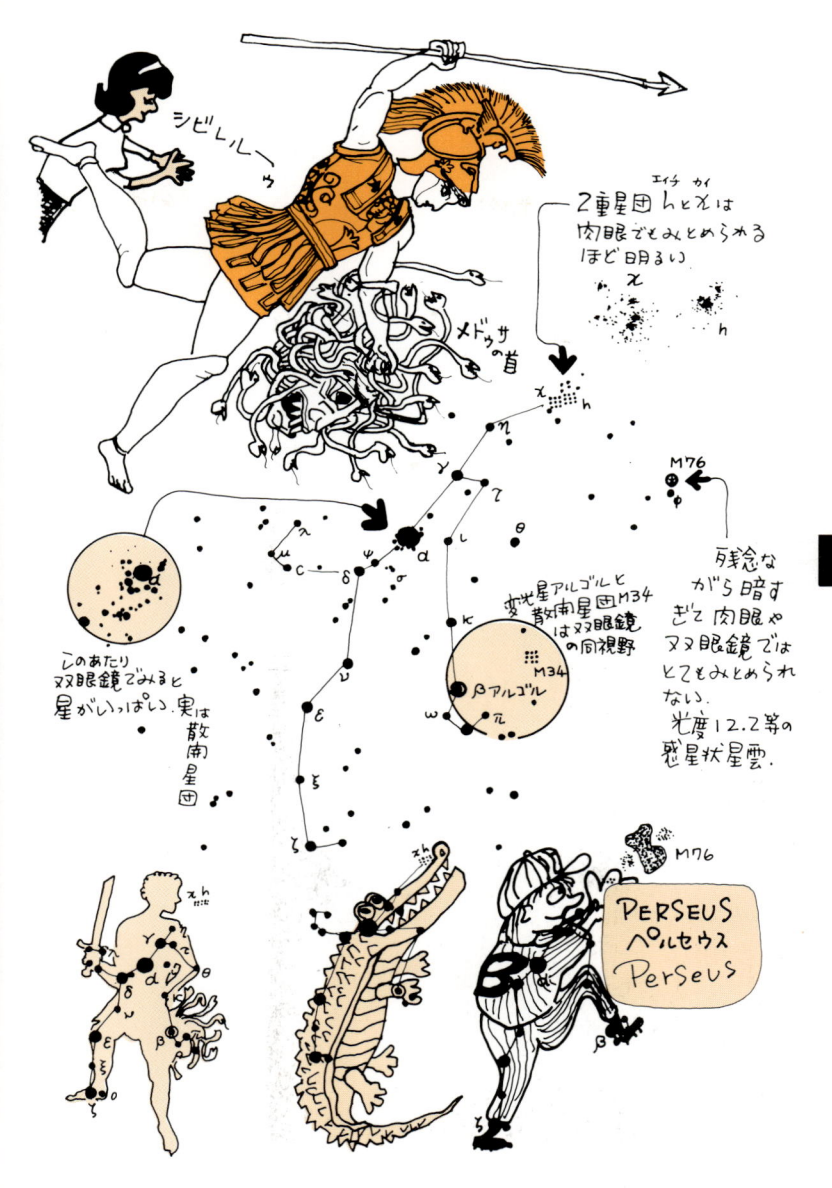

2重星団 h と χ は
肉眼でもみとめられる
ほど明るい

メドゥサの首

M76

残念な
がら暗す
ぎて肉眼や
ヌ双眼鏡では
とてもみとめ
られ
ない。
光度12.2等の
惑星状星雲.

ζ のあたり
双眼鏡でみると
星がいっぱい。実は
散開星団

変光星アルゴルと
散開星団M34
は双眼鏡
の同視野

M34
βアルゴル

M76

PERSEUS
ペルセウス
Perseus

ペルセウス座の星々

ペルセウス座の星図

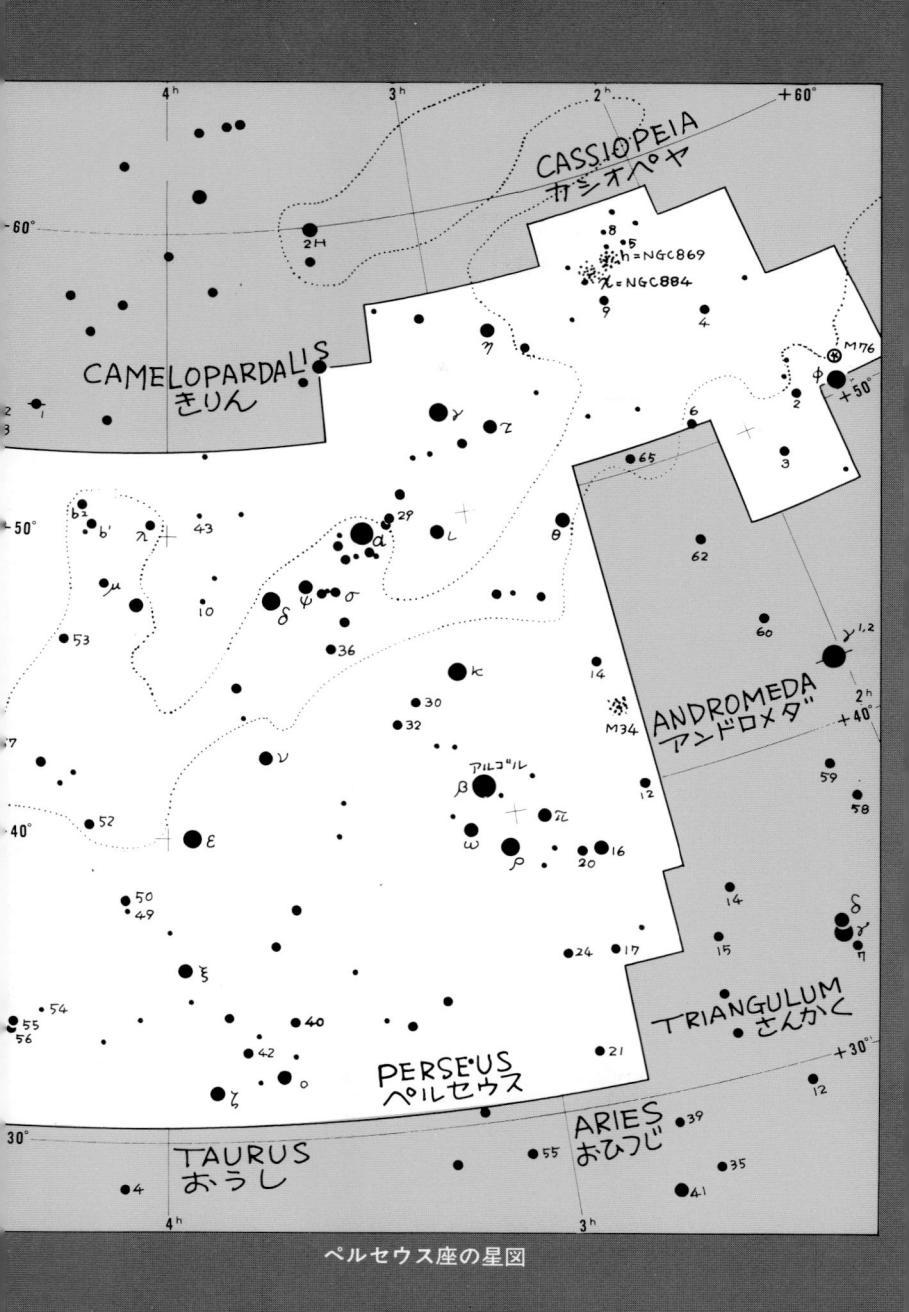

ペルセウス座のみつけかた

アンドロメダ座の α—β—γ と，等間かくに並んだ曲線を，さらにもう一つのばしたところに，ペルセウス座の主星 α（2等星）がみつかる．

α星を中心に，カシオペヤ座からプレアデス星団にいたるまで，大きく弓なりに連なる星列がペルセウスをあらわす．

すこしゴツゴツしたカーブは，アンドロメダ座のスマートなカーブにくらべて，力強く男らしい．

天の川のなかなので，星のにぎやかなところだ．

ペルセウス座の日周運動

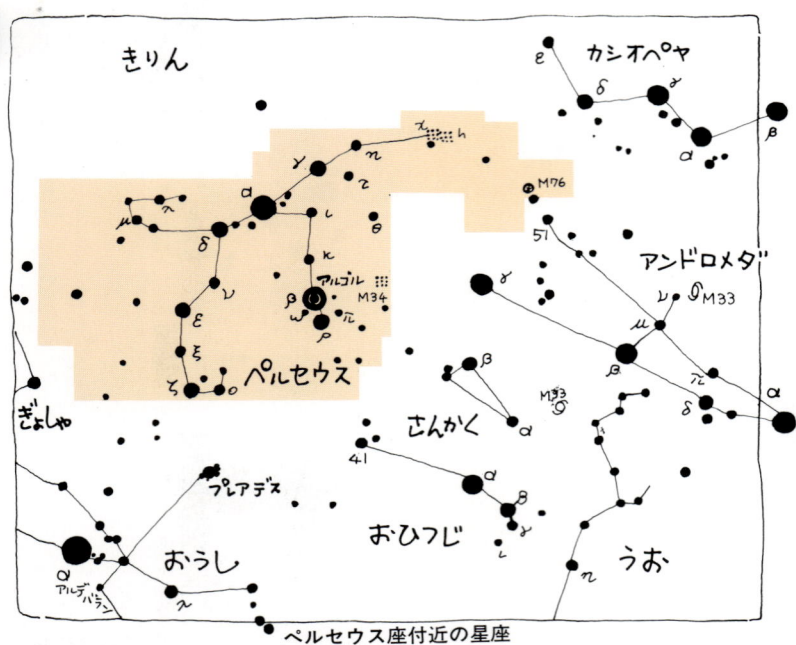

西　北　東

ペルセウス座付近の星座

ペルセウス座を見るには(表対照)

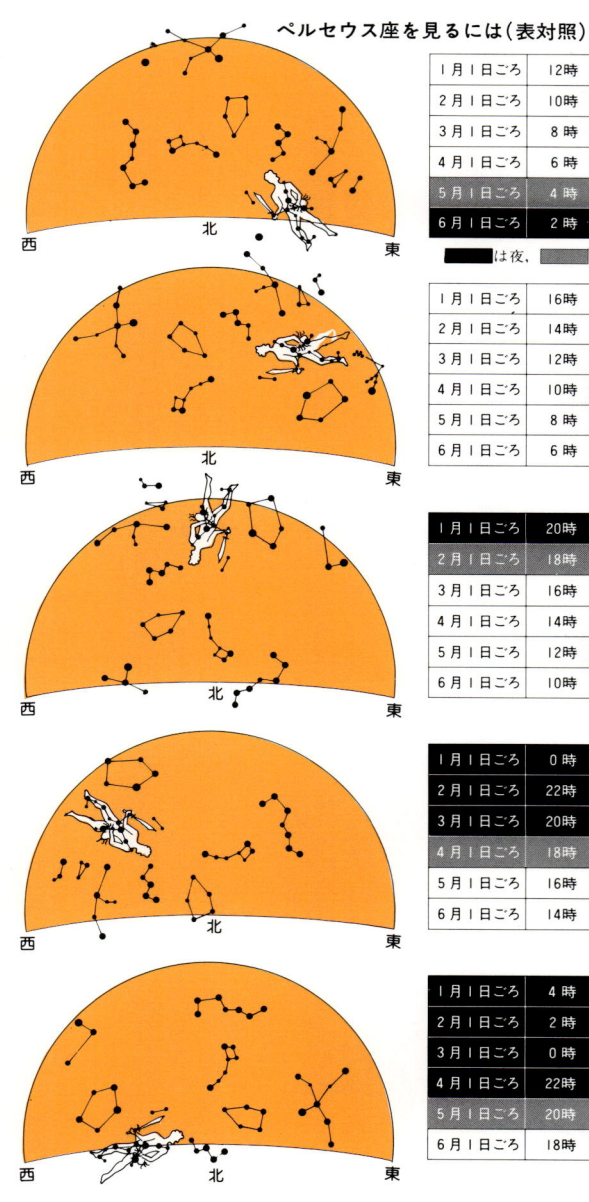

1月1日ごろ	12時	7月1日ごろ	0時
2月1日ごろ	10時	8月1日ごろ	22時
3月1日ごろ	8時	9月1日ごろ	20時
4月1日ごろ	6時	10月1日ごろ	18時
5月1日ごろ	4時	11月1日ごろ	16時
6月1日ごろ	2時	12月1日ごろ	14時

■は夜, ▨は薄明, □は昼.

1月1日ごろ	16時	7月1日ごろ	4時
2月1日ごろ	14時	8月1日ごろ	2時
3月1日ごろ	12時	9月1日ごろ	0時
4月1日ごろ	10時	10月1日ごろ	22時
5月1日ごろ	8時	11月1日ごろ	20時
6月1日ごろ	6時	12月1日ごろ	18時

1月1日ごろ	20時	7月1日ごろ	8時
2月1日ごろ	18時	8月1日ごろ	6時
3月1日ごろ	16時	9月1日ごろ	4時
4月1日ごろ	14時	10月1日ごろ	2時
5月1日ごろ	12時	11月1日ごろ	0時
6月1日ごろ	10時	12月1日ごろ	22時

1月1日ごろ	0時	7月1日ごろ	12時
2月1日ごろ	22時	8月1日ごろ	10時
3月1日ごろ	20時	9月1日ごろ	8時
4月1日ごろ	18時	10月1日ごろ	6時
5月1日ごろ	16時	11月1日ごろ	4時
6月1日ごろ	14時	12月1日ごろ	2時

1月1日ごろ	4時	7月1日ごろ	16時
2月1日ごろ	2時	8月1日ごろ	14時
3月1日ごろ	0時	9月1日ごろ	12時
4月1日ごろ	22時	10月1日ごろ	10時
5月1日ごろ	20時	11月1日ごろ	8時
6月1日ごろ	18時	12月1日ごろ	6時

東経137°, 北緯35°

ペルセウス座の歴史

ペルセウス座は，すでにギリシャ星座のなかにみられる古典星座のひとつだが，その原形はもっと古く，バビロニア時代の星座に登場する．

バビロニアでは，マルドゥクという万能の神にみたてられたが，この神はギリシャ神話の大神ゼウスの子である．

ペルセウスが大神ゼウスの子であることとも，無関係ではない．

大神ゼウスは息子に星の座をゆずってしまったが，はくちょう座，おうし座，わし座など，ゼウスの化身といわれる星座はいくつかのこっている．

ボルンマンのえがいた（1596）
「ペルセウス座」（右）
お手本はデューラーの星図にえがかれた星座絵らしい（下）

デューラー星図のペルセウス（1515）

ペルセウス座の星と名前

＊α アルファ
アルゲニブ (横腹)

アンドロメダ座のα星からβ—γ—アルゲニブと，等間かくに並んだ2等星が大きな曲線をつくる．

"秋の大曲線"と呼ぶことにしよう．

アルゲニブ Algenib は，ペルセウス座の弓なりに並んだ星列の，中央よりすこし上にある最輝星．わきばらというより，"勇士ペルセウスのハート"と呼びたい場所にある．ペルセウスは，となりの美しいアンドロメダ姫に胸をときめかせている．

ミルファク Mirfak (ひじ) という別名もあるが，これはペルセウスのひじではない．プレアデス星団を中心に，大きく両手をひろげた星列を"プレアデスの両手"と呼んだアラビアのみかたによるものだ．

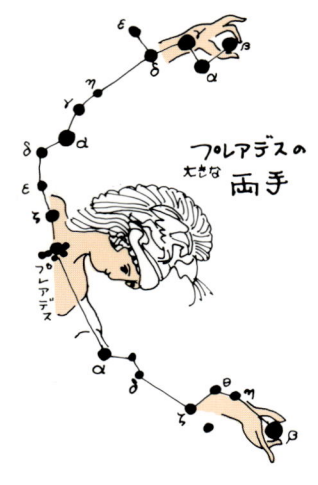

プレアデスの大きな両手

"プレアデスの両手"は，左手がくじら座のα—ζ—η—βまでのび，右手はペルセウス座のζ—ε—δ—α—γ—η—カシオペヤ座δ—γ とのびている．プレアデスの両手は，アンドロメダ姫も，オヒツジも，天馬ペガススまでもかかえこんでしまうほど大きい．α星はその巨大な右手のひじにあたるのだ．

< 1.9等　F5型 >

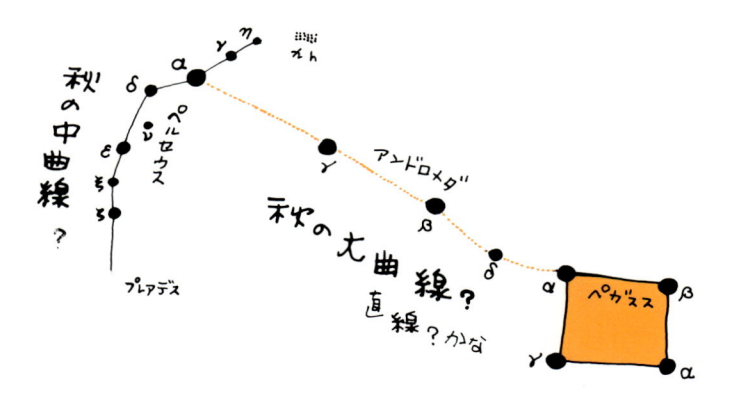

秋の中曲線？
秋の大曲線？
直線？かな

✳ β ベータ
アルゴル (悪魔)

ペルセウスのカーブからすこしそれたところにβ星がある.

この星は古くから知られていた有名な食変光星で, 周期2日20時間49分で2.2等～3.5等星に変光する.

勇士ペルセウスは, 片手で刀をふりあげ, もう一方の手に魔女メドゥサの首をぶらさげている. β星はその魔女の首にみたてられた.

変光の原因を知らない昔の人々にとって, 明るさをかえる不気味な星が, 悪魔の星にみえたのだろうか？

それとも, まったくの偶然の一致によるものなのだろうか？

β星が, アラビアでアルゴル Algol (悪魔) と呼ばれたことも, 更に古くここにメドゥサという魔女の首がえがかれたことも, 偶然にしては少

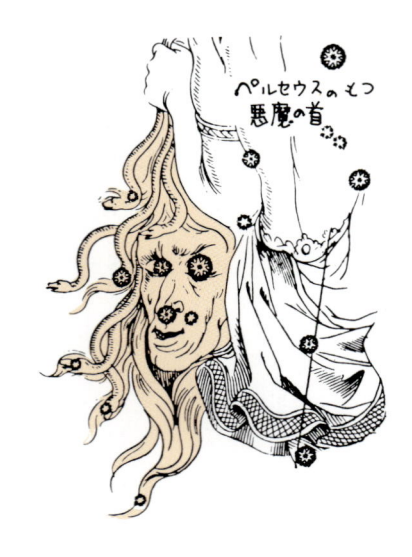

ペルセウスのもつ悪魔の首

ヘベリウスの星座絵から

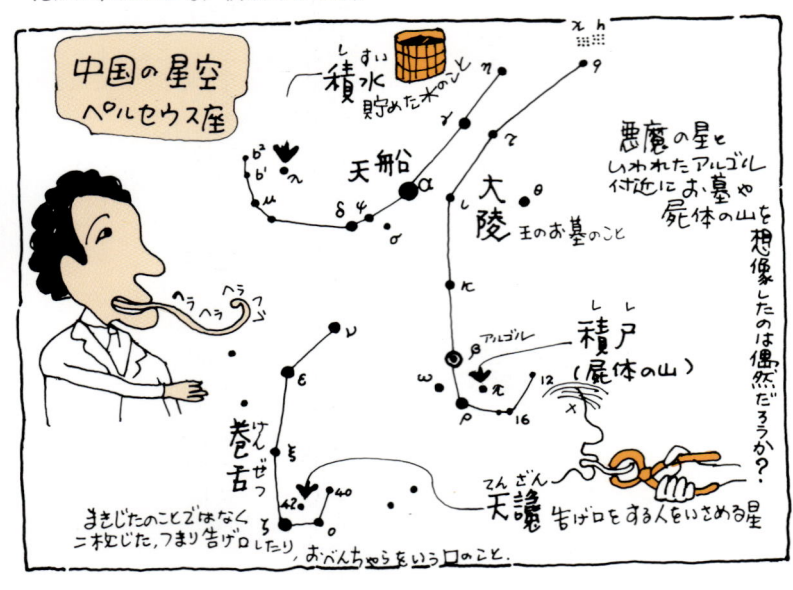

中国の星空 ペルセウス座

積水 貯めた水のこと
天船
大陵 王のお墓のこと
アルゴル
積尸 (屍体の山)
巻舌 まきじたのことではなく二枚じた, つまり告げ口したりおべんちゃらをいう口のこと.
天讒 告げ口をする人をいさめる星

悪魔の星といわれたアルゴル付近にお墓や屍体の山を想像したのは偶然だろうか？

々できすぎのようにおもえるのだが…?

人はかなり古くからアルゴルの変光に気づいていたらしい.しかし,それがいつの時代だったのかははっきりしない.

記録に残っているところでは,イタリアの天文学者モンタナリが1667年(1669年とか1672年ともいわれる)ごろ,この星が変化することを書き残したのがもっとも古いようだ.

アルゴル,悪魔／Demon Star,悪魔の頭／Demon's Head, Satan's Head, Spectre's Head, ゴルゴンの頭,メドゥサの頭…いずれもβ星の呼名である.

なんと,中国ではβ星を含む 9—τ—ι—κ—ρ—16—12 の星列を"大陵"と呼び,王の墓にみたて,β星のすぐとなりにあるπ星を"積尸(しし)"といって,積みかさねた屍体にみた.

中国星座の同定は,きめ手がすくなく,あやふやにならざるをえない点が多いのだが,ひょっとすると"積尸"という不気味な呼名は,π星

バイエル星図(1603)のペルセウス座

ヘル星図(1789)のペルセウス座

ではなく,悪魔の星β星の呼名ではなかったか,といううがった見かたもできなくはない.

<変光2.2等〜3.5等,$\beta\beta$型,周期2.867日,食変光星>

* $\nu.\varepsilon.\xi.\zeta.o.40.$ ——

巻舌(けんぜつ)

ν—ε—ξ—ζ—o—40 と結んでできる星列を中国では"巻舌"と呼んだ.

星列がいかにも,まき舌といったふうに並んでいるのもおもしろい.

巻舌とは,へらへらとおべんちゃらをいうことだという."おべんちゃら"まで星にしてしまう中国の星座は,みかたによってはけっこう楽しい.

ペルセウス座の伝説

●ダナエと黄金の雨

アルゴスの国王アクリシオスの王女ダナエ Danae は，誰からも愛されるやさしく美しい娘だった．

王は，ダナエに自分のあとつぎをさせる男の子がさずかるよう神に願った．しかし，神託はきびしくつめたかった．

王は夢の中で神の声を聞いた．
「おまえはダナエの子にいつか殺されるであろう」

王は恐ろしくなって，ダナエに子どもができないよう，青銅の部屋に幽閉した．小さな窓がひとつだけあるが，それも太陽や月の光以外は猫の子一匹通さない鉄格子でガードされた部屋だった．

ところが，天の大神ゼウスは，幽閉された美しいダナエに恋をしてしまった．

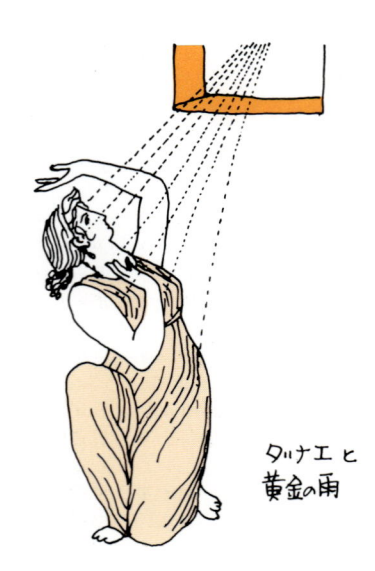

ダナエと黄金の雨

満月の夜，ゼウスは黄金の雨になって，小窓からダナエのからだに降りそそいだ．

やがて，ダナエは一人の男の子を生んだ．

ペルセウス Perseus はこうして生まれたのだが，王は孫の誕生を知って大いにうろたえた．そして，とうとう自分の娘ダナエと，その子を木箱に入れて海に流してしまった．

●ペルセウスの冒険

箱はセリフォス島の海岸に打上げられ，二人はディクテュスという親切な漁師に助けられた．ペルセウスはディクテュスに育てられた．

ところが，セリフォス島の王ポリュデクテュスは，彼の美しい母親に恋をした．なんとかダナエを自分のものにしたいのだが，そうなると，成人した息子のペルセウスが邪魔になる．

シッカルド星図（1687）のペルセウス座

一計を案じた王は，島の人々をあつめて，自分の娘の結婚祝いにどういう贈物をくれるかとたずねた．そして，ペルセウスには「おまえには贈るものがなにもあるまい」といった．

　自尊心を傷つけられたペルセウスは，つい「私はあなたが希望するなら，たとえそれがゴルゴンの首でもさしあげよう」と叫んでしまった．

　まんまと王の手にのってしまったペルセウスは，ゴルゴンの首をもってくるよう命ぜられた．

　ゴルゴン Gorgon は，ステンノー（強い女），エウリュアレ（飛ぶ女），メドゥサ Medusa（女王）と呼ばれる三姉妹だが，いずれも髪の毛のかわりに蛇が鎌首をもたげ，けもののように鋭くとがった歯をもつ恐ろしい顔をしていた．おまけに，背中に黄金の翼をつけた怪物である．

　するどい眼力は，みるものを石にするほどの偉力があって，人々に恐れられた．しかし，三人の中でメドゥサだけは不死身ではなかった．

　ペルセウスは戦いの女神アテナに助けを求め，怪物退治のための手だてをいくつか教えてもらった．

　まずは，翼のあるサンダルと，キビシスという不思議な袋と，かくれ帽子を，ニンフから借りることだった．

　さて，そのニンフ達の居所は，グライアイの三姉妹しか知らない．グライアイは娘といっても，生まれながらにして老婆で，三人で一つの目と，一つの歯しかもっていないという奇妙な姉妹であった．

　ペルセウスは，すきをみて彼女たちの目と歯を奪ってしまった．そして，ニンフの居所を教えてくれたら返すからとせまった．

　ニンフに借りたサンダルは，風のように空を飛ぶことができ，キビシスはどんなものでも入れられる袋，そして，かくれ帽子をかぶると誰からも姿がみえなくなってしまう．

　ペルセウスは，更にヘルメスから岩でも鉄でもなんでも切れる金剛の剣をもらい，女神アテナには青銅の楯をもらった．楯は，女神の忠告にしたがって，鏡のようにピカピカにみがいた．

　万全の準備をととのえたペルセウスは，ゴルゴンがいる世界の西のはてにむかって飛んだ．

　ゴルゴン姉妹は海岸の岩の上で眠っていた．頭のヘビたちもからみあって眠っている．

　ペルセウスは，アテナの教えにしたがって，青銅の楯に写ったメドゥサの姿をみながら，うしろ向きでちかづいた．

メドゥサとたたかうペルセウス

へビが一せいに鎌首をもたげ，メドゥサが目をさしまそうになったとき，ペルセウスはうしろ向きのまま剣をふりおろした．

切りおとしたメドゥサの首は，さっそく袋につめた．

気がついたメドゥサの姉妹たちは，おそろしい勢いで追ってきた．しかし，ペルセウスはかくれ帽子をかぶって姿をかくし，まんまと逃げきった．

途中，エチオピアの国で，アンドロメダ姫を助けて（アンドロメダ座を参照)，彼女を妻にするというオマケまでついた．

*

一方，ポリュデクテュス王は，自分の計画通り，ゴルゴンがペルセウスを石にしてしまったに違いないと考え，彼の母ダナエを襲った．

ダナエは，漁師のディクテュスと共に逃げたが，王一味に追いつめられ捕えられた．

ピカソがえがいた「闘うペルセウス」．左下はアンドロメダと婚約者ピネウス

ちょうど，このときペルセウスはセリポスに帰ってきた．むかえうつ王とその一味はメドゥサの首をみせられて，すべて石になってしまった．

ペルセウスは，母ダナエを助けてくれたディクテュスをこの国の王にして，自分は母と妻を連れて故郷のアルゴスにむかった．

このことを知ったアクリシオス王は，国をすてて逃げてしまった．そこで，ペルセウスはアルゴスの王となった．

しばらくして，近くの王国で競技会が催されたときのことだ．ペルセウスが投げた円盤が，あやまって見物人の中にとびこんでしまった．なんと，運悪く円盤にあたって死んだのは，偶然，通りかかって見物していたアクリシオスであった．

アクリシオスは，結局，夢でみたように，自分の娘ダナエの子に殺されてしまった． （ギリシャ）

アンドロメダ姫をたすけるペルセウス

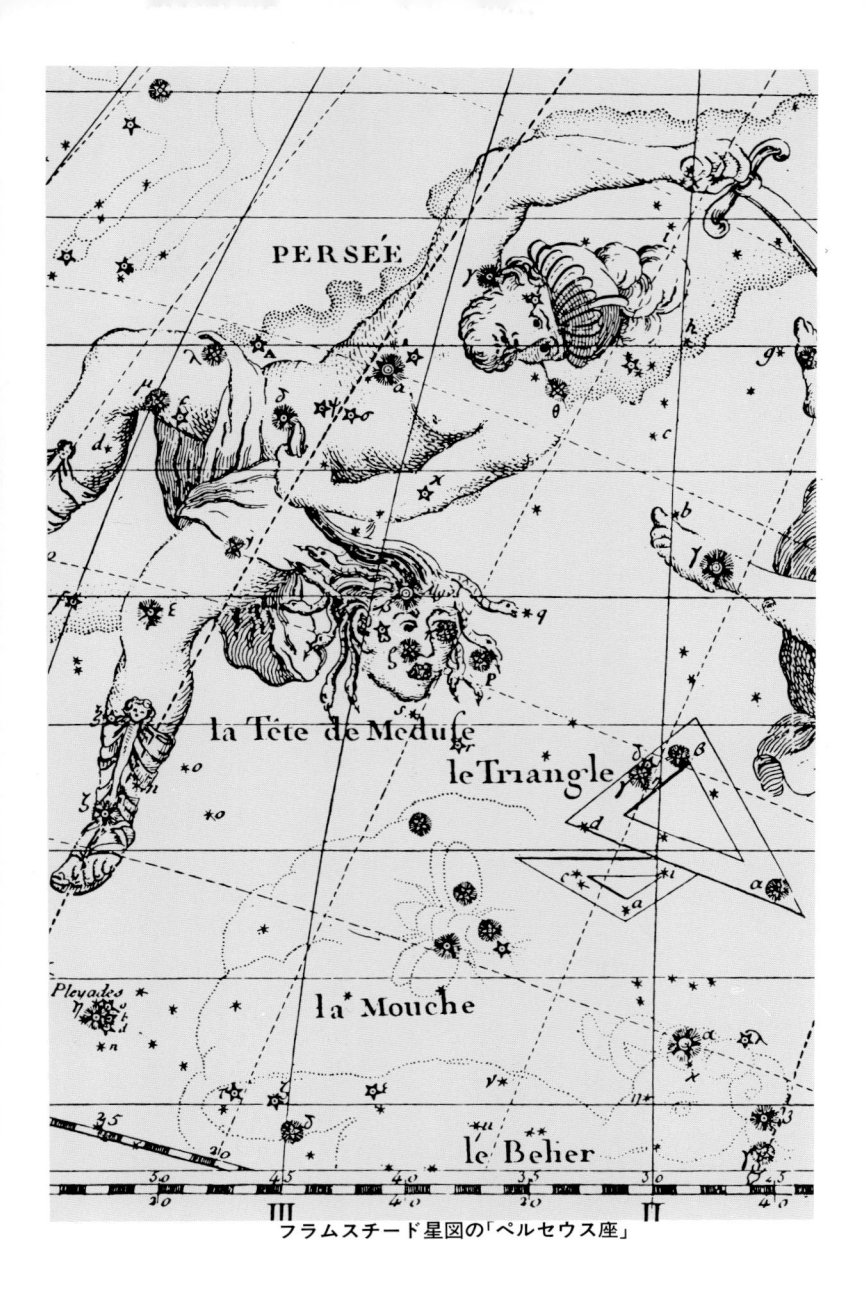

フラムスチード星図の「ペルセウス座」

ペルセウス座の見どころガイド

✱ α星のまわりはメロット20

ペルセウス座は，天の川にあるので，双眼鏡をむけると微光星が多いにぎやかな星座だ．とくに，α星，δ星や，ζ星付近はひしめきあっていて見ごたえがある．

実は，このあたりの星の集まりは同時に生まれた兄弟星たちらしい．つまり，散開星団の仲間なのだ．

あまりに散らばりすぎて，メシエには星団として認められず，メシエカタログには姿をみせないが，メロットのカタログには Mel 20（メロット20）として名をつらねている．

Mel 20 は，おうし座のヒヤデス星団(130光年)や，かみのけ座の星のむれ(260光年)とともに，比較的近距離(510光年)にある散開星団だ．

✱ 星のアソシエーション

ひろがりすぎて星団らしくみえないが，固有運動をしらべると，そろって同じ方向に運動していたり，1点から放射状にひろがりつつあることがわかる星の群れがある．そういう星の群れを，Association アソシエーション(連合)というが，ガス星雲の中で生まれたばかりの若い星の集団で，ちかくに暗黒星雲や，散光星雲をともなっている．

高温で青白く輝くO型星やB型星のアソシエーションや，ガスが星になって100万年くらいしかたっていないホヤホヤの星（おうし座T型変

ペルセウス座α星付近（撮影・上森和明）

光星）のアソシエーションがある．

アソシエーションの星は，おたがいの引力による結びつきが弱く，どんどん拡がって，やがてはバラバラに散ってしまうだろう．

ペルセウス座のζ星と，その周囲をとりまく青白い星々も，ひとつのアソシエーションだし，オリオンの大星雲を中心にしたオリオン座の星々も，アソシエーションとしてよく知られている．

✱ 二重星団 h と χ
Double cluster

勇士ペルセウスがふりあげた剣の先に，有名な二重星団がある．

"ペルセウス座の二重星団"，または"エイチ・カイ (h・χ) 星団"という奇妙な呼名で親しまれている散開星団のカップルだ．

双眼鏡ならもちろん，肉眼でも，星雲状のはん点が二つ並んでいるのがわかる．双眼鏡では，星の大集団の雰囲気が感じられるほどにぎやかだ．

なぜか，hとχという恒星名（バイエル名）で呼ばれたこの二つの星団は，かなり古くから"恒星状の光点"として認められていたようだ．

肉眼でみとめられる光点だから，恒星名がつけられたことはうなずけるが，奇妙なのは，このみごとな星団がメシエのカタログに記載されていないことだ．

小望遠鏡で楽しめる星団のなかでも，1～2をあらそうほど明るいみごとな星団なのに，なぜメシエは自分のリストの中にとりあげなかったのだろう？

二重星団　**h**(右) χ(左) 双眼鏡 6×30

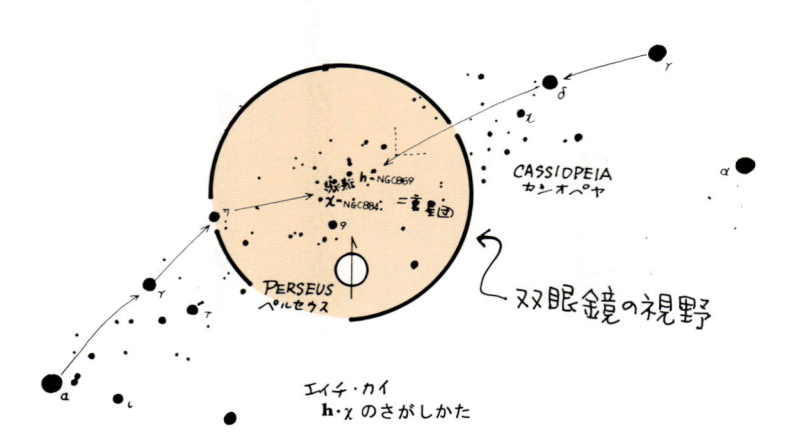

エイチ・カイ
h・χ のさがしかた

★メシエカタログの謎

フランスのメシエは，彗星の捜索や観測中に，彗星によく似た天体を多くみつけた．そこで，こういった彗星とまぎらわしい天体のリストをつくることをおもいたった．

すでに知られていたもの22個に，自分の発見した18個を加えて，最初のリスト（40個）ができた．ところが，その出版準備中に，おおいぬ座の中でM 41が発見された．

メシエは，自分のリストをちょうどきりのいい数にしたかったので，更に4個加えて45のリストにした．

45個のメシエカタログは，1771年に出版されたが，その後，次々に新しい星団・星雲が追加されて，1780年には68個，そして翌年には，後輩のメシアンの発見したもの（24個）を加えて，リストの総数は100個にもなった．

メシエのカタログは，100個でストップして，1817年に彼はこの世をさった．

現在のメシエカタログは，その後何人かの天文学者の提案で，109個～110個までふえてしまった．

ところが，二重星団 h と χ は，この110個のリストのなかにも登場しない．

どこでどうまちがって，はずされてしまったのだろう？

メシエカタログの奥付につけられたオリジナルマーク

h・χ（撮影・三浦勝弘）

★ hとχはなぜメシエカタログにないのか？

もともと、メシエは彗星とまぎらわしい天体のカタログをつくるのが目的だったので、明らかに星団とわかるhとχは、彼のカタログの対象ではなかったのだろうか？

hとχがメシエのカタログに採用されるチャンスは、2度あったが、運悪くいずれもチャンスは生かされず、栄光のM番号をもらうことができなかった、というみかたもある。最初のチャンスは、40個のリストをつくったときだ。

M40は、星雲でも星団でもなく、おおぐま座の70番星のちかくに、単に恒星（9等星）が2個並んでいるにすぎない。これは、メシエが自分のカタログ総数をきりのいい40にするために、ヘベリウスが星雲と見あやまったとおもわれるものを、むりに加えたらしい。

もしも、このとき2個加えてちょうどきりのいい数になったのなら、ペルセウス座の h, χ が加えられたかもしれない。

もう一度のチャンスは、M41がみつかって、40個が41個になったときだ。

メシエは、更に4個加えて、きりのいい数にすることにこだわったのだが、つけ加えたのはオリオン座の散光星雲（M42, M43）、かに座のプレセペ星団（M44）、おうし座のプレアデス星団（M45）だった。いずれも彗星とまちがえる心配のないものばかりだが、h, χ はこのときも、メシエカタログに名をつらねることができなかった。M43とM45は、hとχでもよかったとおもうが、よくよくついていないh・χだ。

★ 星団に老化現象が？

話題の h-χ 星団は、生まれてまもない若い星団（数百万年ぐらい）だと考えられている。ところが、望遠鏡でみると、χのなかにいくつかの赤い星（M型の赤色超巨星）がみつかる。

赤色超巨星は、星の一生の末期にみられる状態なので、老齢の星ということになる。

なぜ、若いはずの星団に、老齢の星があるのだろう？

おそらく、巨大なからだをして生まれた星が、燃料消費があまりはげしいので、小さな星よりはるかに速く老化してしまったのだろう。

私たちの太陽は、幸いにして、星仲間の中では、中の下、つまり中型かあるいは小型の恒星として生まれた。赤色巨星への道をたどるには、まだ50億年という寿命が残されている。

それにくらべると、わずか数百万年で巨星になってしまった星達が、いかに短命なのかがわかる。

χ(右) h(左)　　N

h・χはドライヤー Dreyer の NGC カタログでは 869 と 884 として登録されている。
　h は 7300 光年あたりにある 300 ぐらいの星の集団、χ は 7800 光年あたりにある 240 くらいの星団だ。
　どちらも、みかけの直径が 35′（月の直径は約 30′）ほどひろがっているので、二つの星団が手をつないでいるようにみえる。
　η星とカシオペヤ座のδ星を結んで、すこしη星よりに目をむけてみよう。

< h, 散開星団, 4.4等,
　　視直径 30′, 距離 7300光年 >
< χ, 散開星団, 4.7等,
　　視直径 30′, 距離 7800光年 >

✳ ついでに M34 を

　アルゴル（β）のちかくに、すこしまばらな散開星団がある。
　アルゴルと、アンドロメダ座のγ星をむすんだ、ややアルゴルよりをさがしてみよう。
　目のいい人なら肉眼でぼんやりしたかたまりがみつかるだろう。双眼鏡なら、淡い光の中にいくつかの星がみられる。

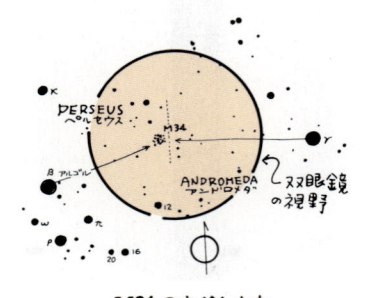

< M34, 散開星団, 5.5等,
　　視直径 35′, 距離 1450年 >

M34 のさがしかた

M34

✳ セントローレンツォの涙
　　―ペルセウス座γ流星群―

　毎年 7 月 20 日ごろから 8 月 20 日にかけて、ペルセウス座のγ星付近を中心に、多くの流星がみられる。
　さかんなときは、1 時間に 100 個以上もみられることもあるし、明るい流星が多い。
　"セント（聖）ローレンツォの涙" というすばらしい呼名にふさわしく、みごたえのある流星群である。
　例年 8 月 12 ～ 13 日ごろがピークになるので、極大日付近でよく晴れた夜にめぐまれたら、ぜひ、聖ローレンツォの涙でぬれてみることをおすすめする。
　双眼鏡も天体望遠鏡もいらない。あなたの一番好きな楽な姿勢で、ただのんびりと空をみあげて待てばいい。
　ペルセウス座流星群が、1682 年Ⅲ彗星の軌道と一致していることに気がついたのは、イタリアのスキアパレリだった。彼は流星群と彗星の関係を最初に発見した一人だと考えられる。1800 年代のなかばごろのことだ。
　流星群は、彗星が軌道上にばらま

いた微小天体の群れと，地球が衝突してみられるもので，流星群のもとになった彗星を母彗星という．

ペルセウス座流星群は，流星の出現数が毎年平均してあらわれるのであたりはずれがない．つまり，流星体が軌道上に均等に分布しているということだ．彗星がだんだん分裂して，それが軌道上に平均してばらまかれるには，かなり長い年月が必要だろう．ペルセウス流星群はかなり老齢の流星群なのだ．

ペルセウス座の流星群は，毎年かならずいくつかの流星がみられ，あなたを裏切ることはない．

＜ペルセウス座γ流星群
7月20日～8月20日（極大日8月13日）
地心速度60km/s
母彗星：1862 Ⅲ（周期120年）＞

ペルセウス座流星群

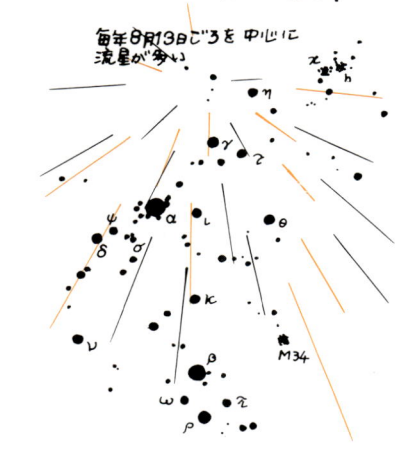

毎年8月13日ごろを中心に流星が多い

ペルセウス座の流星群（撮影・毛利勝廣）

★アルゴルの秘密

ふしぎなアルゴルの変光の秘密はモンタナリが変光の記録 (1667年) を残してから100年以上たった1782年にはじめて解きあかされた.

当時17歳の青年だったグドリック John Goodricke は, アルゴルの変光に周期性があることを観測から発見した. そしてその変光の原因を, 明るい星のまわりを暗い星がまわっていて, 暗い星が前を通るとき, 明るい星の光を周期的にさえぎるからだと予測した.

グドリックは, 生まれつき耳が聞こえず, したがって口もきけなかったが, 熱心なアマチュア天文観測家であった. 不幸なグドリックは大発見をしたにもかかわらず, 22歳でこの世を去ってしまった.

その後, 1889年にドイツのフォーゲル Vogel は, スペクトル観測からグドリックの予測どおり, 連星による部分食が変光の原因であることをつきとめた. グドリックの発見から100年以上たっていた.

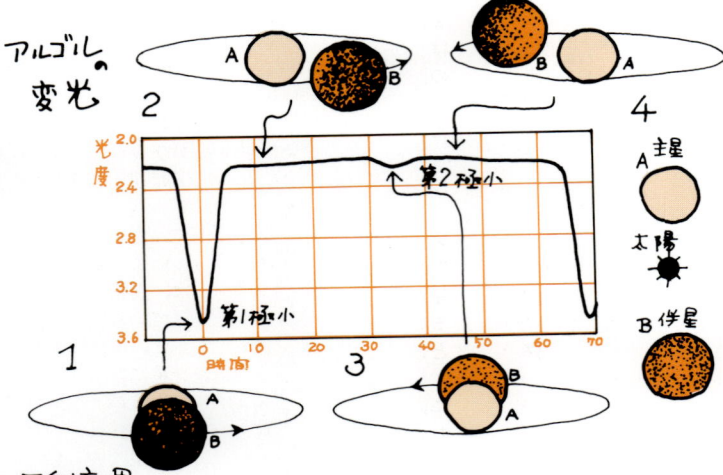

アルゴルの変光

A 主星
太陽
B 伴星

反射効果
Reflection Effect

第1極小 → 第2極小 (2) と,
第2極小 → 第1極小 (4)
で, 光度変化がわずかにみえるのは, 明るい星の光をうけて暗い星の光度がかわるからだ. 月の表面の明るさがかわるのにたた効果によるものなので, 反射効果とか位相効果という.

主星Aは太陽の直径の3倍
質量は4〜5倍
伴星Bはすこし大きくて3.4倍
質量は太陽とほぼ同じ

アルゴルの謎？

はたしてD星はほんとうにあるか？

周期188年？

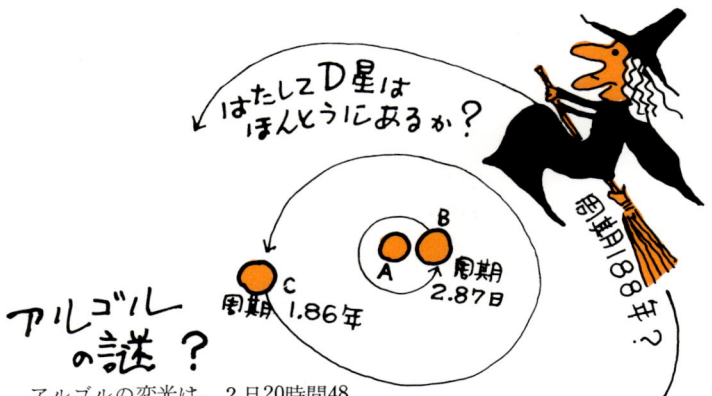

C 周期1.86年

B A 周期2.87日

アルゴルの変光は，2日20時間48分56秒でくりかえす．通常2.2等星として輝くが，光度がさがりはじめると，わずか5時間たらずの間に3.5等星になってしまう．

ところで，このアルゴルの変光はもうすこしくわしく調べると，極小期と極小期の中間で，ほんのわずか暗くなることがわかった．

1910年，アメリカのステビンスは光電観測で，この第2極小をみつけた．それは光度がわずか0.04等だけさがるにすぎないのだが，明るい主星が暗い伴星の一部をかくすときにおこる変光だった．

もうひとつおもしろいことに，アルゴルの変光曲線をくわしくしらべると，第1極小と第2極小以外の，つまり食がおこっているとき以外の光度も，ごくわずかだが連続的に変化していることがわかった．

連星がかなり接近している場合，暗い星が明るい星の光を受けて反射するので，その影響（位相効果）が合成の光度を変化させるのだろう．アルゴルは，近接食連星だった．

しかし，アルゴルの不思議が，これですべて解決したわけではない．

アルゴルの変光周期は完全に一定していないのだ．

アルゴルには，もう一つ，第3の星があった．第3の星アルゴルCは，主星のまわりを1年10か月（1.862年）の周期でまわっていた．

C星にB星がひっぱられて，A—Bの共通重心が周期的にふらつく3連星だった．

そして1971年，さらにアルゴルDが存在するらしいことがわかった．

アルゴルDは，周期188年という長い周期で回っている．

4連星となって，アルゴルはいよいよ複雑怪奇な星になった．さすがアルゴルは，"悪魔の星"と呼ばれるだけあって，その正体は呼名にふさわしい不思議な星であった．

その内，またまた新しい正体をみせつけて，我々をあっと驚かすつもりなのかも知れない．

"悪魔の星"のウインクをどうしてもみたい人は，年表や年鑑で極小期の見当をつけてあおいだらいい．

もっとも，2日と21時間ごとに，およそ9時間もかけてウインクするのだから，偶然みつけたアルゴルが，あなたにウインクしている確率もかなり大きいのだが….

昼の星見

☆

　台風一過，ひんやり冷たい空気がこころよい秋晴れの空はすばらしい．

　黒味を帯びた青空は，透明でどこまでも深く，目をこらすと星がいくつか見えそうな気配すら感じさせる．

　こういう空に出会ったら「昼間の星見」としゃれてみたい．

　小道具として双眼鏡と観測年表があればいい．

　目標は金星．

　年表で太陽の位置（赤経・赤緯）と金星の位置（赤経・赤緯）を調べて，金星が太陽から東西どちらに何度くらい離れているかを知る．

　位置の見当がついたら，そのあたりとおぼしき付近を，実視界6°〜8°の双眼鏡でさぐりあてるわけだ．

　まちがっても太陽を直接見ないように，さぐる時にかならず太陽側から外側にむけて動かすようにしたい．

　多少の熟練を要するが，あなたに少々の意気込みと根気があれば大丈夫．

　視野の中にチカッと光る金星をみつけた時，おもわず声がでるほど，不思議な感激が味わえることうけあい．

　ついでに，そおっと双眼鏡をはずして肉眼でさがしてみよう．青空の中に小さな光点が見つかったら「バンザイッ」．すばらしい秋の空に「乾杯！」．

秋の星座博物館《新装版》

Yamada Takashi の Astro Compact Books ③

2005年 6月20日　初版第1刷

著 者　山田　卓
発行者　上條　宰
発行所　株式会社地人書館
　　162-0835 東京都新宿区中町15
　　電話　03-3235-4422　　FAX 03-3235-8984
　　郵便振替口座　00160-6-1532
　　e-mail chijinshokan@nifty.com
　　URL http://www.chijinshokan.co.jp
印刷所　ワーク印刷
製本所　イマキ製本

©K. Yamada 2005. Printed in Japan.
ISBN4-8052-0762-0 C3044

JCLS <㈱日本著作出版権管理システム委託出版物>
本書の無断複写は著作権法上での例外を除き禁じられています。複写される場合は、その都度事前に㈱日本著作出版権管理システム（電話03-3817-5670、FAX03-3815-8199）の許諾を得てください。

秋のよい空

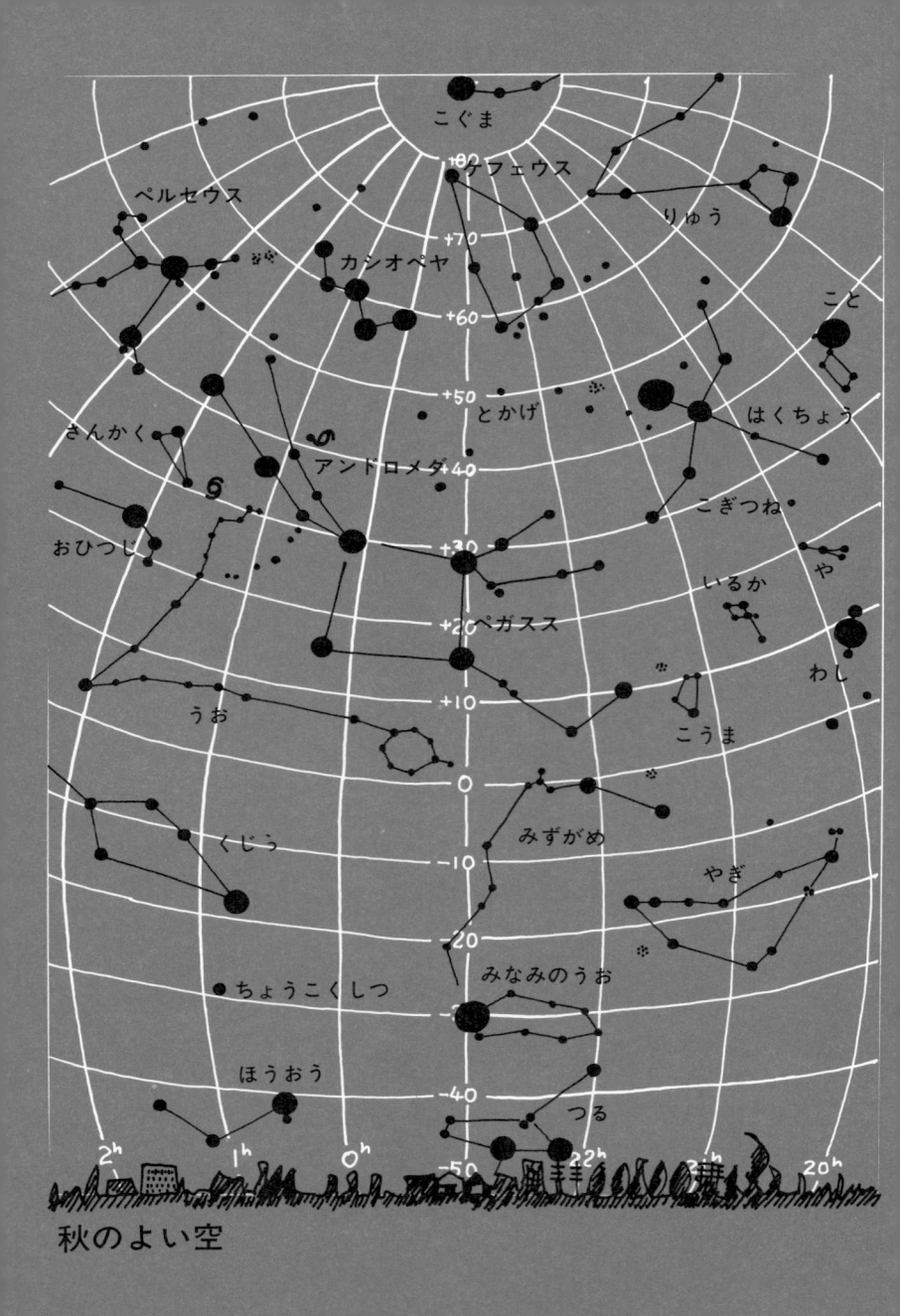